わかりやすい データ解析と統計学

―医療系の解析統計をExcelで始めてみよう―

高橋　龍尚●著

はじめに

「統計学は難しい」と悩んでいませんか？
その悩み，解決しましょう！

データの解析はどのように行うのだろうか？　経験がない場合には，データをどのように解析するのかが「わからない」といえます．わからない状態とは，何がわからないのかも知らない状態です．著者の経験では，解析方法や統計学を学ぶことは，実際に使えない知識を習得するよりも，使える技術を習得し，実地の経験を通して理解していくのがお勧めです．

誰でも経験されていると思いますが，統計学の専門書を読んでも正規分布のグラフすら描くことができません．それは，数式が与えられただけでは目的に合わせて使いこなすことができないからです．数式を使いこなすには，実際に使ってその動作を確認する必要があります．第3章では統計でとても大切な正規分布のグラフを描きます．とても複雑な関数のグラフ化は感動を呼び，そして大きな自信になるはずです．

この本の特徴は，データの解析手順をエクセル操作に合わせて詳しく説明しています．また文章では難しい箇所は図を使って視覚的に理解できるよう配慮しています．このように実際の作業を通してその解析手順を学んでいきますので，座学だけではわからない解析や統計の要点を学ぶことができます．研究で得られたデータについて，何をすべきなのかと悩むことはなくなります．本書を学ぶことによって，成すべきことを成し，解析や分析そして統計処理への手順を進めていくことができます．

本書の操作と実感のともなった解析手順を習得することによって，専門知識の理解がより一層深まります．「統計学は難しいのでは」と悩んでいる人は，本書を手に取り是非試してみて下さい．本書をマスターした後には，統計学に関する専門書の意図するポイントが理解できるようになっているはずです．

2017年10月

高橋　龍尚

本書の特徴

本書は自学できるようにエクセル操作の手順を丁寧に記しました．一般的な統計学の本に出てくる難しそうな式は，本書の記述通りにキーを打ち込むことによって再現されます．よって，難しいと思う必要はなくなり，仕事や研究の実践的な利用にも使えます．特に，各章の構成はデータの処理手順を示しているため，解析や統計に関する専門的な知識がないままでも操作を進めることができます．そして，実際に手を動かすことで理解はより一層深まります．

ある程度の知識がある方は，本書の手順に従って操作を進めると，目的とする結果を得ることができます．本書では，解析統計に関する詳しい解説を，それらの操作と並行もしくは操作後に解説しているため，数式の持つ意味なども実感しながら理解することができます．

検定を扱う章は主に本書の後半から登場します．今すぐ必要な検定を拾い読みしたい方のために，グラフとデータ形式の分類から適切な検定へ誘導する早見表を次ページにまとめました．

エクセルのデータ分析ツールによって処理できる検定は，t 検定，F 検定，分散分析などのパラメトリック検定です．アンケート調査やデータの分布状態が規定できない，いわゆる正規性が仮定できないノンパラメトリック検定はエクセルのツールには用意されていません．本書では，エクセルでもノンパラメトリック検定も扱うことができるようになります．ノンパラメトリックを含む市販ソフトは数万円から高価な物だと数十万円します．自分で作成したエクセルシートを使い，これまで難しくて自分では無理だと思っていた解析や検定の作業を行ってみて下さい．楽しみながら作業を行うことができ，しかも難しい統計学を自分のものにできます．

この本を手に取ったらパラパラと中を見ることでしょう．難しい式が沢山あることに気づくでしょう．しかし，心配しないで下さい．この本はエクセルの作業を通して解析や検定ができるように解説してあります．難しい式は，読み飛ばしても困ることは全くありませんが，興味がある人は式の部分も読んでみて下さい．式の誘導は，式の展開手順を省略することなく丁寧に記述しているので最後まで追うことができます．ごまかしや妥協はありません．

この本は情熱を持って書きました．伝える人が楽しんでいなければ学問は楽しくないですよね．学ぶ人のために役立ち，さらに楽しさが伝わることを祈念しております．

グラフ形式からわかる検定の早見表

グラフ形式	対応する章
	第 9 章　関連 2 群の差の検定
	第 10 章　独立 2 群の差の検定
	第 11 章　独立 3 群以上の差の検定
	第 12 章　関連 3 群以上の差の検定

データ形式からわかる検定の早見表

<table>
<tr><th>データ形式</th><th>対応する章</th></tr>
<tr><td>
1グループ　2セットのデータ
<table>
<tr><th></th><th>トレーニング前の血圧値</th><th>トレーニング後の血圧値</th></tr>
<tr><td>Aさん</td><td>○</td><td>○</td></tr>
<tr><td>Bさん</td><td>○</td><td>○</td></tr>
<tr><td>Cさん</td><td>○</td><td>○</td></tr>
<tr><td>：</td><td>：</td><td>：</td></tr>
</table>
</td><td>第9章
関連2群の検定</td></tr>
<tr><td>
2グループ　各1セットのデータ
<table>
<tr><th></th><th>（Mグループ）血圧値</th><th></th><th>（Nグループ）血圧値</th></tr>
<tr><td>M1さん</td><td>○</td><td>N1さん</td><td>○</td></tr>
<tr><td>M2さん</td><td>○</td><td>N2さん</td><td>○</td></tr>
<tr><td>M3さん</td><td>○</td><td>N3さん</td><td>○</td></tr>
<tr><td>：</td><td>：</td><td>：</td><td>：</td></tr>
</table>
</td><td>第10章
独立2群の検定</td></tr>
<tr><td>
3グループ以上　各1セットのデータ
<table>
<tr><th colspan="2">E組</th><th colspan="2">F組</th><th colspan="2">G組</th><th>…</th></tr>
<tr><td></td><td>数値</td><td></td><td>数値</td><td></td><td>数値</td><td></td></tr>
<tr><td>E1</td><td>○</td><td>F1</td><td>○</td><td>G1</td><td>○</td><td>…</td></tr>
<tr><td>E2</td><td>○</td><td>F2</td><td>○</td><td>G2</td><td>○</td><td>…</td></tr>
<tr><td>：</td><td>：</td><td>：</td><td>：</td><td>：</td><td>：</td><td>…</td></tr>
</table>
</td><td>第11章
独立3群以上</td></tr>
<tr><td>
グループ　3セット以上のデータ
<table>
<tr><th></th><th>T1</th><th>T2</th><th>T3</th><th>…</th></tr>
<tr><td>Aさん</td><td>○</td><td>○</td><td>○</td><td>…</td></tr>
<tr><td>Bさん</td><td>○</td><td>○</td><td>○</td><td>…</td></tr>
<tr><td>：</td><td>：</td><td>：</td><td>：</td><td>…</td></tr>
</table>
</td><td>第12章
関連3群以上</td></tr>
</table>

データ形式からわかる検定の早見表（つづき）

<table>
<tr><th>データ形式</th><th>対応する章</th></tr>
<tr><td>
<table>
<tr><td></td><td>B₁</td><td>B₂</td></tr>
<tr><td>A₁</td><td>○</td><td>○</td></tr>
<tr><td>A₂</td><td>○</td><td>○</td></tr>
</table>
</td><td>第 13 章
2×2 分割表</td></tr>
<tr><td>
<table>
<tr><td></td><td>B₁</td><td>B₂</td><td>…</td><td>B_m</td></tr>
<tr><td>A₁</td><td>○</td><td>○</td><td>…</td><td>○</td></tr>
<tr><td>A₂</td><td>○</td><td>○</td><td>…</td><td>○</td></tr>
<tr><td>:</td><td>:</td><td>:</td><td>:</td><td>:</td></tr>
<tr><td>A_l</td><td>○</td><td>○</td><td>…</td><td>○</td></tr>
</table>
</td><td>第 13 章
l×m 分割表</td></tr>
<tr><td>1.2
1.0
0.8
0.6
0.4
0.2
0.0
0 6 7 9 10 11 13 16 17 19 20 22 23 25 32 34 35</td><td>第 14 章
生存曲線</td></tr>
</table>

（○はそれぞれの数値を示す）

目 次

解析編

統計編

付録

解析編

第1章　ヒストグラム

第2章　基本統計量

第3章　正規分布

第4章　相関分析

第5章　回帰分析

第6章　周波数解析

第7章　グラフ

第8章　モデル関数のあてはめ

第1章　ヒストグラム

1.1　ヒストグラムを描く

次のデータは，ある集団30名の平均血圧値（mean blood pressure : MBP）を示しています（単位は〔mmHg〕，No は識別番号）．

No	MBP
1	103
2	89
3	92
4	109
5	81
6	97
7	95
8	98
9	113
10	106

No	MBP
11	98
12	83
13	94
14	80
15	121
16	105
17	92
18	88
19	96
20	90

No	MBP
21	88
22	86
23	97
24	102
25	93
26	82
27	101
28	87
29	92
30	91

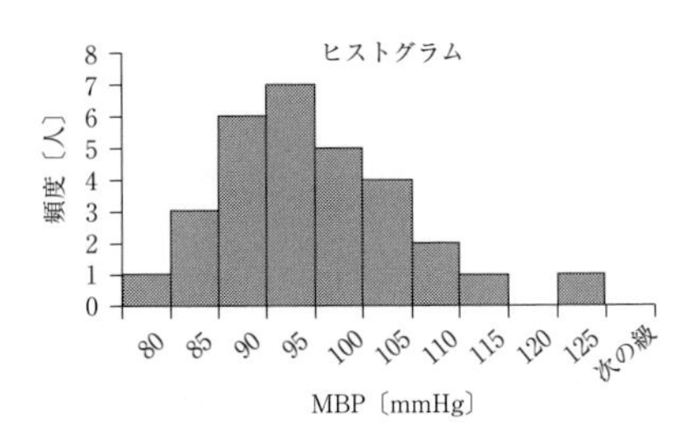

図 1.1　階級幅 5 mmHg のヒストグラム

図 1.1 のヒストグラムは，データの階級幅（区間）が 5 mmHg 毎の度数（人数）を示しています．グラフから次のことがわかります．

階級 76 以上 80 以下の度数は 1 名です．これを数学的に示すと，$76 \leq x_1 \leq 80$ の階級には 1 名となります．次の階級では度数が増えていき，階級 91 以上 95 以下の度数は 7 名になります．このグラフでは階級 91 以上 95 以下で度数が一番多くなります．以降の階級では度数が減少していき，階級 116 以上 120 以下の度数は 0 名，その次の階級 121 以上 125 以下で度数は 1 名となります．そして，これ以上の階級では度数がないので，平均血圧が 126 以上の人はいません．

※血圧の測定では，収縮期血圧（systolic blood pressure : SBP）と拡張期血圧（diastolic blood pressure : DBP）が得られます．平均血圧 MBP は，

$$\mathrm{MBP} = \mathrm{DBP} + (\mathrm{SBP} - \mathrm{DBP}) / 3$$

となります．この収縮期血圧と拡張期血圧は，心臓（左心室）の収縮と拡張によって生じる血管内の圧力です．

1.2　階級幅

階級幅は任意に決めてよいのですが，理解しやすい階級幅を用います．前項のヒストグラムでは，階級幅を 5 mmHg としています．その他の階級幅としては，例えば，4 mmHg や 6 mmHg なども考えられます．しかし，5.2 mmHg などの階級幅では，直観的にわかりにくいため，用いない方がよいでしょう．

では，階級幅を変えるとヒストグラムはどうなるでしょう．階級幅によって，ヒストグラムにどのような違いがみられるか見てみましょう．

図 1.2 と**図 1.3** は，4 mmHg と 6 mmHg を階級幅にしたヒストグラムを示しています．

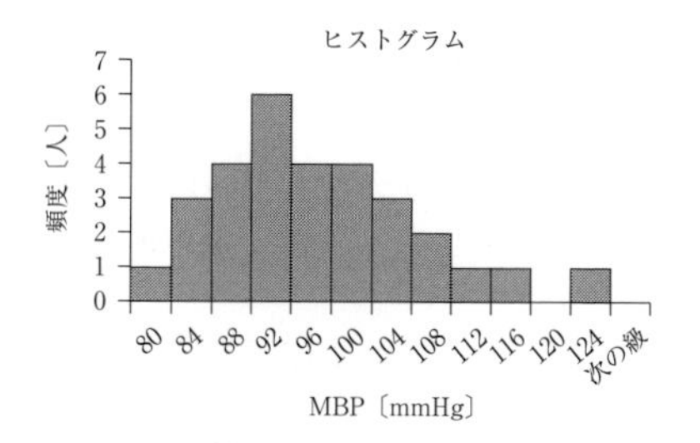

図 1.2　階級幅 4 mmHg のヒストグラム

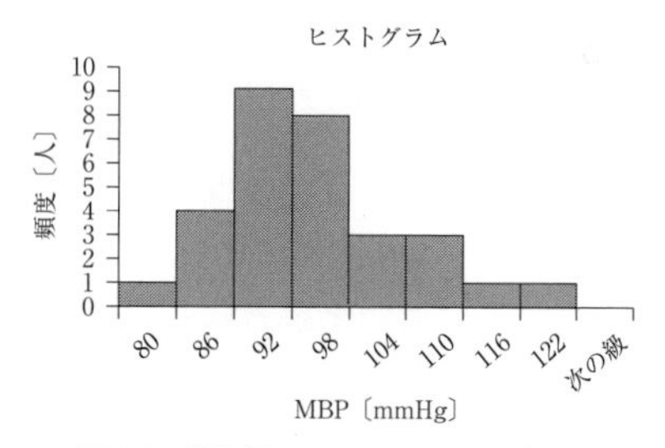

図 1.3　階級幅 6 mmHg のヒストグラム

表 1.1　階級幅の違いによる特徴

階級幅	階級数	代表階級	代表度数
4	12	89～92	6
5	10	91～95	7
6	8	87～92	9

※代表階級は，度数の一番多い階級の意．代表階級中の「○～●」は，「○以上●以下」の意．代表度数は，代表階級の度数．

最小値と最大値が決まっているので，階級幅が小さくなると**階級数**は増えます．逆に，階級幅が大きくなると階級数は減ります．**度数**が一番多い**代表階級**は階級幅が大きくなると，その度数は増えます．

また，階級幅が大きくなると，度数の分布（データの分布）の様子が大雑把なものになります．すなわち度数分布の分解能が落ちるといえます．では，階級幅が小さくなると度数分布の分解能が良くなるといえるでしょうか．

その答えは，必ずしも「良くなる」とはいえません．全体のデータ数が少ない場合には，階級幅が小さくなり過ぎると，データの分布の様子がわからなくなります．極端な場合には，データを大きさの順に並べただけの情報になります．全体のデータ数が多い場合は，階級幅を小さくすることができ，更にデータの分布も分解能もよく見ることができます．

図 1.1 と図 1.2 では，度数がゼロの階級の外側に度数のある階級があります．図 1.3 では，このゼロ度数階級または離れ階級がありません．

1.3　最適な階級幅とは？

階級幅を決める際には，正規分布に近い分布になるのか，あるいは，全く違う分布になるのかについて考慮します．通常，階級幅は，同じような内容についての前例を参考にします．

同じデータであっても階級幅を変えることで違った印象を持つことがあります．正規分布の形から“ずれる”ような場合は，階級幅を変えて幾つか比べてみる慎重さが必要です．

正規分布するデータでは，平均値，中央値，最頻値は同じになります（▶これらのパラメータの算出については，第 2 章「基本統計量」参照）．また，正規分布は統計学理論の基本です．正規分布関数の数式はとても複雑に見えますが，エクセルで描くのは比較的容易です（▶正規分布のグラフ化は，第 3 章「正規分布」参照）．

付録 1「正規分布」では，正規分布の式がどのようにして生み出されたか，その流れを詳しく導いています．数式が実用的なものへと変わりゆくそのプロセスは，まさに数学の美しさです．

1.4　ヒストグラム作成用のデータ入力

①入力をします（ラベルの「No」は，number の略）．

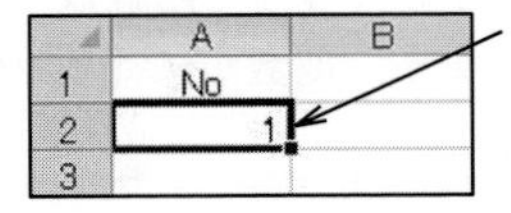

「No」，「1」と入力をします．このとき，データの数値は半角英数でなければなりません（エクセルでは，全角の数値は文字として処理され，数値の意味を持たないため！）．

②半角英数入力の切り替えを行います.

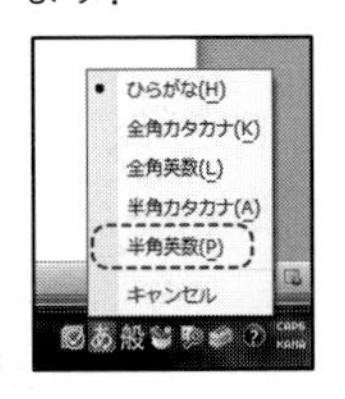

③A2 セルを選択している状態で，メニュー［ホーム］⇒［フィル］を選択します.

A2 セルを選択している状態で，メニュー［ホーム］
⇒［フィル］⇒［連続データの作成］

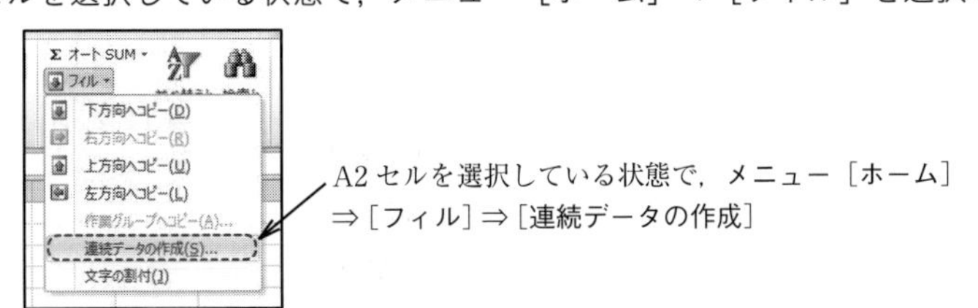

④[連続データ］を下図のように入力します.

［範囲］　:「列」
［種類］　:「加算」
［増分値］:「1」
［停止値］:「30」
⇒［OK］

※ここでも数値入力は，半角英数にすること.

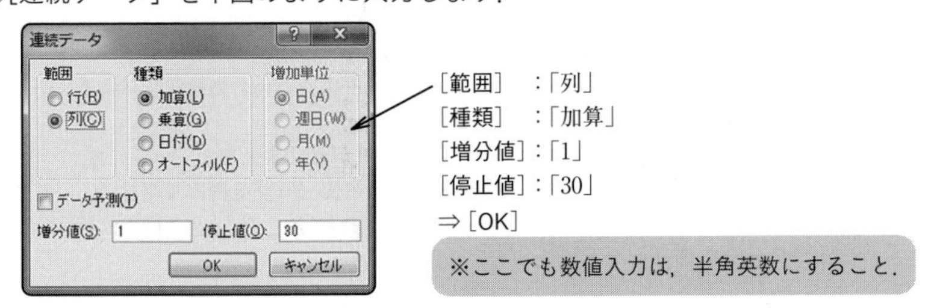

⑤データを作成します.

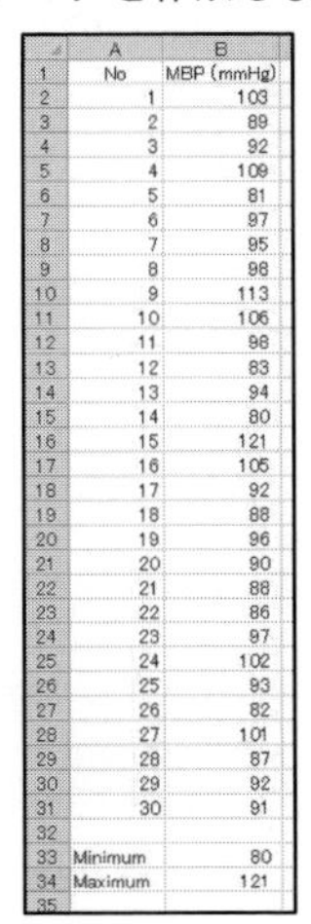

	A	B
1	No	MBP (mmHg)
2	1	103
3	2	89
4	3	92
5	4	109
6	5	81
7	6	97
8	7	95
9	8	98
10	9	113
11	10	106
12	11	98
13	12	83
14	13	94
15	14	80
16	15	121
17	16	105
18	17	92
19	18	88
20	19	96
21	20	90
22	21	88
23	22	86
24	23	97
25	24	102
26	25	93
27	26	82
28	27	101
29	28	87
30	29	92
31	30	91
32		
33	Minimum	80
34	Maximum	121
35		

図のように A 列には 1～30 までの連続データが作成されます.

次に，MBP のデータを直接入力し，32 行目は空けます.

B33 セルには［80］と数値が見えますが，実際には，「＝MIN(B2：B31)」と入力しています. イコールから始まる関数は，B2～B31 セルに並んでいるデータの中から最小値を与えます.［MIN］は，最小値 minimum の略です.

同様に，B34 セルの［121］は，「=MAX(B2：B31)」と入力しています. この関数は，B2～B31 セルにある最大値を与えます.［MAX］は，最大値 maximum の略です.

※初心者がつまずくので注意
・エクセル関数は，「＝」で始める.
・必ず半角英数で入力する.

1.5 ヒストグラムの作成手順

データ分析の分析ツールを使ってヒストグラムを作成するには，事前にデータの階級を入力しておかなければなりません．

① D2 セルに 80 と入力します．次に D セルの列方向に 5 刻みで 125 まで入力します．

※範囲はデータの最小値と最大値が全体の階級に含まれるように決めます．階級幅の決め方については，1.6 節「階級数と階級幅の決め方」で説明します．

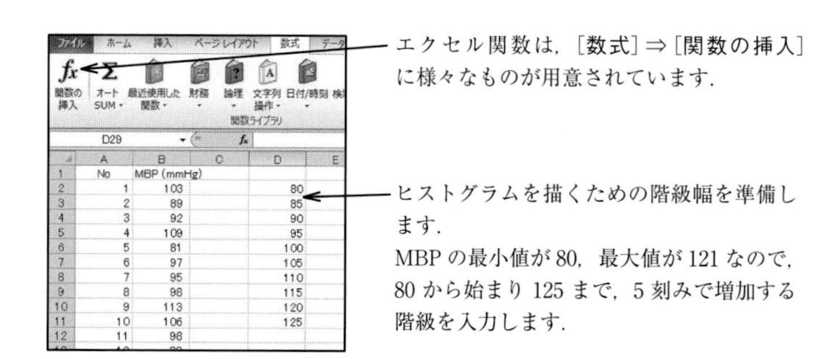

エクセル関数は，［数式］⇒［関数の挿入］に様々なものが用意されています．
ヒストグラムを描くための階級幅を準備します．
MBP の最小値が 80，最大値が 121 なので，80 から始まり 125 まで，5 刻みで増加する階級を入力します．

②［データ］⇒［データ分析］⇒［ヒストグラム］を選択します．

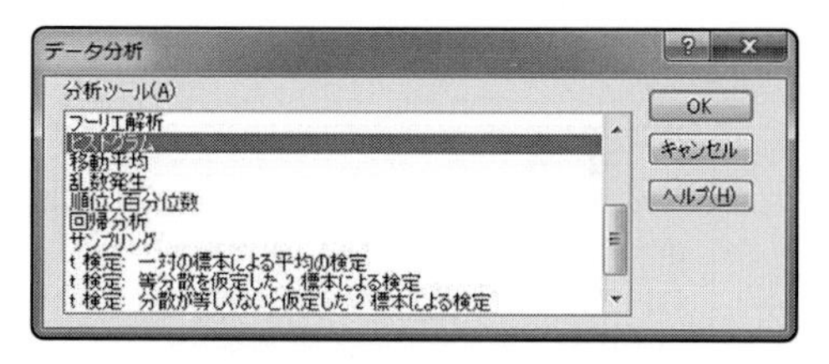

※データ分析がメニューにない場合：メニュー［ファイル］⇒［オプション］⇒［アドイン］⇒［分析ツール］⇒［設定］⇒［OK］
※アドインを行っても［分析ツール］がメニューに現れない場合は，エクセルを一度閉じ，再びエクセルを立ち上げると現れます．

③入力範囲には，血圧のデータを選択します（ラベルは含まない）．

（ｉ）入力範囲の枠内を選択 ⇒ B2 セルをクリック ⇒「Ctrl」＋「Shift」＋「↓」キーを同時に押します．この時，「Ctrl」キー，「Shift」キーの順に押し，最後に「↓」キーを押すことでスムーズな操作ができます．

（ii）データ区間には，階級データの D2〜D11 セルを選択します．データ区間の枠内を選択 ⇒ D2 セルをクリック ⇒「Ctrl」＋「Shift」＋「↓」キーを同時に押します．

（iii）ラベル（変数名）を入力範囲で含んでいないので，チェックしません．

（iv）出力先：出力先の枠内を選択 ⇒ E1 セルを選択します．

（ｖ）累積度数分布の表示とグラフ作成にチェックします．

（vi）[OK]

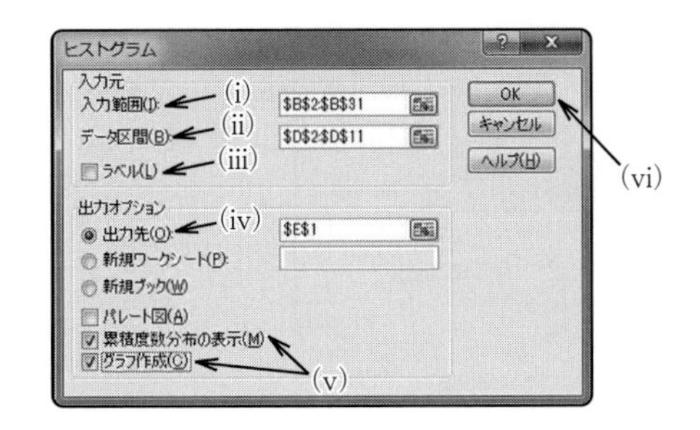

④以下のように出力されます．

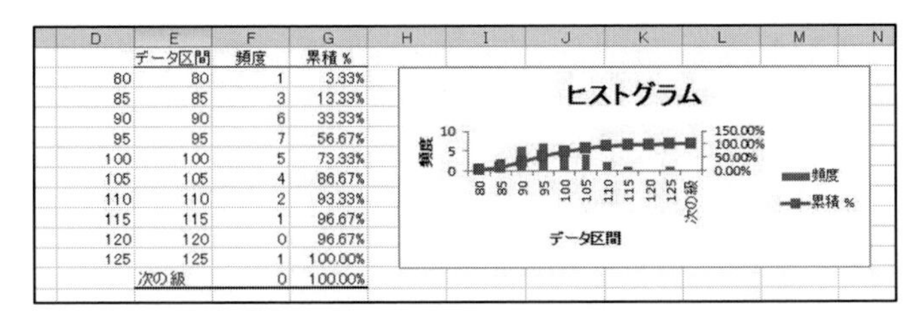

D	E	F	G
	データ区間	頻度	累積 %
80	80	1	3.33%
85	85	3	13.33%
90	90	6	33.33%
95	95	7	56.67%
100	100	5	73.33%
105	105	4	86.67%
110	110	2	93.33%
115	115	1	96.67%
120	120	0	96.67%
125	125	1	100.00%
	次の級	0	100.00%

⑤ヒストグラムの図枠を拡張します.

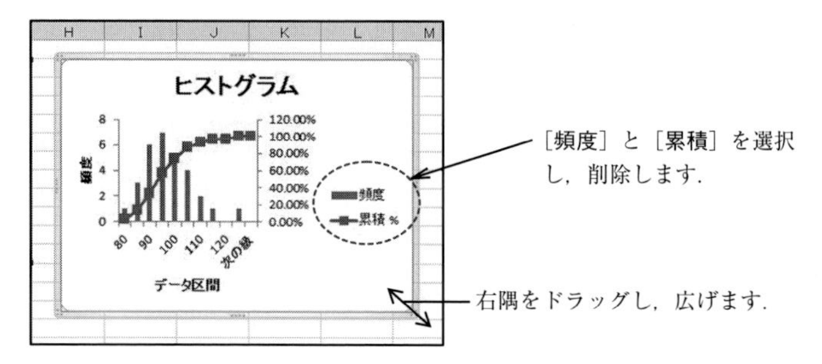

⑥累積度数分布を消去します.

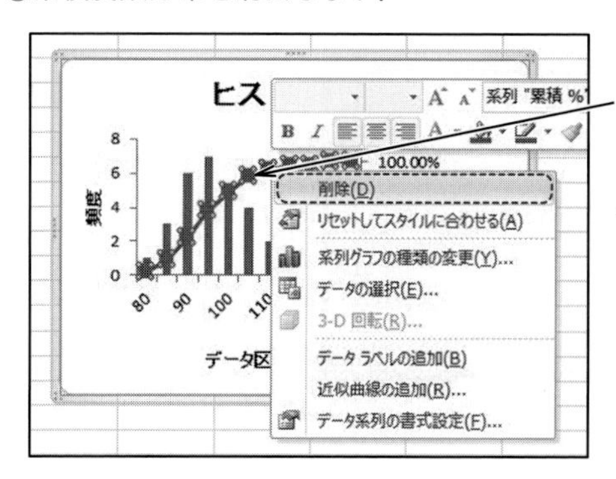

ここでは累積度数のプロットは必要ないので消去します．累積度数のデータポイント上で右クリックし，削除を選択します.

⑦棒グラフの隙間を削除します.

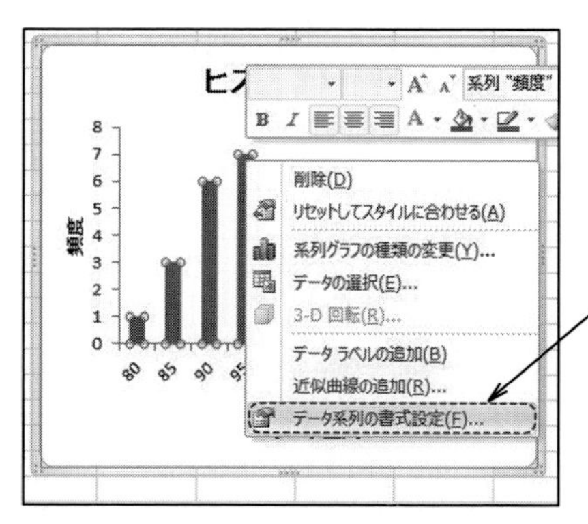

棒グラフ上で右クリックし，
[データ系列の書式設定] を選択します.

⑧データ系列の書式を設定します．

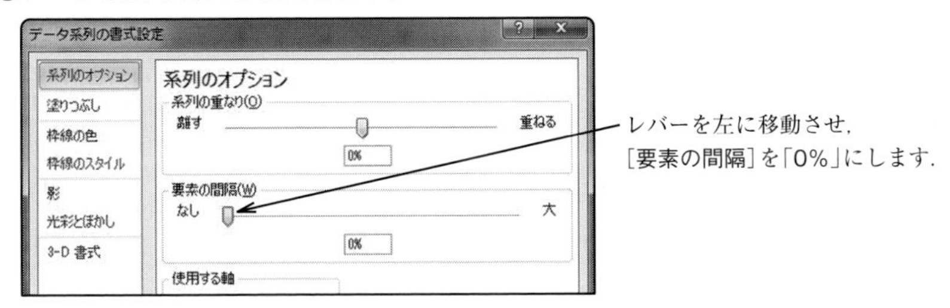

⑨変数名を入力します．

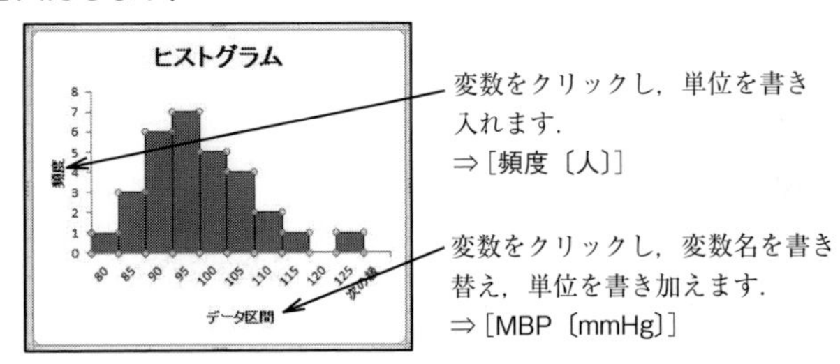

ヒストグラム
頻度
データ区間
変数をクリックし，単位を書き入れます．
⇒［頻度〔人〕］
変数をクリックし，変数名を書き替え，単位を書き加えます．
⇒［MBP〔mmHg〕］

⑩ヒストグラムの完成です．

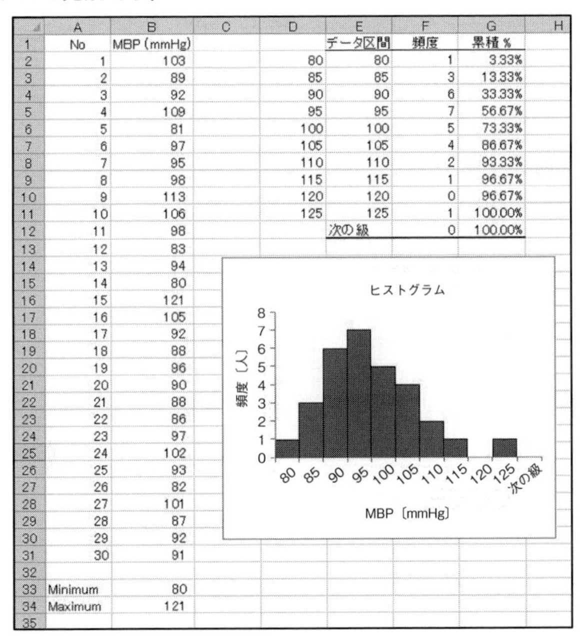

	A	B	C	D	E	F	G	H
1	No	MBP (mmHg)			データ区間	頻度	累積 %	
2	1	103		80	80	1	3.33%	
3	2	89		85	85	3	13.33%	
4	3	92		90	90	6	33.33%	
5	4	109		95	95	7	56.67%	
6	5	81		100	100	5	73.33%	
7	6	97		105	105	4	86.67%	
8	7	95		110	110	2	93.33%	
9	8	98		115	115	1	96.67%	
10	9	113		120	120	0	96.67%	
11	10	106		125	125	1	100.00%	
12	11	98			次の級	0	100.00%	
13	12	83						
14	13	94						
15	14	80						
16	15	121						
17	16	105						
18	17	92						
19	18	88						
20	19	96						
21	20	90						
22	21	88						
23	22	86						
24	23	97						
25	24	102						
26	25	93						
27	26	82						
28	27	101						
29	28	87						
30	29	92						
31	30	91						
32								
33	Minimum	80						
34	Maximum	121						
35								

1.6　階級数と階級幅の決め方

(1)　方法 1

階級数 k を決めます．

$$k = 1 + \frac{\log_{10} N}{\log_{10} 2} \quad (N：データの総数) \tag{1.1}$$

式(1.1)を**スタージェスの公式**（Sturges' formula）といいます．式(1.1)を使い，データの総数 $N = 30$ について階級数を求めてみましょう．

$$k = 1 + \frac{\log_{10} 30}{\log_{10} 2} = 1 + \frac{1.477}{0.301} = 5.9$$

よって，階級数は $k = 6$ となります．

次に，階級幅 c は，

$$\begin{aligned} c &= \frac{最大値 - 最小値}{階級数} \\ &= \frac{Max - Min}{k} \\ &= \frac{121 - 80}{6} \\ &= 6.8 \end{aligned}$$

となるので，階級幅は $c = 7$ となります．

(2)　方法 2

階級数 k を次のように決めます．

$$\begin{aligned} k &= \sqrt{N} + 1 \\ k &= \sqrt{30} + 1 \\ &= 5.477 + 1 \\ &= 6.5 \end{aligned}$$

となるので，階級数を $k = 6$ とします．ここでは，$k = 7$ とすることも可能です．いずれにしても，数値を整数に丸める必要があります．階級幅については，上述の「方法 1」と同様です．

1.7　スタージェスの公式

B1　=1+LOG10(30)/LOG10(2)

	A	B	C	D	E	F
1	階級数 k	5.906891				
2						

B1 セルには，数式バー内の式を入力します．数式や数値の入力はすべて半角英数入力で行います．LOG10(30)の式における 30 は総数 N です．

他のデータ総数についてスタージェスの公式を使う場合には，30 の数値の代わりに求めたい総数の数値を入力し，それ以外は上記の式と同様にすると求めることができます．

参考のため，**図 1.4** にスタージェスの公式から求めた階級幅 7 mmHg のヒストグラムを紹介します．

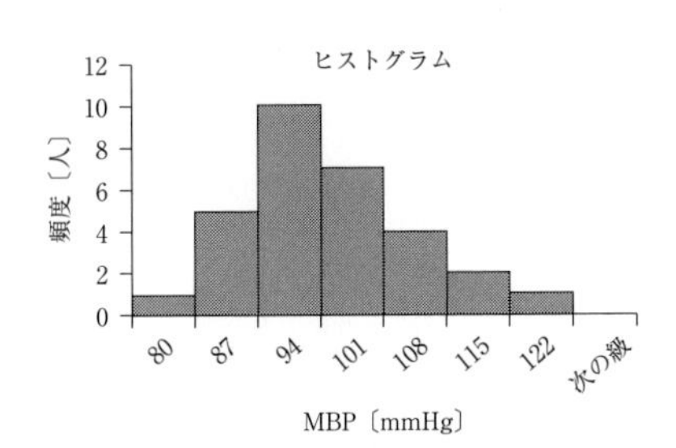

図 1.4　階級幅 7 mmHg のヒストグラム

※横軸の数値は，階級値［＝（階級下限値 ＋ 階級上限値）÷2］とする場合もあります．

第2章　基本統計量

観察あるいは測定された数値が多数ある場合には，何らかの方法でそれらの特徴を抽出して表現しなければなりません．例えば，ヒストグラムから得られる視覚的な特徴を，数値を使って表現するにはどうしたらよいでしょう．

この章では，ヒストグラムで示されるようなある分布を示すデータについて，各種の代表値を用いてデータの要約を行います．これから紹介するそれぞれの特徴をもった代表値のことを**基本統計量**と呼びます．

No	MBP
1	103
2	89
3	92
4	109
5	81
6	97
7	95
8	98
9	113
10	106
11	98
12	83
13	94
14	80
15	121
16	105
17	92
18	88
19	96
20	90
21	88
22	86
23	97
24	102
25	93
26	82
27	101
28	87
29	92
30	91

	A	B
1	No	MBP (mmHg)
2	1	103
3	2	89
4	3	92
5	4	109
6	5	81
7	6	97
8	7	95
9	8	98
10	9	113
11	10	106
12	11	98
13	12	83
14	13	94
15	14	80
16	15	121
17	16	105
18	17	92
19	18	88
20	19	96
21	20	90
22	21	88
23	22	86
24	23	97
25	24	102
26	25	93
27	26	82
28	27	101
29	28	87
30	29	92
31	30	91
32		

図 2.1　データの入力

基本統計量を順に示すので，エクセルを使いながら式の意味を理解しましょう．ここでも，第1章「ヒストグラム」と同じ血圧〔mmHg〕のデータを使って練習しましょう．エクセルでは，**図 2.1** のようにデータを入力します．

2.1　標本数［＝COUNT(データ範囲)］

標本数（sample size）は，一般にデータの総数を意味します．n または N で表します．

図 2.2 の B33 セルにはデータ数が 30 と示されます．しかし実際には，**図 2.3** の B33 セルのように［＝COUNT(B2 : B31)］と入力されており，データの個数を数えています．

このようにエクセルでは，数値計算に必要な関数が用意されています．この関数群のことをエクセル関数と呼ぶこともあります．

エクセル関数のカッコ内にデータの範囲を入力するには，B2 やコロンなどをキーボード入力するのではなく，マウスを使ってデータ範囲を選択し指

	A	B
1	No	MBP (mmHg)
2	1	103
3	2	89
4	3	92
～		
29	28	87
30	29	92
31	30	91
32		
33	データ数	30
34	合計	2849
35	平均値	95.0
36	中央値	93.5
37	最頻値	92.0
38	最大値	121
39	最小値	80
40	範囲	41
41	分散	92.38
42	偏差平方和	2679
43	標準偏差	9.6
44	標準誤差	1.8
45	変動係数	0.10

図 2.2　計算結果

	A	B
29	28	87
30	29	92
31	30	91
32		
33	データ数	=COUNT(B2:B31)
34	合計	=SUM(B2:B31)
35	平均値	=AVERAGE(B2:B31)
36	中央値	=MEDIAN(B2:B31)
37	最頻値	=MODE(B2:B31)
38	最大値	=MAX(B2:B31)
39	最小値	=MIN(B2:B31)
40	範囲	=B38-B39
41	分散	=VAR(B2:B31)
42	偏差平方和	=DEVSQ(B2:B31)
43	標準偏差	=STDEV(B2:B31)
44	標準誤差	=B43/SQRT(30)
45	変動係数	=B43/B35

図 2.3　入力関数の表記

“f_x” をクリック

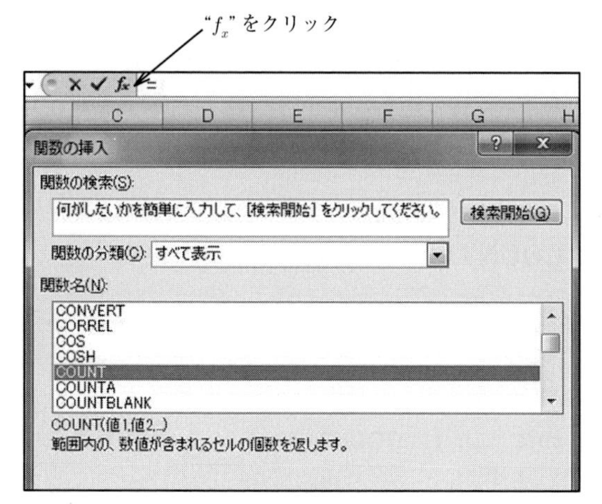

図 2.4　関数の一覧リスト

定します．データ範囲が広い場合に有効な方法は，データ範囲の始まりであるB2セルを選択し，次に「Ctrl」+「Shift」+「↓」キーを打つと，B2～B31セルまで一瞬で選択されます．

関数のアルファベット入力はキーボードを打つか，または図 2.4 のように“f_x”をクリックすると関数の一覧リストが現れるので，必要な関数を選択します．

※関数はアルファベット順ですので，例えばVARへ移動するときには「V」キーを打つとVの欄へ移動します．

2.2　合計［=SUM(データ範囲)］

合計（sum）は，個々のデータを加えていき，すべてのデータの総和をとることです．

$$\sum x_i = x_1 + x_2 + x_3 + \cdots + x_n$$

合計 = 103 + 89 + 92 + ⋯ + 91 = 2849

数学的な表記と実際の計算とを見比べ，数式に慣れましょう．

2.3 平均値［=AVERAGE(データ範囲)］

平均値（mean または arithmetic mean）は，すべてのデータの合計をそのデータ数で割ったものです．

$$\bar{x} = \frac{\sum x_i}{n} = \frac{x_1 + x_2 + x_3 + \cdots + x_n}{n}$$

$$\bar{x} = \frac{103 + 89 + 92 + \cdots + 91}{30} = \frac{2849}{30} = 94.966\cdots$$

$\bar{x}$ はエックスバーと読みます．なお，この平均値は，相加平均ともいいます．

2.4 中央値［=MEDIAN(データ範囲)］

中央値（median）は，データを数値の大きさの順に並べ替えたとき，ちょうど真ん中に位置する数値をいいます．もちろん数値を大きい順，あるいは小さい順に並べ替えても同じです．データ数が偶数個の場合には，中央の二つの数値の平均値をとります．

2.5 最頻値［=MODE(データ範囲)］

最頻値（mode）は，データの中で最も個数の多い数値をいいます．測定値のオーダーに対して有効数字の桁が多い場合などは，個々の数値が1個しかないことがあります．このようなときは，データをヒストグラムのように階級分けをし，最大度数のある階級値を最頻値として用いることがあります．

※正規分布するデータは，平均値，中央値，最頻値が一致します．

下図を参考にして，中央値と最頻値を確認しましょう！

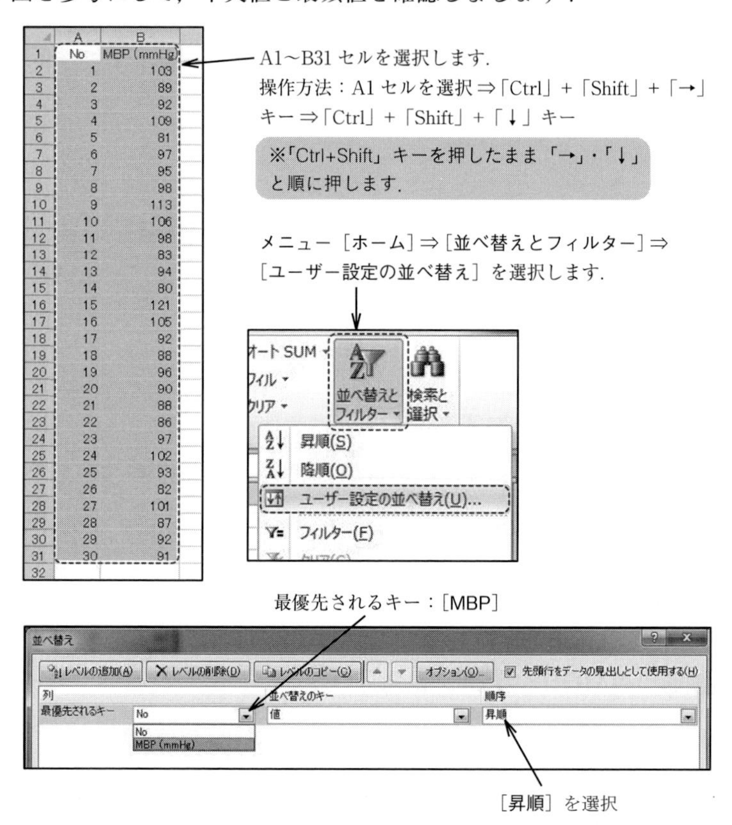

※エクセルでは，［=MODE(データ範囲)］を用いて最頻値を検出します．しかし，同数の最頻値が複数ある場合には，初めに現れた数値が最頻値として示されるので，注意が必要です.

2.6　最大値［=MAX(データ範囲)］

最大値（maximum）は，データの中で最も大きな値をいいます．並べ替えによる昇順の結果（▶図 2.5 参照）からも確認できます.

	A	B	C
1	順位	No	MBP (mmHg)
2	1	14	80
3	2	5	81
4	3	26	82
5	4	12	83
6	5	22	86
7	6	28	87
8	7	18	88
9	8	21	88
10	9	2	89
11	10	20	90
12	11	30	91
13	12	3	92
14	13	17	92
15	14	29	92
16	15	25	93
17	16	13	94
18	17	7	95
19	18	19	96
20	19	6	97
21	20	23	97
22	21	8	98
23	22	11	98
24	23	27	101
25	24	24	102
26	25	1	103
27	26	16	105
28	27	10	106
29	28	4	109
30	29	9	113
31	30	15	121
32			

並べ替え（昇順）の結果は，このようになります．A 列の順位は，並べ替え後に筆者が書き加えたものです．

最頻値
データの中で個数の最も多いのは，92 mmHgの3個です．よって，最頻値は，92 mmHg となります．

中央値
データの個数が偶数なので，中央値は，15 位と 16 位の平均になります．
“(93 + 94) ÷2” より，中 央 値 は 93.5 mmHgとなります．図2.2と同じです．

図 2.5　並べ替え（昇順）の結果

2.7　最小値［＝MIN(データ範囲)］

最小値（minimum）は，データの中で最も小さな値をいいます．並べ替えによる昇順の結果（▶図 2.5 参照）からも確認できます．

2.8　範囲［＝最大値－最小値］

範囲（range）は，最大値と最小値の差をいいます．エクセル関数はありません．

2.9　分散［＝VAR(データ範囲)］

分散（variance）s^2は，各データと平均値の差を 2 乗し，その総和をデー

タ数 $n-1$ で割ります．

$$s^2 = \frac{\sum (x_i - \bar{x})^2}{n-1} = \frac{(x_1 - \bar{x})^2 + (x_2 - \bar{x})^2 + \cdots + (x_n - \bar{x})^2}{n-1}$$

エクセル関数を使うと，図 2.3 の B41 セル［＝VAR(B2：B31)］のようになります．分散の式は複雑に見えますが，式を分解して段階を追って計算すると，難しくはありません．エクセルのマスターも兼ねて，ここでは，分散を求める練習を一緒に行ってみましょう．

計算方法は次のようになります．

まず初めに，分散 s^2 の式の分子を求めます．

$$\sum (x_i - \bar{x})^2 = (103 - 95)^2 + (89 - 95)^2 + \cdots + (91 - 95)^2$$
$$= 2678.97$$

この計算のことを，**偏差平方和**といいます（▶図 2.6 C 列参照）．

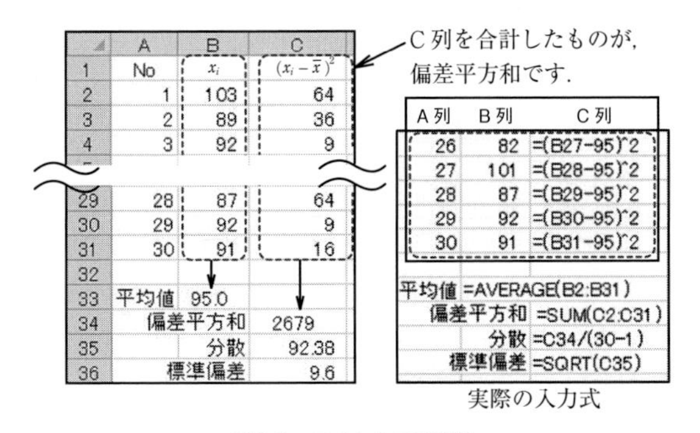

図 2.6　エクセルでの計算

したがって，偏差平方和をデータ数 $n-1$ で割ると分散は次のようになります．

$$s^2 = \frac{\sum (x_i - \bar{x})^2}{n-1} = \frac{2678.97}{29} = 92.38$$

いかがでしたか．式の意味が理解できたのではないでしょうか．

なお，エクセルでは，偏差平方和の関数は［＝DEVSQ(データ範囲)］となります（▶図 2.3 B42 セル参照）．

2.10　標準偏差［=STDEV(データ範囲)］

標準偏差（standard deviation : SD）s は，分散の平方根 $\sqrt{s^2}$ となります．

$$s = \sqrt{s^2} = \sqrt{92.38} = 9.6$$

標準偏差は単独で示される場合は少なく，主に「**平均値 ± 標準偏差**」で示されます．

平均値 ± 標準偏差の意味は，正規分布するデータの 68% が平均値 ± 標準偏差の範囲に含まれるということです．したがって，95.0 ± 9.6 mmHg の範囲（85.4〜104.6）には，データの 68% が含まれ，平均値 ± 1.96 × 標準偏差の範囲には，データの 95% が含まれます（▶図 2.7 参照）．

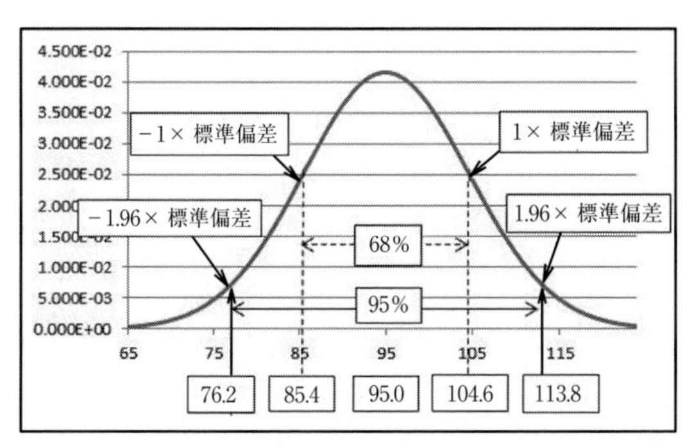

図 2.7　血圧データの正規分布

2.11　母分散は *n* で割り，不偏分散は *n* − 1 で割る理由

標準偏差と分散は，データのばらつきを表す指標です．分散の計算過程では，個々のデータから平均値を引くことで，中心からのズレの程度を表現します．しかし，これらの個々のズレを 2 乗することなく合計すると，平均値より大きい値と小さい値があり，ゼロになります（偏差和はゼロ）．ゼロでは全体のばらつきを表現できないので，「個々のデータから平均値を引いた」ものを 2 乗し合計します（偏差平方和）．この偏差平方和をデータ数で割ることで，ばらつきの平均状態を表現します．

ここで注意が必要です．偏差平方和を割る際の分母は，「$n - 1$」です．「データ数 n」ではありません．この「$n - 1$」のことを**自由度**（degrees of freedom）といいます．一般にデータ解析では，すべてのデータを集めることは困難なため，限られたデータから平均値などの代表値を求めなければなりません．すべてのデータの集合を**母集団**（population）と呼びます．母集団データの分散を求める場合は，データ数 n で偏差平方和を割ります．データ数がすべてではない通常の研究データ（標本データ）では，「$n-1$」で偏差平方和を割ります．n で割った分散のことを**母分散**（population variance）σ^2，$n-1$ で割った分散のことを**不偏分散**（sample variance）s^2 と呼び，区別されます．また，不偏分散を用いるのは，限られた標本数から母分散を推定するためです．

エクセル関数の分散［=VAR(**データ範囲**)］は，不偏分散を計算しています．また，同様に標準偏差［=STDV(**データ範囲**)］は，不偏分散の平方根になります．本書では以後，特に断らない限り，分散 s^2 といえば不偏分散，標準偏差 s は不偏標準偏差（不偏分散の平方根）であることを意味します．

※ここでいう「すべてのデータ ＝ 母集団データ」とは，例えば，高血圧の患者でしたら世界中の高血圧患者が母集団になります．自分が調べることができる高血圧患者は，母集団に対してごく一部の標本（サンプル）に過ぎません．このように存在しうるすべてのデータを集めることはできないので，真の値（母集団が持つ値）を推定するために不偏分散の考えがあります．

●不偏分散の詳細な説明

母分散は偏差平方和を n で割り，不偏分散は偏差平方和を $n-1$ で割ります．この違いについては，しっくり来ないのではないでしょうか．

分散は元々ばらつきの指標です．個々のデータが平均値からどの程度ずれるのかを見たいときに，偏差和ではゼロになるので使えません．そこで，偏差の2乗をとることにしました．これが偏差平方和です．この偏差平方和をデータ数 n で割ることは，偏差平方の平均値を意味するので，n 個あるデータのばらつきの指標として，偏差平方和をデータ数 n で割るのが本来の目的にかないます．

では，なぜ，$n-1$ で割る不偏分散が存在するかが問題になります．母集団（データ数は N）から n（$< N$）の標本データを取り出すとき，標本の平均値 $\bar{x}$ が，母平均 μ と同じになることは数学的に証明されているため（**大数の法則**），標本の平均値は，データ数 n で割ります（$n-1$ ではありません）．次に，標本から分散を求める際に，偏差平方和を n で割るとどうなるか？　数学的には平均値の場合と同様で，偏差平方和を n で割ると，

母集団の偏差平方和をデータ数 N で割るものと同じになります．

このように母集団 N より少ない標本数 n の分散が母分散と同じであることは，逆に考えると，分子の偏差平方和が少なめに見積もられることと同じ意味になります．つまり，標本数 n で割った分散では，母集団の分散より意味的に小さくなることになります．母集団のデータで得られる分散が真実の値ですから，母集団の一部であるデータ数の少ない標本データから得られる分散の方が，ばらつきがより少ないものであっては真実に反します．この問題を修正するために $n-1$ で割ることになります．

例を示すと，9，10，11，9，10，11，9，10，11 の母集合を考えます．この場合，平均値は 10，偏差平方和は $[(9-10)^2+(10-10)^2+(11-10)^2]\times 3$，整理すると偏差平方和は $[1+0+1]\times 3=6$ となります．したがって，データ数 N（$=9$）の母分散は，$(2\times 3)/9=0.666$ となります．

次に，標本数 6 の標本 9，10，11，9，10，11 の偏差平方和は $[1+0+1]\times 2=4$ となります．このとき，偏差平方和を標本数の $n=6$ で割る分散は，$(2\times 2)/6=0.666$ となります．しかし，$n-1$ で割ると不偏分散は，$(2\times 2)/(6-1)=0.80$ となります．

このように，標本データの偏差平方和をデータ数 n で割ると母分散と同じ値に，$n-1$ で割る不偏分散は母分散よりも大きな値になります．上述のとおり，$n-1$ で割る不偏分散は n で割る母分散より大きな値になるため，標本データから求める不偏分散によってばらつきが大きくなり，理論的な真実とつじつまがあいます．また，不偏分散は，データ数 n が大きくなると，$n-1\fallingdotseq n$ を満たすので，不偏分散≒母分散となります．

以上より，標本データから推定する分散が，母分散よりばらつきが小さいとする矛盾を回避するために，母集団データから抽出したと考えられる標本データの分散を $n-1$ を使って求めているといえます．

上記の理由から，$n-1$ の代わりに $n-2$ にすることもできますが，母分散と不偏分散の差を最小にとどめると，$n-1$ になります．

ちなみに，$n-1$ の説明で，「平均値が既知なため，データ数 $n-1$ で残りの値が自動的に決定されるので…」などの説明は，説明になっていません．なぜなら，平均値を求めるには，データのすべての値が必要だからです．平均値がわかっていて，データ内の一つのデータ値がわからないということは現実には起こりません．順番が逆です．すべてのデータから平均値を求めます．データにわからない数値があったら平均値は計算できません．

2.12 標準誤差［=STDEV(データ範囲)/SQRT(n)］

標準誤差（standard error : SE）は，標準偏差 s を $\sqrt{n}$ で割ったもの $\frac{s}{\sqrt{n}}$ です．

$$SE = \frac{s}{\sqrt{n}} = \frac{9.6}{\sqrt{30}} = 1.8$$

標準偏差と標準誤差の単位は，平均値と同じ単位になります．一方，分散の単位は，平均値の単位の 2 乗になります．例えば，血圧値の測定単位は〔mmHg〕ですので，平均値，標準偏差，標準誤差の単位は〔mmHg〕となり，分散の単位は〔$(\mathrm{mmHg})^2$〕となります．

また，標準誤差は，standard error of mean（SEM）ともいいます．

※エクセルでは，平方根 $\sqrt{\ }$ は，［=SQRT(数値)］で求めることができます．SQRT は，square root の略です．また，［=SQRT(数値)］は，［=(数値)^0.5］でも同じ結果になります．「^」は，べき乗の演算子になります．例えば，8 = 2^3 とするとベキ指数 3 の計算になります．

※標準誤差はエクセルの基本統計量（▶2.14 節「エクセルの基本統計量」参照）で示されます．しかし，標準誤差はエクセルには関数がないため，必要なときは自分で求める必要があります．

2.13 変動係数［=STDEV(データ範囲)/AVERAGE(データ範囲)］

変動係数（coefficient of variation : CV）は，標準偏差を平均値で割ったもの $\frac{s}{\bar{x}}$ です．

$$\frac{s}{\bar{x}} = \frac{9.6}{95.0} = 0.10$$

表記の通り変動を表す指標です．変動係数は，標準偏差を平均値で割るので同じ単位が打ち消し合い無次元数になります．無次元数のため CV によって，単位の違うデータのばらつき状態を比較することができます．CV の比較では，大きい CV データは小さい CV データに比べ「ばらつきが大きい」といえます．例えば，身長と体重のデータでは数値も単位も違いますが，

CV を比較することで両者のばらつき度合を比較することができます.

※CV は百分率〔%〕で表すこともあります.
※CV を比較する際には，弱点もあるので注意が必要です．例えば，同じ身長のデータを比較するときに，標準偏差が同じであるにもかかわらず，一方の平均値が他方の平均値より小さい場合には，平均値の小さい方の CV が大きくなります．相対的には，ばらつきが大きいといえますが，実際のばらつきの程度の差とその意味については，検討が必要です.
※二つの計測機器があるとき，測定精度の良し悪しを比較する際に CV が使われることがあります.

2.14 エクセルの基本統計量

エクセルでは基本統計量を自動的に計算し，その結果を一括して表すツールがあります．自分で基本統計量が算出できる人には，便利なツールです.

①図 2.1 のデータ入力後の状態からスタートし，メニュー［データ］⇒［データ分析］⇒［基本統計量］を選択します.

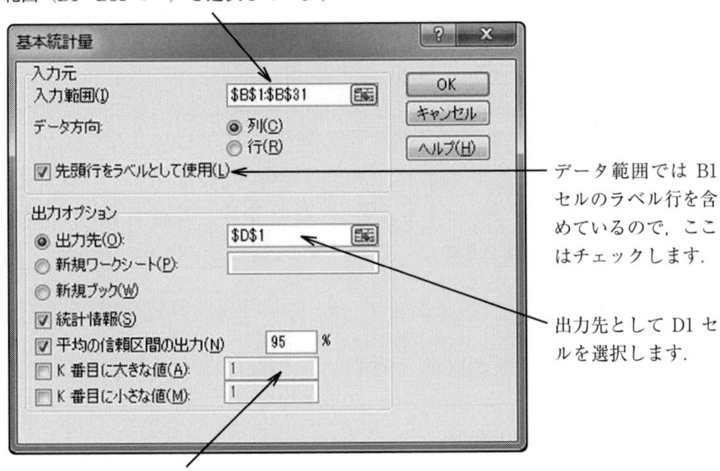

②出力の結果です.

D	E
MBP (mmHg)	
平均	94.96667
標準誤差	1.754785
中央値（メジアン）	93.5
最頻値（モード）	92
標準偏差	9.611356
分散	92.37816
尖度	0.597253
歪度	0.725156
範囲	41
最小	80
最大	121
合計	2849
標本数	30
信頼区間(95.0%)	3.588939

小数点以下の数値がありますが,
必要な桁にして使います.

図 2.8　基本統計量の結果

2.15　信頼区間（95.0%）

母平均 μ に対する **95%の信頼区間**は,

$$-t_{\alpha} \leq \frac{\bar{x}-\mu}{s/\sqrt{n}} \leq t_{\alpha} \tag{2.1}$$

上式を変形して,

$$\bar{x} - t_{\alpha}\cdot\left(\frac{s}{\sqrt{n}}\right) \leq \mu \leq \bar{x} + t_{\alpha}\cdot\left(\frac{s}{\sqrt{n}}\right) \tag{2.2}$$

となり，t 分布表の値を用いて母平均の**区間推定**を行います.

エクセル上では，$t_{\alpha} = t_{0.05}$ は［=TINV(0.05, 自由度)］として求めます. 自由度は,（$n - 1 = 30 - 1 = 29$）となります. $t_{0.05} = 2.045229$ です. 基本統計量の結果（▶図 2.8 参照）より，平均値（$\bar{x}$）は 94.96667，標準誤差 $\left(\frac{s}{\sqrt{n}}\right)$ は 1.754785 です. よって，$t_{\alpha}\cdot\left(\frac{s}{\sqrt{n}}\right) = 2.045229 \times 1.754785 = 3.588939$ が，表の“信頼区間（95.0%）”の意味です. 最終的には式(2.2)より,

$$94.96667 - 3.588939 \leq \mu \leq 94.96667 + 3.588939$$

母平均 μ の 95% 信頼区間は，$91.4 \leq \mu \leq 98.6$ となります.

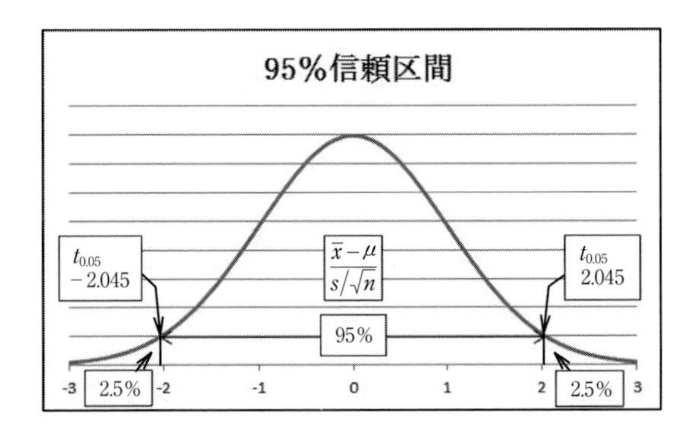

2.15.1　正規分布に基づく信頼区間

通常のデータの平均値と標準偏差は，そのデータの分布の特徴を示しています．一方，信頼区間の正規分布は，多数ある標本データの平均値を集めたと仮定したときの，それらの平均値だけからなる集合の正規分布（標本平均の分布）になります．各グループの標本データが正規分布する性質に基づくため，多数グループの平均値の集合も正規分布の性質を持ちます．その様な統計上の性質が標準誤差$\left(\frac{s}{\sqrt{n}}\right)$の形で現れています．

※通常，データの標準偏差は s で表します．信頼区間を求める際の標準偏差は $\frac{s}{\sqrt{n}}$ となるため，通常の標準偏差 s との混同を避けるために，信頼区間の標準偏差の形式「$\frac{s}{\sqrt{n}}$」のことを，特に標準誤差と呼んでいます．以上を端的に表現すると，「標本平均の分布の標準偏差」を「標準誤差」といいます．

2.15.2　標本平均の分布

一つのグループの多数あるデータから一部のデータをランダムに取り出し平均値を求めます．この作業を多数回繰り返したときに平均値の集合ができます．この平均値の集合は正規分布します．正確には，正規分布しないデータの集合，または，どのような分布のデータ集合でも，次のことが成り立ちます．

分布状態が任意のある一つのデータ集合からデータをランダムにサンプルし，その平均値を x_1 と表します．同様に同じデータ集合から，さらにデータをランダムにサンプルし，その平均値を x_2 と表します．

このようにして集めた平均値の集合 $x_1, x_2, \cdots, x_n$ ができます．たとえ元のデータ集合の分布が正規分布ではないどのような分布でも，この平均値の集合は理論的には正規分布し，これを標本平均の正規分布といいます（**中心極限定理**）．このように同一集合からランダムに得られた平均値の集合は正規分布の性質を持ち，この正規分布（t 分布）は，そのデータ集合のデータをランダムにサンプルしたときの平均値 $\bar{x}$ とその標準偏差 s，そのサンプル数 n を用いて記述することができます．それが式(2.1)です．

$$-t_\alpha \leq \frac{\bar{x} - \mu}{s/\sqrt{n}} \leq t_\alpha$$

ここで μ は，データをランダムにサンプルする前の集合（母集合）の母平均になります．

2.11 節「母分散は n で割り，不偏分散は $n-1$ で割る理由」で述べたように，母集合のデータをすべて集めることはできないので，母平均 μ を確定することができません．そのため，正規分布する性質を利用しています．母平均 μ の 95% 信頼区間とは，実験で得られたデータの平均値が 100 回のうち 95 回の割合で母平均 μ の 95% 信頼区間に入ることを意味します．逆にいうと，20 回に 1 回は 95% 信頼区間から外れる可能性があります．

第3章　正規分布

正規分布（normal distribution）とは，平均値を中心として左右対称で釣鐘形状をしている分布をいいます．少しオーバーな表現になりますが，富士山のようにバランスのとれた美しい山をイメージすることもできます．正規分布は**ガウス分布**（Gaussian distribution）と呼ばれることもあります．

正規分布の特徴としては，一番個数の多いデータが中心にきます．そして，中心から離れるに従ってデータの数は少なくなります．

データが正規分布する場合，その分布は数式を用いて定量的に表現することができます．

正規分布曲線を表す式は次のようになります．

$$f(x) = \frac{1}{\sqrt{2\pi}s} e^{-\frac{(x-\bar{x})^2}{2s^2}} \tag{3.1}$$

ここで，x は変数値，$\bar{x}$ は平均値，s^2 は分散，s は標準偏差，π は円周率（3.1415…），e はネイピア数（2.7182…）を表します．式(3.1)は正規分布関数またはガウス分布関数と呼ばれます．

正規分布曲線の関数は大変難しそうに見えます．しかし，この関数は，平均値と分散（標準偏差の2乗）から成り立っており，エクセルを使って表現すると難しくはありません．この難しそうな関数をグラフで表現できたら，きっと自信が持てることでしょう．皆さんも一緒に正規分布のグラフを描いてみましょう．

3.1　正規分布曲線の式

正規分布曲線の作成には，第2章「基本統計量」の血圧のデータ（▶図2.1参照）を用います．また，基本統計量を図2.8のように作成しているので，そこからスタートします．

正規分布を描くには，式(3.1)のように平均値と標準偏差の値が必要です．

①入力は，G1 セルには「平均値」，G2 セルには「標準偏差」，H1 セルには「95.0」，H2 セルには「9.6」と入力して下さい．95.0 はデータの平均値，9.6 は標準偏差であることを確認します．I1 セルには「105.0」，I2 セルには「19.2」と入力して下さい．これらは，95.0 より 10 大きい平均値であり，標準偏差は 9.6 の 2 倍です．このような平均値と標準偏差の関係において，両者がどのような正規分布を描き，どのような差異が生じるかを確認したいと思います．

② 4 行目の G，H，I セルには，図のように関数の表記（ラベル）を採用します．G5 セルには「0」と「半角英数」で入力して下さい．グラフの横軸〔血圧値，mmHg〕は，0～200 までを範囲とします．そのため G 列には，1 きざみで 0 から 200 までの数列を作ります．

	D	E	F	G	H	I
1	MBP (mmHg)			平均値	95.0	105.0
2				標準偏差	9.6	19.2
3	平均	94.96667				
4	標準誤差	1.754785		MBP, x	f1(x)	f2(x)
5	中央値（メジアン）	93.5		0		
6	最頻値（モード）	92				
7	標準偏差	9.611356				
8	分散	92.37816				

①（G1:I2）　②（G5）

次に 0～200 までの数列を自動的に作成する方法を紹介します．

①まず，G5 セルを選択します．次にメニュー［ホーム］⇒［フィル］⇒［連続データの作成］を選択します．

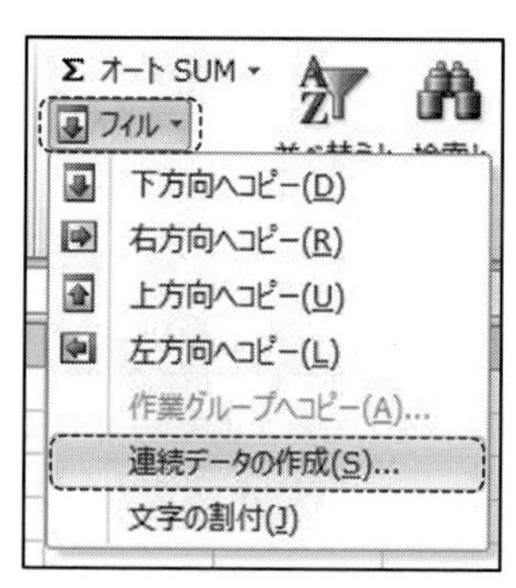

②連続データを下図のように入力します.

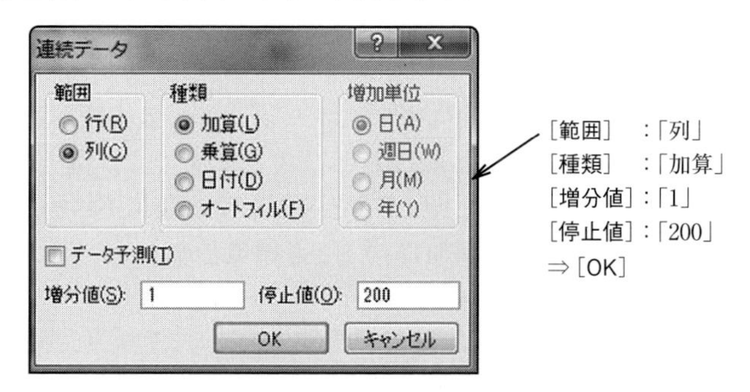

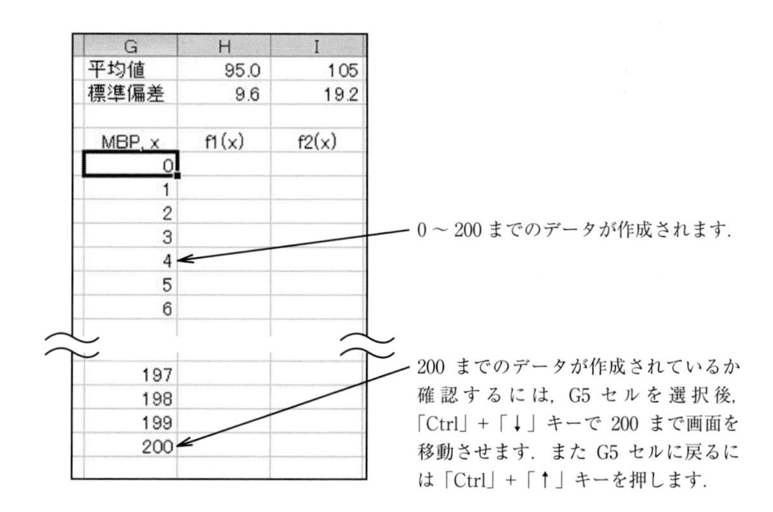

③ H5 セルに数式バーに示す式を入力します.

H5　fx　=1/(SQRT(2*PI())*H$2)*EXP(-1*(($G5-H$1)^2/(2*H$2^2)))

	C	D	E	F	G	H	I	J
1		MBP (mmHg)			平均値	95.0	105.0	
2					標準偏差	9.6	19.2	
3		平均	94.96667					
4		標準誤差	1.754785		MBP, x	f1(x)	f2(x)	
5		中央値（メジアン）	93.5		0	2.259E-23		
6		最頻値（モード）	92		1			
7		標準偏差	9.611356		2			
8		分散	92.37816		3			

第3章　正規分布

式中の「H$2」の意味は「H2 セルと同じで，2 行目を固定する（絶対参照)」の意味です．これは，H5 セルの式をコピーし I5 セルに貼り付けるときに役立ちます．

「H$2」のように $ マークの挿入は，F4 キー（キーボードの最上段）を打つことで入力されます．F4 キーは押し続けると循環しますので，例えば，H2 セルを選択した直後，あるいは数式上に H2 と入力した直後に F4 キーを繰り返し押すと，H2 ⇒ $H$2 ⇒ H$2 ⇒ $H2 ⇒ H2 と循環します．

※数値の指数表示は，3.2 節「数値の桁を変更する方法」で説明します．

H5 セルに一つの数式（正規分布関数）を作成後，H5 セルをコピーし，H205 セルまで貼り付けます．この操作は，画面を複数回スクロールするため手間がかかりますので，簡単に行う方法を紹介します．

① H5 セルを選択．
②「←」キーで G5 セルに移動．
③「Ctrl」＋「↓」キーで G205 セルまで移動．
④「→」キーで H205 セルへ移動．
⑤「0」を入力（0 でなくとも文字であれば何でもよい）．
⑥「Ctrl」＋「↑」キーで H5 セルへ移動．
⑦「Ctrl」＋「C」キーで H5 セルのコピー．
⑧「Ctrl」＋「Shift」＋「↓」キーで H205 セルまで全体を選択．
⑨「Ctrl」＋「V」キーで範囲列に貼り付け．
⑩「Ctrl」＋「↑」キーで H4 セルまで移動．

以上ですが，慣れたら 2 秒もかからずに処理できます．

I 列にも正規分布関数を作りますが，ここでは H5 セルをコピーしたものを I5 セルに貼り付けると，**図 3.1** のようになります．

	C	D	E	F	G	H	I
fx	=1/(SQRT(2*PI())*I$2)*EXP(-1*(($G5-I$1)^2/(2*I$2^2)))						
		MBP (mmHg)			平均値	95.0	105
					標準偏差	9.6	19.2
		平均	94.96667				
		標準誤差	1.754785		MBP, x	f1(x)	f2(x)
		中央値（メジアン）	93.5		0	2.259E-23	6.658E-09
		最頻値（モード）	92		1	6.299E-23	
		標準偏差	9.611356		2	1.737E-22	
		分散	92.37816		3	4.740E-22	

図 3.1

適宜 $ マークを使っているので，G 列は固定されていますが，平均値や標準偏差は I 列のものを統一的に使用することができます．I5 セルに数式を入れたら，前項で学んだキーだけの操作で I 列の数式を貼り付けましょう．

3.2 数値の桁を変更する方法

①データ範囲を指定します．H5 セルを選択して，「Ctrl」＋「Shift」＋「→」キー，次に「Ctrl」＋「Shift」はそのまま押し続け「→」キーを離し，「↓」キーを打って「Ctrl」＋「Shift」＋「↓」キーとします．これでデータ範囲が選択されます．

②「Ctrl」＋「Shift」＋「F」キーを打ちます．

③次のダイアログが出るので，下図のように変更します．指数の桁は 3 桁で十分です．

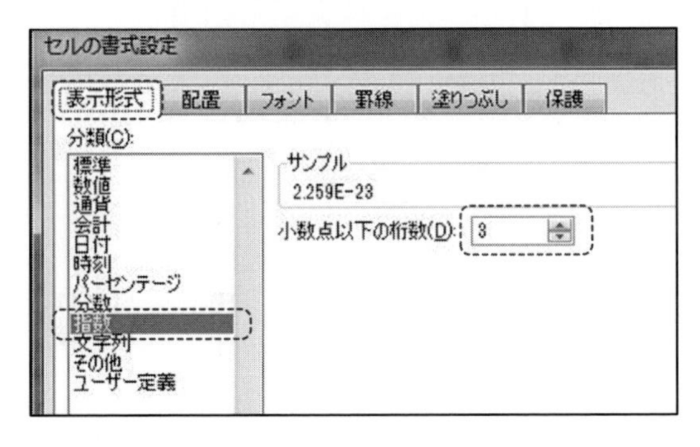

④下図のようになります.

G	H	I
平均値	95.0	105
標準偏差	9.6	19.2
MBP, x	f1(x)	f2(x)
0	2.259E-23	6.658E-09
1	6.299E-23	8.840E-09
2	1.737E-22	1.171E-08
3	4.740E-22	1.546E-08

3.3　正規分布曲線のグラフ作成

① H5 セルからスタートします.

②「Ctrl」＋「Shift」＋「↓」キーで H 列のデータ範囲を選択します.

※ラベル f1 (x) は選択しないので注意して下さい.

③メニュー［挿入］⇒［散布図］⇒［散布図・平滑線］を選択します.

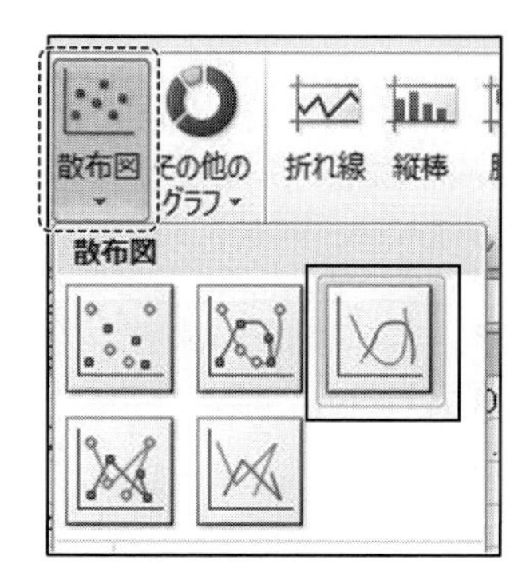

④「曲線の上で右クリック」⇒［データの選択］を選択します.

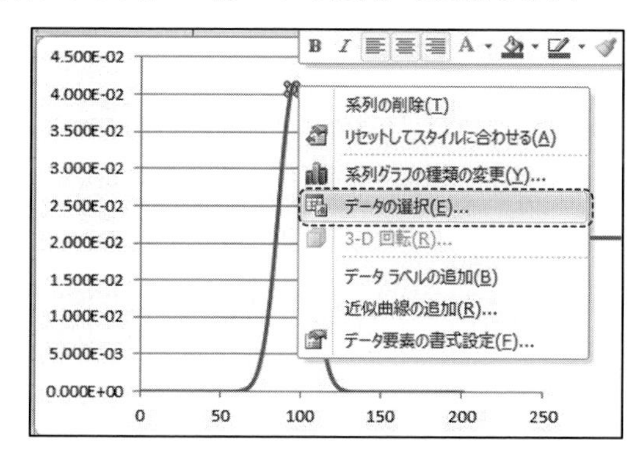

⑤［編集］をクリックします.

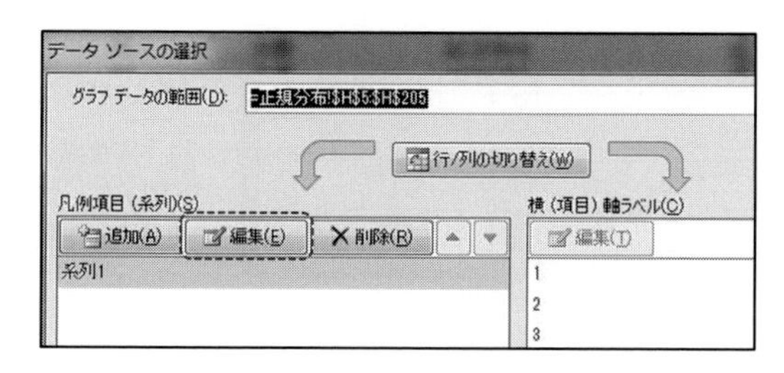

⑥以下のように入力されていますが，実際にはセルを選択していますので，キー入力は行っていません.

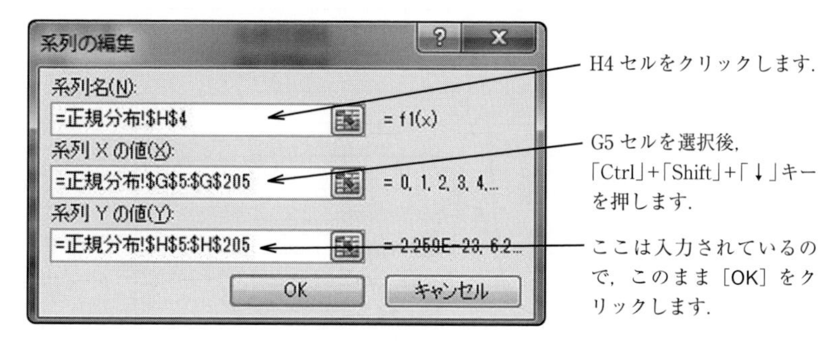

⑦ [追加] を選択します.

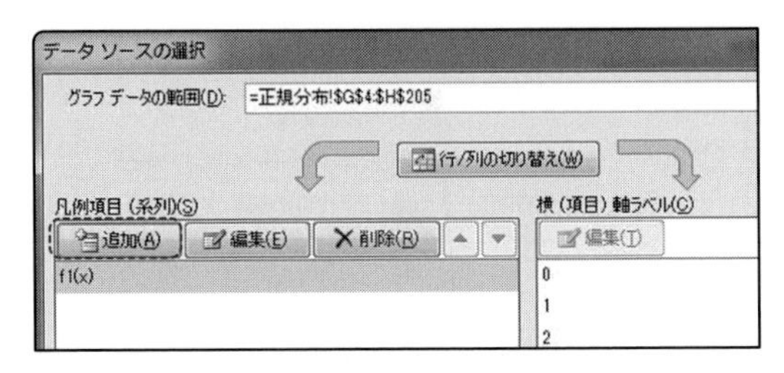

⑧ f2 (x) 曲線を追加します.

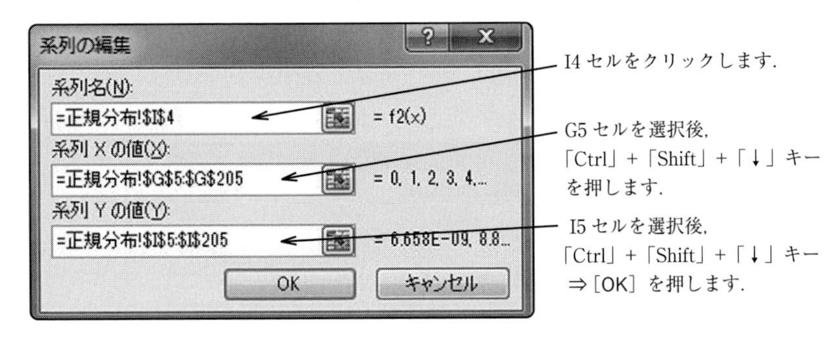

⑨ [データソースの選択] のダイアログに戻り ⇒ [OK] を押します.

⑩グラフは, 200 行目に表示されるので, 8 行目あたりに移動させます.

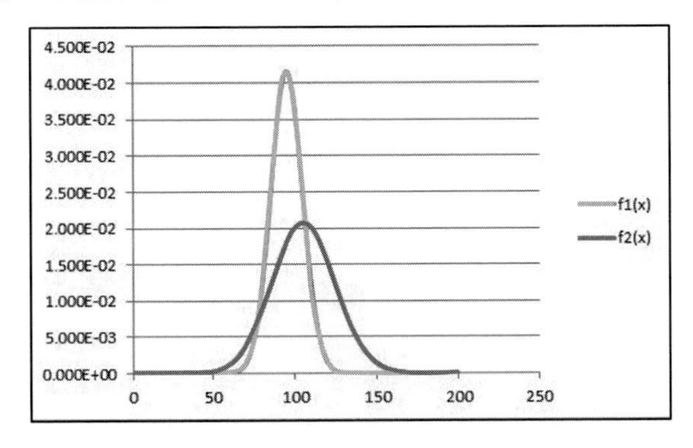

⑪グラフの x 軸上の数値の上で右クリック ⇒［軸の書式設定］を選択します.

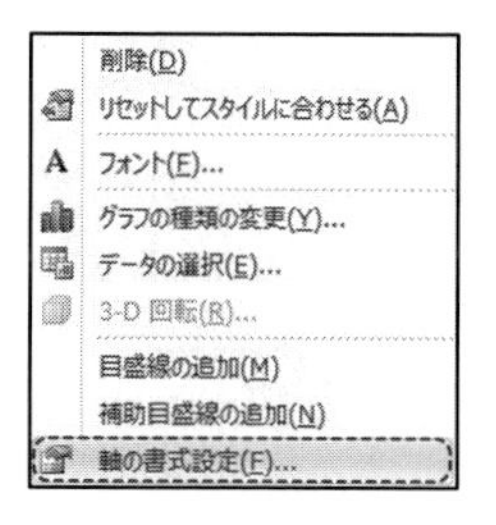

⑫［軸のオプション］⇒［最大値］⇒「200」（半角英数入力）を選択します.

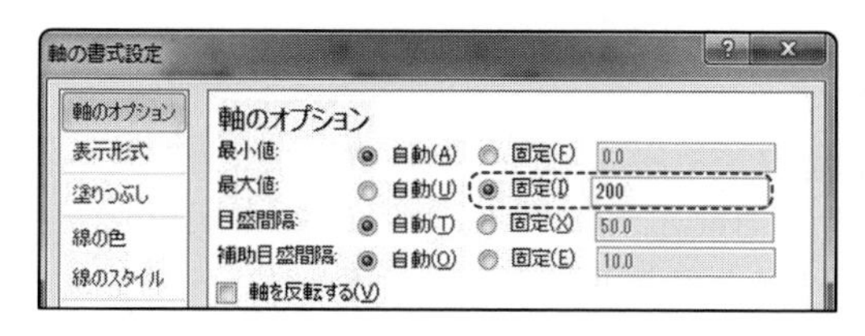

⑬完成です.

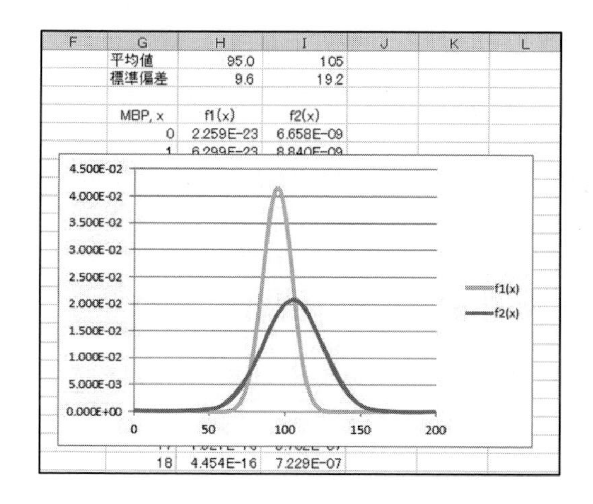

3.4　正規分布曲線における平均値と標準偏差の性質

正規分布曲線 f1(x)は，平均値（95.0）と標準偏差（9.6）で描かれている一方，f2(x)は平均値（105.0）と標準偏差（19.2）で描かれています．グラフから理解できることは，以下のようになります．

(1) 平均値は山の真ん中に位置している．
(2) 平均値が 10 大きい f2(x)は，f1(x)に比べ中心が右に 10 移動している．
(3) 標準偏差の大きい f2(x)は，f1(x)に比べ幅が広い（裾が広い）．

正確に表現すると，標準偏差の値は頂点から裾に向かって降りていく際の変曲点（頂点側で外側に膨らみ裾側では内側にくぼむ両者の境目）になります．したがって，f2(x)と f1(x)の変曲点の幅を比較すると，f2(x)は f1(x)の 2 倍になります．

●山の高さについて

個々の正規分布曲線と x 軸で囲まれた面積は合計すると「1」になります．これは 100% と読み替えることもできます．それぞれのグラフにおいて，面積の合計は「1」になるので，幅が広い正規分布曲線の高さはそれに応じて低くなります．

正規分布曲線は確率密度分布曲線ともいわれるのは，起こり得る事象の確率について全体（全面積）を 100% に置き換えて読むことができるからです．この場合，曲線の高さは全体に対する比率を意味します．

例えば，全体の人数が 1,000 名で f1(95.0 mmHg) = 0.042 となるので，95.0 mmHg の人は 42 名になります．f2(105.0 mmHg) = 0.021 となるので，105.0 mmHg の人は 21 名になります．ピークの人数としては随分少ないイメージを持つかも知れませんが，これは横軸の血圧値を 1 mmHg で分けているからです．もし横軸の階級幅を 10 mmHg のヒストグラムで表すと，ピークの人数は 420 名になります．この例では，いずれの階級幅にしても，全積分（全階級）の合計人数は 1,000 名になります．

3.5 平均値と標準偏差のイメージ

I1 セルの平均値と I2 セルの標準偏差の値を変えて，グラフがどのように変化するかを確認しましょう．それらの数値を変えると，正規分布曲線は変化します．このグラフの変化から平均値と標準偏差の具体的な意味が理解できます．

第4章　相関分析

4.1　相関関係とは

独立した二つの変数（x，y）に関するデータがあり，x の分布に対して，y がどのような分布を示すか，x，y 座標上の散布図で確認します．相関関係に関する**散布図**を特に**相関図**ともいいます．

例えば，変数 x の増加に対して変数 y も増加する場合を**正の相関関係**といいます（▶図 4.1(a) および (b) 参照）．また，変数 x の増加に対して変数 y が減少する場合を**負の相関関係**といいます（▶図 4.1(c) および (d) 参照）．

図 4.1 のように x と y の関係の強さを数学的に示したものが**相関係数 r** で

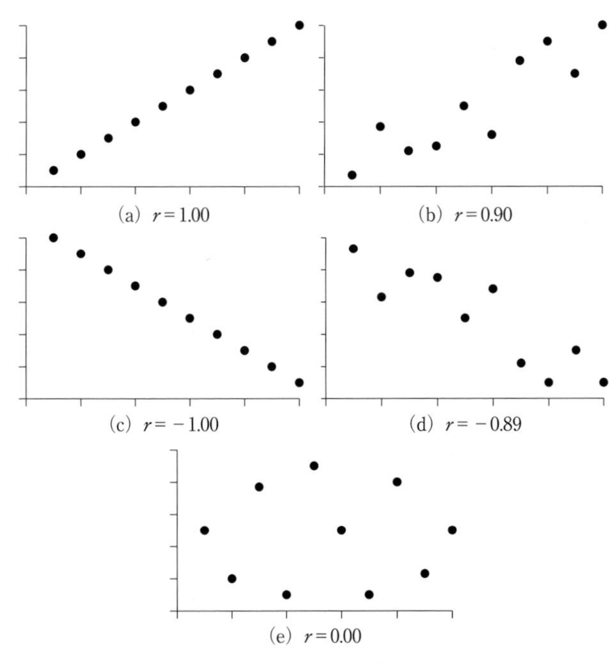

図 4.1　散布図と相関係数 r

す．相関係数 r が $+1.00$ のとき，または -1.00 のときは，データは傾きのある直線上に並びます．

図 4.1(b) と (d) のようにデータが直線上からばらつくと，相関係数 r の絶対値は 1 より小さくなります．ばらつきが大きくなっていくと，相関係数 r は 0 に近づいていきます．また，図 4.1(e) のように相関係数 r が 0 の場合は，二つの変数 x, y は共に一定の関係を持って変動することはありません．

4.2　散布図と相関関係

次のデータを用いて，散布図を描きます．

	A	B	C
1	番号	身長(cm)	体重(kg)
2	1	158	60
3	2	168	68
4	3	155	58
5	4	140	38
6	5	146	46
7	6	171	72
8	7	159	66
9	8	148	48
10	9	174	70
11	10	147	53
12	11	154	56
13	12	156	50
14	13	152	52
15	14	170	60
16	15	160	55
17	16	164	63
18	17	135	43
19	18	172	72
20	19	175	74
21	20	168	56

相関関係を見る場合の散布図では，通常，x と y の変数としてどちらの変数を用いても結果（相関係数）と解釈は変わりません．ここでは，体重を変数 x にとり身長を変数 y にとります．

ただし，原因と結果の関係や時間的な順序のある関係などの場合には，注意が必要です（▸詳細は，第 5 章「回帰分析」参照）．回帰分析では，原因を**独立変数 x**，結果を**従属変数 y** として扱い，時間的に先行する変数を独立変数 x，それに遅れる変数を従属変数 y とします．

① B2 セルを選択 ⇒「Ctrl」＋「Shift」＋「↓」キーを選択します.

	A	B	C
1	番号	身長(cm)	体重(kg)
2	1	158	60
3	2	168	68
4	3	155	58
5	4	140	38
6	5	146	46
7	6	171	72
8	7	159	66
9	8	148	48
10	9	174	70
11	10	147	53
12	11	154	56
13	12	156	50
14	13	152	52
15	14	170	60
16	15	160	55
17	16	164	63
18	17	135	43
19	18	172	72
20	19	175	74
21	20	168	56

B2～B21 セルを選択します.

②メニュー［挿入］⇒［散布図］を選択します.

③データポイントの上で右クリックし，以下のダイアログから［データの選択］をクリックします．

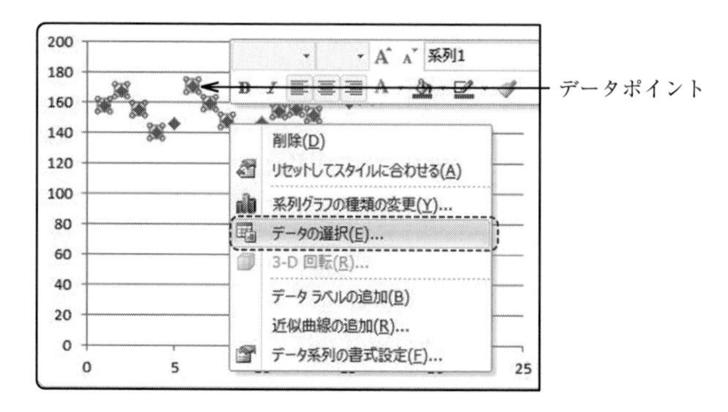

※データポイント上での右クリックは，どのデータポイントでも構いません．

④データソースを選択します．

⑤[系列 X の値] の枠内をクリック ⇒ C2～C21 セルを選択します．

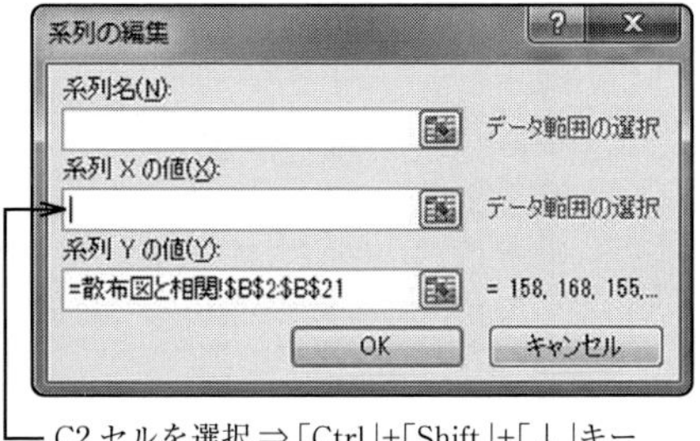

⑥以下の 2 画面は順に［OK］をクリックします．

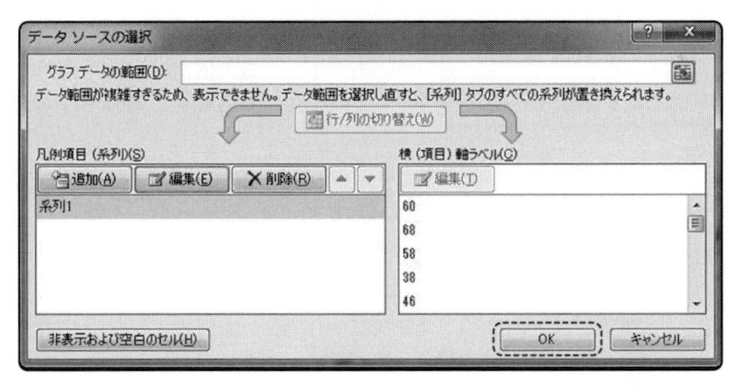

⑦このグラフについて，書式を変更しグラフを完成させます.

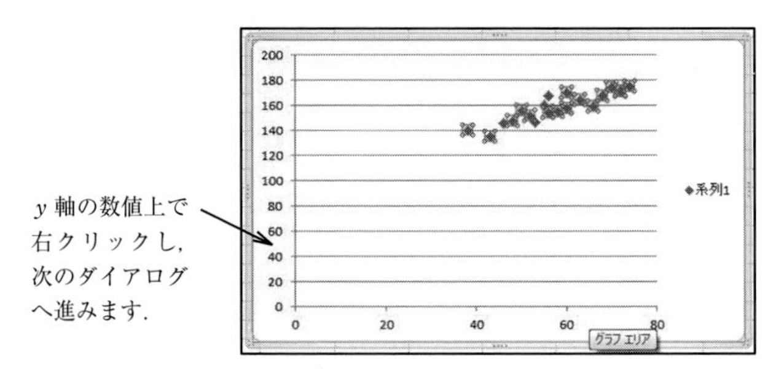

⑧[軸の書式設定] をクリックします.

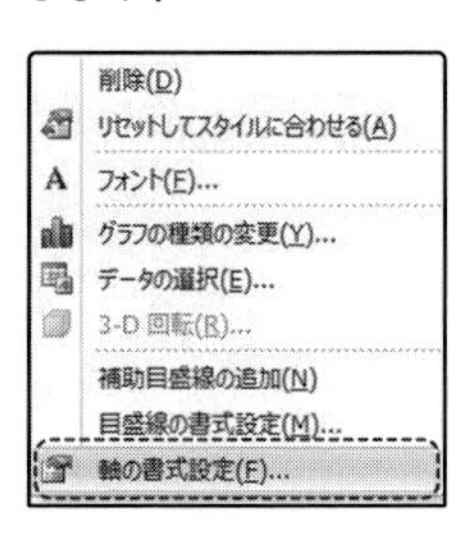

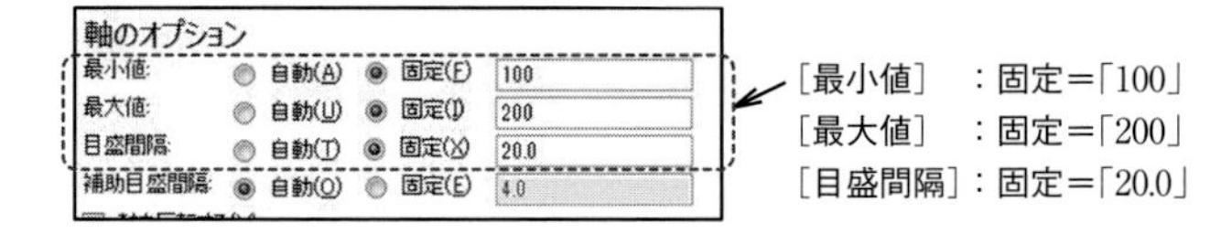

⑨同様に x 軸の設定を行うため，x 軸の数値上で右クリック，[軸の書式設定] へ進み，「30.0」，「80.0」，「10.0」と入力します.

⑩下図のようになります.

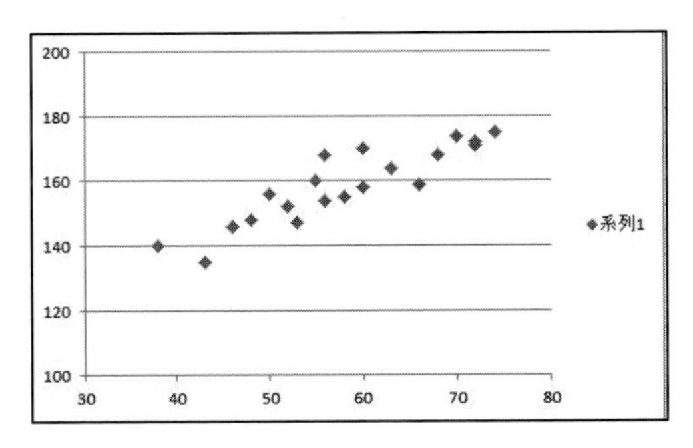

⑪このグラフを選択 ⇒ [グラフツール] ⇒ [デザイン] ⇒ [グラフのレイアウト]：[レイアウト 1] を選択し, [グラフのスタイル]：[スタイル 1] を選択すると, 下図のようになります.

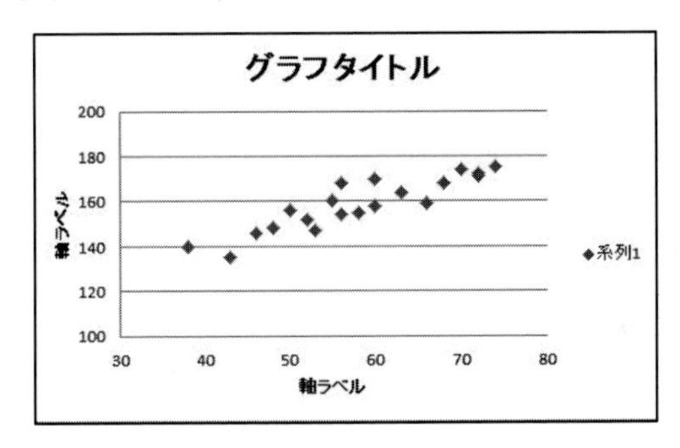

⑫２か所の [**軸ラベル**] をクリックし, 変数名をそれぞれ記入します.

⑬「グラフタイトル」を書き直します. [**系列 1**] は必要ありませんので, 右クリックし, [**削除**] とします.

⑭完成です．

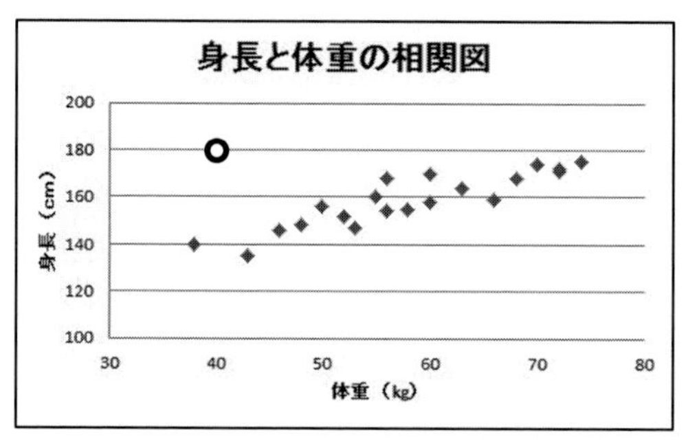

図 4.2　身長と体重の相関図

※グラフ中の ○ 記号は，別データです．4.3 節「相関図の解釈」で説明します．

4.3　相関図の解釈

体重が増えると身長も増える傾向にあります．相関図の場合，変数同士を x 軸と y 軸について置き換えることができます．その場合，身長が増えると体重も増える傾向にあるといえます．このようにデータが右肩上がりを示しているとき「正の相関がある」といいます．ここでは，正の相関関係が原因と結果を示していたり，因果関係を示している訳ではないことに注意が必要です．

身長の高い人は，ガリガリに痩せていない限りは身長の高さが増すと体重は重くなります．**図 4.2** の「○」マークに注目して下さい．これは，体重が 40 kg で身長が 180 cm の人の例です．このデータポイントは，散布図が示すデータの傾向から離れたところにあります．もし散布図を描いて，このような目立った点があるときには必ず検討します．

例えば，以下の点について注意を払います．

(1) 計測機器の不調，測定ミスや数値の記入ミスなど，正しくないデータであるかも知れない．

(2) 正しく測定されたことが確認され，実在するデータであるかも知れない．

このように理由を確認したり，原因をつきとめたりします．また，このような全体の傾向から大きくズレたデータのことを**外れ値**と呼びます．

4.4　外れ値の取り扱い

外れ値は無視してはなりません．理論的に除外できる場合は，外れ値を除外してデータの解析がなされたことを報告し，除外した理由を明示します．理論的に除外できない場合には，外れ値が解析結果に及ぼす影響を示すため，外れ値を含む場合と含まない場合の両方の結果を報告することがあります．また，外れ値の確認が重要な発見に結びつくこともあります．

4.5　相関係数 r

図 4.1 のように，2 変数間の直線関係を定量化する指標に相関係数があります．図 4.2 の身長と体重の関係について相関係数を求めてみます．計算手順の前にエクセルの操作で相関係数を求めてみましょう．

E2 セルに［=CORREL(B2 : B21, C2 : C21)］となるように入力しますが，実際の入力操作は「= CORREL(」まで入力し，配列 B2～B21 の部分は，B2 セルを選択 ⇒「Ctrl」+「Shift」+「↓」のキー操作で［B2 : B21］と瞬時に入力されます．次にカンマ「,」を入力し，C2 セルを選択 ⇒「Ctrl」+「Shift」+「↓」のキー操作で［C2 : C21］となり，最後にカッコ閉じ「)」で完成です．相関係数は，0.900547 となります．

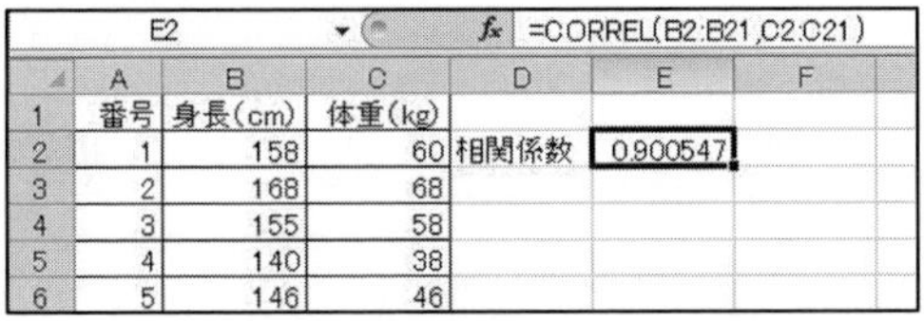

E2　=CORREL(B2:B21,C2:C21)

	A	B	C	D	E	F
1	番号	身長(cm)	体重(kg)			
2	1	158	60	相関係数	0.900547	
3	2	168	68			
4	3	155	58			
5	4	140	38			
6	5	146	46			

※エクセルの関数入力は，アルファベットの大文字と小文字は区別しません．例えば，上記の「CORREL」の入力は，大文字である必要はなく「correl」と小文字入力しても同じです．小文字入力の場合は，return キーで確定後，自動的に大文字に変換されます．

相関係数の桁は，小数点以下第3位まででよいので，次のように桁を揃えます．

① E2セルを選択 ⇒「Ctrl」＋「Shift」＋「F」キーを押します．

②[セルの書式設定] ⇒ [表示形式] ⇒ [数値] ⇒ [小数点以下の桁数] を押します．

③次のように，小数点以下3桁の表示になります．

4.6　相関係数の解釈

相関係数rは0のときに相関はなく，1.00または−1.00に近づくほど相関が強くなります．すなわち，直線関係が強くなります．相関係数の大小は，データの大小や単位に関係なく，2 変量の直線関係の強さを示しています．また相関係数には単位がないので，扱う単位に依存しません．したがって，相関係数を用いることにより，数値の大小や単位にかかわらず直線関係の強さを比較することができます．

相関（直線）関係の強さは相関係数の大小で判断されます．しかし，客観的な数値である相関係数ですが，取り扱う分野や 2 変量の性質などにより相関係数の意味合いや解釈には多少の違いがあります．相関係数 r と相関関係の大小には，およそ次の目安があります．

$|r| = 0.00 \sim 0.20$　無相関，または非常に低い相関
$|r| = 0.20 \sim 0.40$　低い相関
$|r| = 0.40 \sim 0.60$　中程度の相関
$|r| = 0.60 \sim 0.80$　高い相関
$|r| = 0.80 \sim 1.00$　非常に高い相関

r（0.20～0.40）は低い相関ではあるが，2 変量の性質から相関関係が見出せないと考えられるときなどには，逆に重要な相関関係がある場合もあります．r（0.80～1.00）は相関が非常に高いことから，エラーあるいは何か特別な原因や理由がないか確認が必要であると考えられます．

第4章　相関分析

4.7　相関係数の計算式

相関係数は，連続データが正規分布に従う二つの変量（x_i, y_i）の線形関係を定量化します．一般に相関係数と呼ばれますが，正式には**ピアソンの積率相関係数**（Pearson product-moment correlation coefficient）といいます．相関係数は次のようになります．

$$r = \frac{\sum(x_i - \bar{x})(y_i - \bar{y})}{\sqrt{\sum(x_i - \bar{x})^2 \sum(y_i - \bar{y})^2}}$$

ここで，変数 x_i と y_i の平均値を $\bar{x}$ と $\bar{y}$ とします．

4.8　ピアソンの積率相関係数を用いるための条件

ピアソンの積率相関係数を用いるための条件には以下の 5 項目があります．

(1) 各データが互いに独立していること．

(2) 各データが対応する二つの変数を持つこと.
(3) 二つの変数が互いに独立していること.
(4) 二つの変数の両方が正規分布していること（厳密ではなく目安).
(5) 二つの変数が直線（線形）関係にあること.

4.9 相関係数の検定

4.9.1 データ数が $n < 20$ の場合（t 分布を使う）

通常，対象とする標本（データ）は，ある母集団から抜き出されたものであることが仮定されています．得られた相関係数 r が無相関ではないとする実質的な意味を持つためには，$r \neq 0$ を証明しなければなりません．この検定は，帰無仮説が相関係数を 0 とする自由度 $n-2$ の t 分布に従うと仮定する **t 検定**（両側）になります．

今，$r = 0.901$，データ数 $n = 20$ なので自由度 18 のもと，

$$t = \frac{r\sqrt{n-2}}{\sqrt{1-r^2}} = \frac{0.901\sqrt{20-2}}{\sqrt{1-0.901^2}} = 8.812 \tag{4.1}$$

自由度 18 の t 分布では，有意水準 5%（両側）となる t 値は 2.101 です（▶付録 2「t 検定表」参照）．ここで，t 値 $= 8.812 > 2.101$ より，$P < 0.05$ となります．よって帰無仮説の「相関係数 $r = 0$」は棄却され，相関係数 0.901 は統計的に有意であるといえます．

エクセルでは以下のように計算されます．

	A	B	C	D	E	F	G	H
1	番号	身長(cm)	体重(kg)					
2	1	158	60	相関係数	0.901	=CORREL(B2:B21,C2:C21)		
3	2	168	68	データ数 n	20			
4	3	155	58	自由度	18	=E3-2		
5	4	140	38	t値	8.788	=E2*SQRT(E3-2)/SQRT(1-E2^2)		
6	5	146	46	t分布5%点	2.101	=TINV(0.05,E4)		
7	6	171	72	P値	0.000	=TDIST(E5,E4,2)		
8	7	159	66					

E 列には数値が並びますが，実際には F 列の式が入力されています．

E2 セル：=CORREL(B2 : B21, C2 : C21)　※相関係数
E3 セル：20　※データ数
E4 セル：=E3−2　※自由度
E5 セル：=E2*SQRT(E3−2)/SQRT(1−E2^2)　※ t 値（統計量）

E6 セル：＝TINV(0.05，自由度)　　※棄却域の境界値
E7 セル：＝TDIST(t 値，自由度，両側分布)　※ t 値の両側水準

※エクセルの t 値は 8.788 であり，式 (4.1) の計算 t 値は 8.812 となっています．この違いは，小数点以下の取り扱いの違いです．エクセルで求めた相関係数は 0.90055… を用いて計算しています（表記は 0.901 となっています）．
※上記のエクセル表は，他のデータの相関係数を E2 セルに，またデータ数を E3 セルに入力するだけで，t 値や P 値が自動的に算出されるので，簡易ソフトとして利用することもできます．
※相関係数 r の標準誤差 r_s は

$$r_s = \sqrt{\frac{1-r^2}{n-2}}$$

となります．したがって，r の標準化は，

$$t = \frac{r}{r_s} = \frac{r\sqrt{n-2}}{\sqrt{1-r^2}}$$

となります．相関係数 r の有意性は，自由度（$n-2$）の t 分布に従います．

第4章 相関分析

4.9.2　データ数が $n \geq 20$ の場合（Z 変換を使う）

データ数が $n \geq 20$ の場合，Z 変換によって相関係数 r を正規分布に変換し，標準正規分布 N（平均 0，分散 1）を利用して z 検定を行うことができます．標準正規分布に従う検定量 z は次式となります：

$$z = \frac{\frac{1}{2}\ln\left(\frac{1+r}{1-r}\right)}{\sqrt{\frac{1}{n-3}}}$$

ここで，ln は自然対数（natural logarithm）です．ln X は $\log_e X$ を意味します．e は 2.7182…（ネイピア数）です．

本来，Z 変換は $Z = (1/2)\ln(1+r)/(1-r)$ をいいます．$1/\sqrt{n-3}$ は，Z 変換の標準偏差になります．$|r|$ が 1 に近づくと標本平均値 r の分布は正規性を失います．この問題を改善するために Fisher は Z 変換を考案しました．ここでは Z 変換と z 値を文字の大小で区別しています．

相関係数 $r = 0.901$ が 95% の確率で 0 にならないことを統計的に示すために，z 値から P 値を求めます．

$$z = \frac{\frac{1}{2}\ln\left(\frac{1+0.901}{1-0.901}\right)}{\sqrt{\frac{1}{20-3}}} = 6.092$$

z 値から P 値を求めるにはエクセルを利用します．計算式を示すと，

$$P = 2 \times (1 - \mathrm{NORMSDIST}(6.092)) = 0.000$$

よって，$P < 0.05$ より，真の相関係数 r がゼロとなる可能性は 5% 未満より，この相関係数 0.901 は統計的に有意です．

z 値と P 値は，エクセルでは以下のように計算されます．

	A	B	C	D	E	F	G	H	I
1	番号	身長(cm)	体重(kg)						
2	1	158	60	相関係数	0.901	=CORREL(B2:B21,C2:C21)			
3	2	168	68	データ数 n	20				
4	3	155	58	自由度	18	=E3-2			
5	4	140	38	z値	6.082	=0.5*LN((1+E2)/(1-E2))/SQRT(1/(E3-3))			
6	5	146	46	P値	0.000	=2*(1-NORMSDIST(E5))			
7	6	171	72						

4.9.3　t 検定と z 検定の P 値の違い

この表は t 値と z 値による検定結果の違いを表しています．

データ数 n	10	10	20	20	50
相関係数	0.64	0.63	0.45	0.144	0.28
t 値の P	0.046	0.051	0.046	0.052	0.049
z 値の P	0.045	0.050	0.046	0.052	0.049

わずかですが t 検定（▶ 4.9.1 項「データ数が $n < 20$ の場合（t 分布を使う）」参照）から得られる P 値は z 検定から得られる P 値より大きくなるので，t 分布による有意差の判定は保守的になります．

また，特に注意が必要なのは，データ数が多くなると相関係数が小さくても有意性が検出される点です．例えば，データ数が 50 もあると，相関係数が 0.28 でも統計上の結果は有意になります．一方，データ数が 10 と少ないときには，相関係数が 0.64 でかろうじて有意となります．

相関係数は 2 変量の線形性を定量化するものであり，相関係数の検定は相関係数がゼロ（無相関）ではないことを調べるものです．「相関係数」と「その検定」の意味を誤解しないようにしましょう．

データ数 n は，相関係数の検定に必要です．第三者が検定の確認を行う際に必要になるので，データ数 n は P 値に併記します．

※データ数が少ない場合にはt検定を使うという例を示したが，t検定は保守的なため，データ数が多い場合にもz検定の代わりにt検定を使うことは許されます．

4.10 相関係数の区間推定

相関係数rのZ変換は，母相関係数ρのZ変換$(1/2)\ln(1+\rho)/(1-\rho)$とその分散$1/(n-3)$について，正規化されるとき，

$$z = \frac{\dfrac{1}{2}\ln\dfrac{1+r}{1-r} - \dfrac{1}{2}\ln\dfrac{1+\rho}{1-\rho}}{\sqrt{\dfrac{1}{n-3}}}$$

z値は，標準正規分布$N(0,1)$に従います．このとき母相関係数ρの95％信頼区間は，

$$-1.96 \leq \sqrt{n-3}\left(\frac{1}{2}\ln\frac{1+r}{1-r} - \frac{1}{2}\ln\frac{1+\rho}{1-\rho}\right) \leq 1.96$$

となります．この式を展開すると，

$$-\frac{1.96}{\sqrt{n-3}} \leq \left(\frac{1}{2}\ln\frac{1+r}{1-r} - \frac{1}{2}\ln\frac{1+\rho}{1-\rho}\right) \leq \frac{1.96}{\sqrt{n-3}}$$

$$-\frac{1}{2}\ln\frac{1+r}{1-r} - \frac{1.96}{\sqrt{n-3}} \leq -\frac{1}{2}\ln\frac{1+\rho}{1-\rho}$$

$$\leq -\frac{1}{2}\ln\frac{1+r}{1-r} + \frac{1.96}{\sqrt{n-3}}$$

$$\frac{1}{2}\ln\frac{1+r}{1-r} + \frac{1.96}{\sqrt{n-3}} \geq \frac{1}{2}\ln\frac{1+\rho}{1-\rho}$$

$$\geq \frac{1}{2}\ln\frac{1+r}{1-r} - \frac{1.96}{\sqrt{n-3}}$$

ここで，上式の展開を簡単にするために右辺をa，左辺をbと置くと

$$a = \frac{1}{2}\ln\frac{1+r}{1-r} - \frac{1}{\sqrt{n-3}} \times 1.96$$

$$b = \frac{1}{2}\ln\frac{1+r}{1-r} + \frac{1}{\sqrt{n-3}} \times 1.96$$

となり，

$$b \geq \frac{1}{2}\ln\frac{1+\rho}{1-\rho} \geq a$$

と表され，この式を ρ について解いていき

$$2b \geq \ln \frac{1+\rho}{1-\rho} \geq 2a \qquad \left(\frac{1}{2}\text{ の移項}\right)$$

$$\ln e^{2b} \geq \ln \frac{1+\rho}{1-\rho} \geq \ln e^{2a} \quad (\text{左右の項に ln を採用})$$

$$e^{2b} \geq \frac{1+\rho}{1-\rho} \geq e^{2a} \qquad (\text{全項から ln をはずす})$$

$(1-\rho) > 0$ なので，両辺に掛けると（不等号の向きは変わらず），

$$(1-\rho)e^{2b} \geq 1+\rho \geq (1-\rho)e^{2a}$$

左辺と中央について示すと，

$$e^{2b} - 1 \geq \rho(e^{2b}+1)$$

$$\frac{e^{2b}-1}{e^{2b}+1} \geq \rho$$

同様に，中央と右辺について示すと，

$$\rho(e^{2a}+1) \geq e^{2a} - 1$$

$$\rho \geq \frac{e^{2a}-1}{e^{2a}+1}$$

よって，

$$\frac{e^{2b}-1}{e^{2b}+1} \geq \rho \geq \frac{e^{2a}-1}{e^{2a}+1}$$

となります．

a，b は次式で与えられているので，

$$a = \frac{1}{2} \ln \frac{1+r}{1-r} - \frac{1}{\sqrt{n-3}} \times 1.96$$

$$b = \frac{1}{2} \ln \frac{1+r}{1-r} + \frac{1}{\sqrt{n-3}} \times 1.96$$

実際の計算は，以下のようになります．

相関係数 $r = 0.901$，データ数 20 について，母相関係数 ρ の 95% 信頼区間は，

$$a = \frac{1}{2} \ln \frac{1+0.901}{1-0.901} - \frac{1}{\sqrt{20-3}} \times 1.96 = 1.002$$

$$b = \frac{1}{2} \ln \frac{1+0.901}{1-0.901} + \frac{1}{\sqrt{20-3}} \times 1.96 = 1.953$$

$$\frac{e^{2a}-1}{e^{2a}+1} = \frac{e^{2\times 1.002}-1}{e^{2\times 1.002}+1} = 0.762$$

$$\frac{e^{2b}-1}{e^{2b}+1}=\frac{e^{2\times 1.953}-1}{e^{2\times 1.953}+1}=0.961$$

そして，

$$\frac{e^{2b}-1}{e^{2b}+1}\geq\rho\geq\frac{e^{2a}-1}{e^{2a}+1}$$

であるから，

$$0.961\geq\rho\geq 0.762$$

よって，母相関係数ρの95%信頼区間は，$0.762\leq\rho\leq 0.961$となります．

エクセルの計算では以下のようになります．

D	E	F	G	H	I	J
相関係数	0.901	=CORREL(B2:B21,C2:C21)				
データ数 n	20	=COUNT(B2:B21)				
a	1.002	=1/2*LN((1+0.901)/(1-0.901))-1/(SQRT(20-3))*1.96				
b	1.953	=1/2*LN((1+0.901)/(1-0.901))+1/(SQRT(20-3))*1.96				
0.762	≤ ρ ≤	0.961				
0.762	=(EXP(2*1.002)-1)/(EXP(2*1.002)+1)					
0.961	=(EXP(2*1.953)-1)/(EXP(2*1.953)+1)					

4.11 スピアマンの順位相関係数

4.11.1 スピアマンの順位相関係数を用いるための条件

ピアソンの積率相関係数が使えるデータの条件は4.8節「ピアソンの積率相関係数を用いるための条件」に示してあります．もし4.8節の条件を満たさない場合は，**スピアマンの順位相関係数**（Spearman rank correlation coefficient）を用います．その条件は，以下の通りです．

(1) 二つの変数のうち少なくとも一方が順序尺度の場合
(2) 二つの変数がいずれも正規分布に従わない場合
(3) データ数が少ない場合
(4) 二つの変数が直線（線形）関係にない場合
(5) 二つの変数が正規分布に従うが，データに外れ値などが含まれる場合

このように正規分布を仮定しない，あるいは分布の形を仮定しない検定のことを**ノンパラメトリック検定**と呼び，正規分布を仮定する検定のことを**パラメトリック検定**と呼びます．スピアマンの順位相関係数はノンパラメトリック検定に分類され，ピアソンの積率相関係数はパラメトリック検定に分類されます．

※正規分布の形状を規定する平均値や標準偏差などの基本統計量のことを，正規分布に関する「パラメータ」といいます．したがって，正規分布を仮定し，これらのパラメータを使う検定のことを「パラメトリック検定」といいます．それ以外の検定を対比的に「ノンパラメトリック検定」といいます．

4.11.2　スピアマンの順位相関係数

ここでは，ピアソンの積率相関係数を求めた 4.2 節「散布図と相関関係」の身長と体重のデータを使います．

ノンパラメトリック検定では，データに大きさ順で順位を付けます．その順位を変数のデータとして扱います．まず，データに順位を付けるところから始めますが，そのための準備として以下の表を用意します．

この表の作り方は，オリジナルのデータ配列（A1 : C21）をコピーして，右側に順に貼り付けていきます．必要のないところは削除します．

①データを準備します．

	A	B	C	D	E	F	G	H	I	J	K	L	M	N	O
1	番号	身長(cm)	体重(kg)		番号	身長(cm)			番号	体重(kg)			番号	身長(cm)	体重(kg)
2	1	158	60		1	158			1	60			1		
3	2	168	68		2	168			2	68			2		
4	3	155	58		3	155			3	58			3		
5	4	140	38		4	140			4	38			4		
6	5	146	46		5	146			5	46			5		
7	6	171	72		6	171			6	72			6		
8	7	159	66		7	159			7	66			7		
9	8	148	48		8	148			8	48			8		
10	9	174	70		9	174			9	70			9		
11	10	147	53		10	147			10	53			10		
12	11	154	56		11	154			11	56			11		
13	12	156	50		12	156			12	50			12		
14	13	152	52		13	152			13	52			13		
15	14	170	60		14	170			14	60			14		
16	15	160	55		15	160			15	55			15		
17	16	164	63		16	164			16	63			16		
18	17	135	43		17	135			17	43			17		
19	18	172	72		18	172			18	72			18		
20	19	175	74		19	175			19	74			19		
21	20	168	56		20	168			20	56			20		
22															

②順位を付けるためにデータを大きさの順に並べ替えます．E1 セルを選択します．「Ctrl」＋「Shift」キーを押し続けたまま，「→」を押し，次に「→」だけ手を離し「↓」を押すと，E1〜F21 セルの範囲が選択されます．

③[データ] ⇒ [並べ替え] を選択します．

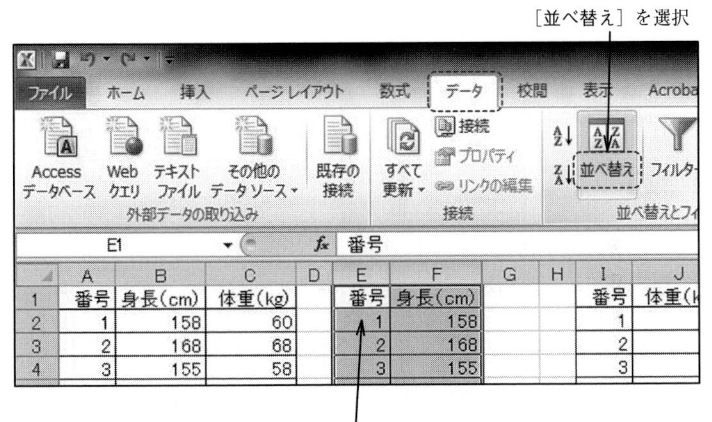

④[優先されるキー]：「身長」⇒ [順序]：[昇順] を選択します．

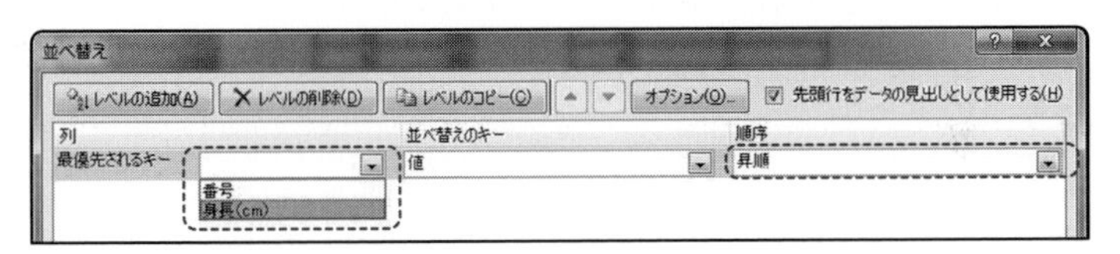

⑤ [OK] 後は以下のように，F 列の身長のデータが昇順で並べ替えられます．

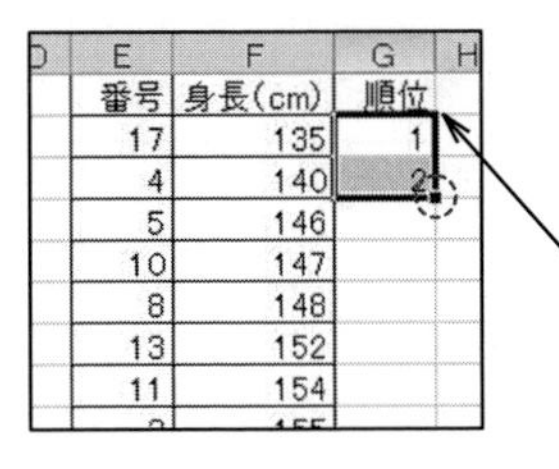

G1 セルに「順位」と入力します．その列に「1」，「2」と順に入力します．次に，G3 セルの右角をクリックしながら G21 セルへ向けてドラッグすると，順位が付せられます．

⑥同順位を修正します．

E	F	G
番号	身長(cm)	順位
17	135	1
4	140	2
5	146	3
10	147	4
8	148	5
13	152	6
11	154	7
3	155	8
12	156	9
1	158	10
7	159	11
15	160	12
16	164	13
2	168	14
20	168	15
14	170	16
6	171	17
18	172	18
9	174	19
19	175	20

E	F	G
番号	身長(cm)	順位
17	135	1
4	140	2
5	146	3
10	147	4
8	148	5
13	152	6
11	154	7
3	155	8
12	156	9
1	158	10
7	159	11
15	160	12
16	164	13
2	168	14.5
20	168	14.5
14	170	16
6	171	17
18	172	18
9	174	19
19	175	20

14.5（(14+15)÷2）と修正

※数値が同じ箇所は，その順位の平均値を与えます．ここでは 168 が同じなので，(14+15)÷2=14.5 と計算した順位に直します．書き替えた前後の順位は，そのまま使います．

⑦今度は，データを元の順番に戻します．E1 セルを選択 ⇒「Ctrl」＋「Shift」＋「→」キー ⇒「Ctrl」＋「Shift」＋「↓」キーにより，配列 E1 から G21 が選択されます．

⑧メニュー ⇒ [データ] ⇒ [並べ替え] ⇒ [最優先されるキー]：「番号」⇒ [順序]：「昇順」⇒ [OK] を押します．

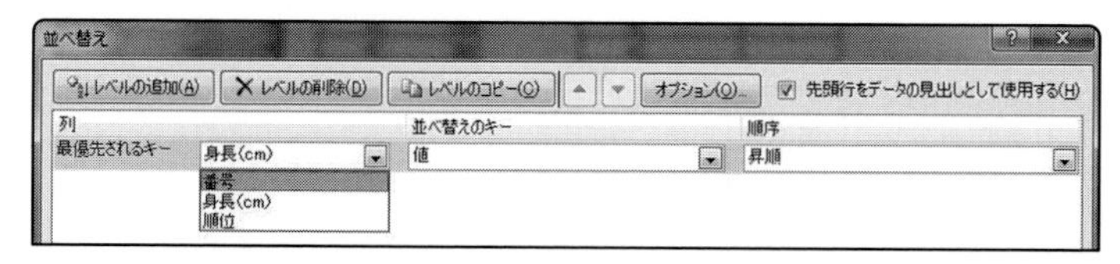

⑨このG列の順位データをコピーして，N列の身長の順位データとして貼り付けます．

E	F	G
番号	身長(cm)	順位
1	158	10
2	168	14.5
3	155	8
4	140	2
5	146	3
6	171	17
7	159	11
8	148	5
9	174	19
10	147	4
11	154	7
12	156	9
13	152	6
14	170	16
15	160	12
16	164	13
17	135	1
18	172	18
19	175	20
20	168	14.5

M	N	O
番号	身長(cm)	体重(kg)
1	10	
2	14.5	
3	8	
4	2	
5	3	
6	17	
7	11	
8	5	
9	19	
10	4	
11	7	
12	9	
13	6	
14	16	
15	12	
16	13	
17	1	
18	18	
19	20	
20	14.5	

コピー&ペースト

⑩同様に，体重のデータにも順位を付けます．I1セルを選択 ⇒「Ctrl」＋「Shift」＋「→」キー ⇒「Ctrl」＋「Shift」＋「↓」キーにより，配列I1～J21セルが選択されます．

⑪メニュー ⇒［データ］⇒［並べ替え］⇒［最優先されるキー］:「体重（kg)」⇒［順序］:「昇順」⇒［OK］を押します．

⑫K列に順位を付けます（▶**図4.3**(a) 参照）．

⑬体重が同じデータ（▢マーク3か所，▶図4.3(a) 参照）は，同順位（平均値）にそれぞれ修正します（▶図4.3(b) 参照）．

⑭I1セルを選択 ⇒「Ctrl」＋「Shift」＋「→」キー ⇒「Ctrl」＋「Shift」＋「↓」キーにより，配列I1～K21セルが選択されます．

⑮メニュー［データ］⇒［並べ替え］⇒［最優先されるキー］:「番号」⇒［順序］:「昇順」⇒［OK］を押します.

⑯この K 列の順位データをコピーして，O 列の体重の順位データとして貼り付けます.

⑰順位データの完成（▶図 4.3(c) 参照）です.

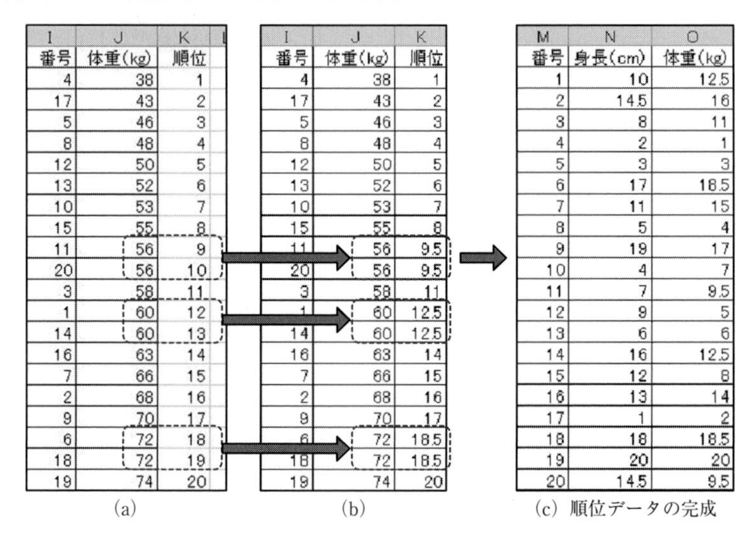

(a)

I	J	K
番号	体重(kg)	順位
4	38	1
17	43	2
5	46	3
8	48	4
12	50	5
13	52	6
10	53	7
15	55	8
11	56	9
20	56	10
3	58	11
1	60	12
14	60	13
16	63	14
7	66	15
2	68	16
9	70	17
6	72	18
18	72	19
19	74	20

(b)

I	J	K
番号	体重(kg)	順位
4	38	1
17	43	2
5	46	3
8	48	4
12	50	5
13	52	6
10	53	7
15	55	8
11	56	9.5
20	56	9.5
3	58	11
1	60	12.5
14	60	12.5
16	63	14
7	66	15
2	68	16
9	70	17
6	72	18.5
18	72	18.5
19	74	20

(c) 順位データの完成

M	N	O
番号	身長(cm)	体重(kg)
1	10	12.5
2	14.5	16
3	8	11
4	2	1
5	3	3
6	17	18.5
7	11	15
8	5	4
9	19	17
10	4	7
11	7	9.5
12	9	5
13	6	6
14	16	12.5
15	12	8
16	13	14
17	1	2
18	18	18.5
19	20	20
20	14.5	9.5

図 4.3

4.11.3 スピアマンの順位相関係数の定義

$$r = 1 - \frac{6\sum(Y_i - X_i)^2}{n(n^2 - 1)} \qquad (4.2)$$

この式をエクセルで計算するには次の準備が必要です．P 列に入る式は，Q 列に示されています．ここでは，Y_i は身長の順位データ，X_i は体重の順位データを示しています．P2 セルの計算は，数値ではなく N2 − O2 のようにセル番号を引用しています．「^2」の記号は，(N2 − O2) のようにカッコ内の引き算を先に行ってから 2 乗することを意味します．P22 セルの 128.50 の式は［= SUM(P2 : P21)］とします．エクセルでは，すべての計算は「＝」で始まります．

M	N	O	P	Q
番号	身長(cm)	体重(kg)	(Yi - Xi)²	
1	10	12.5	6.25	=(N2-O2)^2
2	14.5	16	2.25	=(N3-O3)^2
3	8	11	9.00	=(N4-O4)^2
18	18	18.5	0.25	=(N19-O19)^2
19	20	20	0.00	=(N20-O20)^2
20	14.5	9.5	25.00	=(N21-O21)^2
			128.50	=SUM(P2:P21)

スピアマンの順位相関係数の定義式(式(4.2))にある $\sum(Y_i - X_i)^2$ の部分は，P22 セルの式［＝SUM(P2 : P21)］によって，128.50 となります．式(4.2)の残りの計算をすべて行うと，相関係数は $r = 0.903$ となります．

	Q	R	S	T
1				
2	データ数	20		
3	スピアマンの順位相関係数			
4	r =	0.903	=1-6*P22/(R2*(R2^2-1))	

※ S4 セルに示されているのがスピアマンの順位相関係数の定義式です．
※ S4 セルの式が R4 セルに書かれています．

スピアマンの順位相関係数は 0.903 なので，身長と体重の関係は非常に高い相関を示していることになります．

通常，同じデータを扱った場合には，スピアマンの順位相関係数はピアソンの積率相関係数よりも低くなるといわれています．しかし，外れ値や大きな誤差を含んだデータがある場合には，順位相関係数が積率相関係数より高くなることがあります．

4.11.4 スピアマンの順位相関係数の検定

スピアマンの順位相関係数の検定は，ピアソンの積率相関係数の検定の場合と同様です（▶ 4.9 節「相関係数の検定」参照）．

第5章　回帰分析

回帰分析（regression analysis）とは二つの変数 x，y について，両者の関係を回帰式を使って分析する手法です．原因とそれによって生ずる結果との関係のように因果関係を調べる場合には，原因が x（独立変数）で，結果が Y（従属変数）となる回帰直線（$Y = ax + b$）を**最小二乗法**によって求めます．

回帰分析を行うにはまず散布図を描きます．散布図を描かなくともソフトによって回帰分析は行えます．しかし，測定ミスや入力ミスなど，本来ふさわしくないデータをチェックするためにグラフ化は必須です．

次のデータを用いて，回帰分析を学びましょう．

	A	B	C
1	番号	身長(cm)	体重(kg)
2	1	158	60
3	2	168	68
4	3	155	58
5	4	140	38
6	5	146	46
7	6	171	72
8	7	159	66
9	8	148	48
10	9	174	70
11	10	147	53
12	11	154	56
13	12	156	50
14	13	152	52
15	14	170	60
16	15	160	55
17	16	164	63
18	17	135	43
19	18	172	72
20	19	175	74
21	20	168	56
22			

5.1　回帰分析の手順

(1) 変数 x，y の散布図を描きます．
(2) 回帰式（$Y = ax + b$）を求めます．
(3) 重相関係数（multiple correlation coefficient）R を調べます．
(4) エクセルの分析ツールを用いて回帰分析を行います．
(5) 回帰式が予測に役立つかどうかを検討します．
(6) 決定係数（coefficient of determination）R^2 を求め，回帰直線の当てはまりの良さを調べます．

※散布図の x と y は実測値（観測値）とします．回帰式から求めた推定値を Y で表すことにします．

5.2　散布図を描く

散布図の描き方は，4.2 節「散布図と相関関係」に詳しい手順が示されているのでそちらを参照して下さい．扱っているデータも同じです．ここでは図 4.2 と同じになることを確認して下さい．

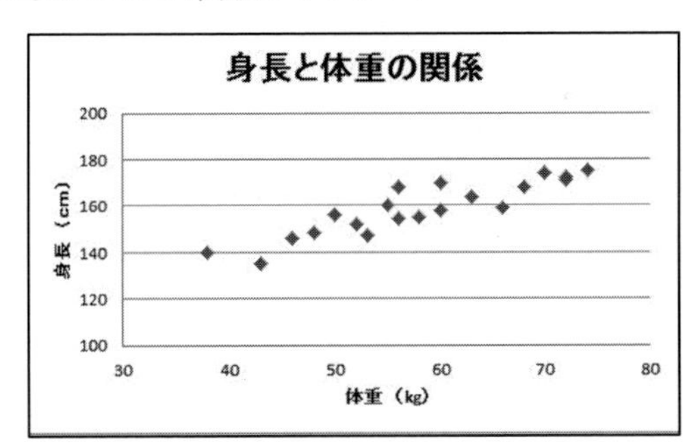

5.3　回帰式を求める

①データポイントの上で右クリックします．どの点でも構いません．

②[近似曲線の追加] を選択します.

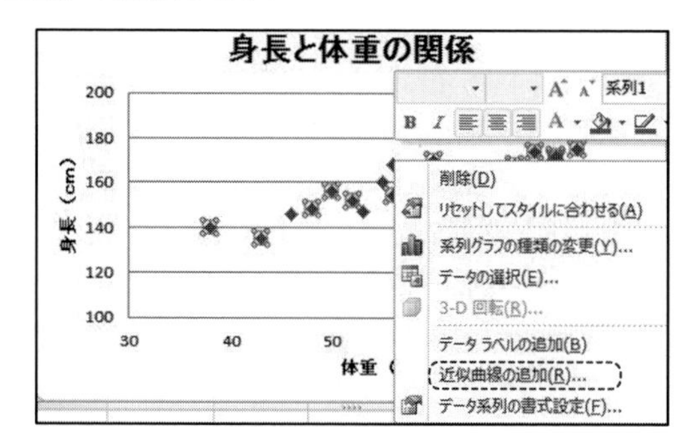

③下図の[ ]項目にチェックを入れます.

④数式がグラフに重ならないように配置します．また，数式内の不必要な桁は四捨五入して整理します．

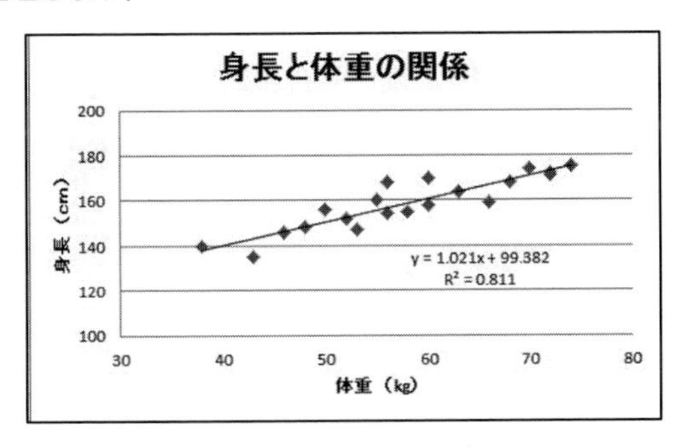

散布図に描かれている直線を**回帰直線**といいます．回帰直線を表す式を**回帰方程式**あるいは**回帰式**といいます．一般式は，$Y = ax + b$ と表すこともあります．a は直線の**傾き**（slope または regression coefficient），b は ***Y* 切片**（Y intercept）と呼ばれます．ここでは，回帰式は $Y = 1.021x + 99.382$ となります．また，x と Y を変数（または変量）と呼び，特に回帰分析では x を**独立変数**（説明変量），Y を**従属変数**（目的変量）と呼んでいます．

※グラフ上では $y = 1.021x + 99.382$ のように小文字の y で表記されていますので混乱しないよう注意して下さい．

5.4　重相関係数 R

エクセルのグラフでは，回帰式と共に R^2（= 0.811）が示されます．この R^2 から重相関係数 R を計算で求めることができます．

エクセルでは，「=SQRT(0.811)」と入力するとセル内で計算することができます．重相関係数は $R = 0.901$ となります．

※SQRT は，square root（平方根）の意です．
※1 次の回帰式から得られる重相関係数 R は，相関係数 r と絶対値が等しくなります．ただし，相関係数が逆相関の関係を示すときは負の値となりますが，重相関係数は，その場合も正の値となります．回帰式の重相関係数は，実測値と回帰式の予測値との関係を見ているために，必ず正の値になります．特に回帰式の場合には，相関係数 r との混同を避けるために，重相関係数 R を用い，相関係数 r と区別する必要があります．

5.5 分析ツールを用いた回帰分析

①メニュー［データ］⇒［データ分析］⇒［回帰分析］⇒［OK］を選択します．

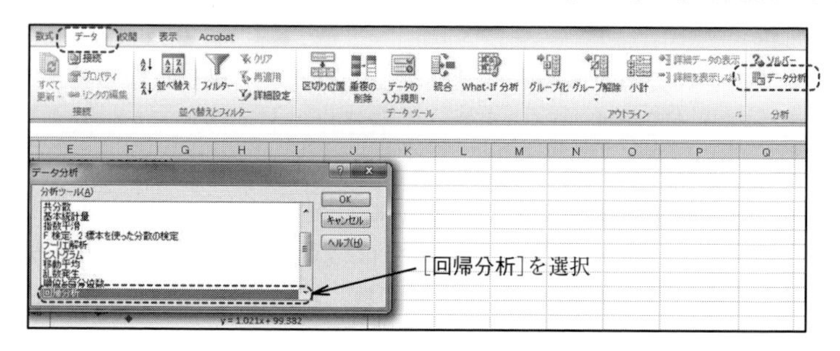

②以下の項目を入力します．

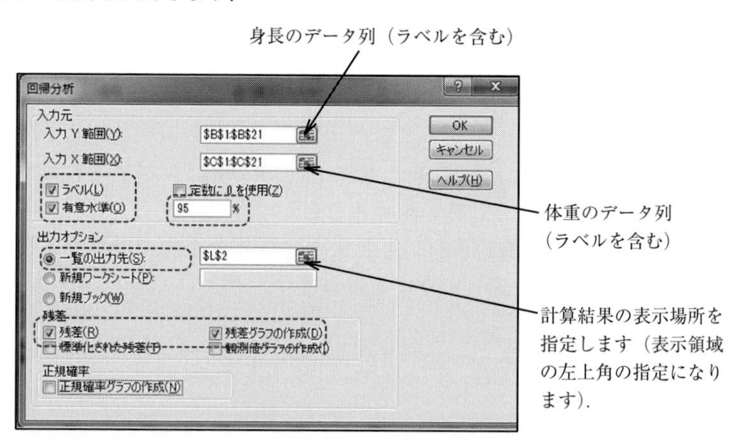

③分析ツールの結果です．

概要

回帰統計	
重相関 R	0.900547437
重決定 R2	0.810985685
補正 R2	0.80048489
標準誤差	5.195714046
観測数	20

(1) 重相関 R（▶5.5.1 項「(1) 重相関 R」参照）
(2) 重決定 R2（▶5.5.1 項「(2) 重決定 R2」参照）
(3) 補正 R2（▶5.5.1 項「(3) 補正 R2」参照）

分散分析表

	自由度	変動	分散	観測された分散比	有意 F
回帰	1	2084.882	2084.882	77.23088258	6.27E-08
残差	18	485.918	26.995444		
合計	19	2570.8			

	係数	標準誤差	t	P-値	下限 95%	上限 95%	下限 95.0%	上限 95.0%
切片	99.382	6.8378439	14.534114	2.18288E-11	85.016223	113.74778	85.016223	113.74778
体重(kg)	1.021	0.1161797	8.7881103	6.27026E-08	0.7769155	1.2650845	0.7769155	1.2650845

残差出力

観測値	予測値: 身長	残差
1	160.642	-2.642
2	168.81	-0.81
3	158.6	-3.6
4	138.18	1.82
5	146.348	-0.348
6	172.894	-1.894
7	166.768	-7.768
8	148.39	-0.39
9	170.852	3.148
10	153.495	-6.495
11	156.558	-2.558
12	150.432	5.568
13	152.474	-0.474
14	160.642	9.358
15	155.537	4.463
16	163.705	0.295
17	143.285	-8.285
18	172.894	-0.894
19	174.936	0.064
20	156.558	11.442

体重(kg) 残差グラフ

5.5.1 回帰分析の概要

(1) 重相関 R

回帰式から求めた推定値 Y と実測値 y の間の相関係数を，**重相関係数 *R*** と呼びます．

単回帰式（1 次回帰式）の場合，相関係数 r と重相関係数 R の絶対値は同じです．そのため統計ソフトや専門書によっては相関係数と重相関係数の「アール」を，小文字と大文字で区別していない場合があります．また，学術論文でも「r」と「R」のいずれかを使用している場合があるので，注意して下さい．

重相関係数 R の計算方法は，

$$R = \frac{S_{yY}}{\sqrt{S_y}\sqrt{S_Y}} \tag{5.1}$$

または，

$$R = \frac{\sqrt{S_Y}}{\sqrt{S_y}} \tag{5.2}$$

であり，S_{yY} は y と Y の共分散，S_y は y の不偏分散，S_Y は Y の不偏分散です．式(5.1)と式(5.2)の R は数学的に同値となります．

エクセルでは**図 5.1** のように計算します．数値が入っている図を**図 5.2** に示しますので，読み比べて下さい．身長 y は観測データ，予測値 Y は分析ツールの結果です．

	W	X	Y	Z	AA
1	身長 y	予測値 Y	(y-my)^2	(Y-mY)^2	(y-my)(Y-mY)
2	158	160.642	=(W2-W$23)^2	=(X2-X$23)^2	=(W2-W$23)*(X2-X$23)
3	168	168.81	=(W3-W$23)^2	=(X3-X$23)^2	=(W3-W$23)*(X3-X$23)
⋮	⋮	⋮	⋮	⋮	⋮
20	175	174.936	=(W20-W$23)^2	=(X20-X$23)^2	=(W20-W$23)*(X20-X$23)
21	168	156.558	=(W21-W$23)^2	=(X21-X$23)^2	=(W21-W$23)*(X21-X$23)
22	my	mY	Sum	Sum	Sum
23	=AVERAGE(W2:W21)	=AVERAGE(X2:X21)	=SUM(Y2:Y21)	=SUM(Z2:Z21)	=SUM(AA2:AA21)
24			分散 Sy	分散 SY	共分散 SyY
25			=Y23/(20-1)	=Z23/(20-1)	=AA23/(20-1)
26			分散 Sy	分散 SY	共分散 SyY
27			=VAR(W2:W21)	=VAR(X2:X21)	=COVAR(W2:W21,X2:X21)
28					=COVARIANCE.S(W2:W21,X2:X21)
29		R	=AA28/(Y27^0.5*Z27^0.5)		
30					
31		R	=Z27^0.5/Y27^0.5		

重相関係数（式（5.1））

重相関係数（式（5.2））

図 5.1

V	W	X	Y	Z	AA
番号	身長 y	予測値 Y	(y-my)^2	(Y-mY)^2	(y-my)(Y-mY)
1	158	160.642	0.3600	4.1698	-1.2252
2	168	168.81	88.3600	104.2441	95.974
3	155	158.6	12.9600	0.0000	-1.023E-13
4	140	138.18	345.9600	416.9764	379.812
5	146	146.348	158.7600	150.1115	154.3752
6	171	172.894	153.7600	204.3184	177.2456
7	159	166.768	0.1600	66.7162	3.2672
8	148	148.39	112.3600	104.2441	108.226
9	174	170.852	237.1600	150.1115	188.6808
10	147	153.495	134.5600	26.0610	59.218
11	154	156.558	21.1600	4.1698	9.3932
12	156	150.432	6.7600	66.7162	21.2368
13	152	152.474	43.5600	37.5279	40.4316
14	170	160.642	129.9600	4.1698	23.2788
15	160	155.537	1.9600	9.3820	-4.2882
16	164	163.705	29.1600	26.0610	27.567
17	135	143.285	556.9600	234.5492	361.434
18	172	172.894	179.5600	204.3184	191.5396
19	175	174.936	268.9600	266.8649	267.9104
20	168	156.558	88.3600	4.1698	-19.1948
	my	mY	Sum	Sum	Sum
	158.6	158.6	2570.80	2084.88	2084.88
			分散 Sy	分散 SY	共分散 SyY
			135.3053	109.7306	109.7306
			分散 Sy	分散 SY	共分散 SyY
			135.3053	109.7306	104.2441
					109.7306
		R	0.90054744		
		R	0.90054744		

図 5.2

※重相関係数 R の計算で，分散や共分散を使う場合には，不偏分散と不偏共分散のように偏差平方和と偏差積和を除す値（$n-1$）を統一させます．エクセルの関数では，「VAR」は不偏分散，「COVARIANCE.S」は不偏共分散です．
※「COVAR」は母集団の母共分散ですので偏差積和を n で割っています．
※セル内の式［=Z27^0.5］は，［=SQRT(Z27)］と同じ値になります．どちらも平方根の計算になります．

式(5.1)と式(5.2)を使って実際に計算した結果は下記の通りです．

$$R = \frac{S_{yY}}{\sqrt{S_y}\sqrt{S_Y}} = \frac{109.7306}{\sqrt{135.3053}\sqrt{109.7306}} = 0.90054744$$

または，

$$R = \frac{\sqrt{S_Y}}{\sqrt{S_y}} = \frac{\sqrt{109.7306}}{\sqrt{135.3053}} = 0.90054744$$

※線形1次方程式から得られる重相関係数 R は，相関関係 r と同じ値になります．しかし，重相関係数 R は常に $0 \leq R \leq 1$ を満たします．相関関係が逆相関の場合でも，重相関係数は正になるので注意が必要です．

(2) 重決定 R2

重決定 R2 は**重決定係数 R^2** または**決定係数 R^2** をいいます．決定係数 R^2 は回帰モデルの当てはまりの良さ（適合度）を示す指標で，通常，百分率〔%〕で表示します．また，R^2 は y の変動のうち x の変動により説明できる割合ともいえます．

$R^2 = 0.811$ ですので，y の変動の 81% は x の変動によって説明ができるといえます．逆に，19%（= 100 − 81〔%〕）の変動は x の変動により説明できない割合と考えられます．重決定係数 R^2 をばらつき具合から求めることもできます．

$$R^2 = \frac{\text{回帰方程式が説明する量}}{\text{従属変数の変動の総量}}$$

$$= \frac{\text{予測値 } Y \text{ の偏差平方和}}{\text{従属変数 } y \text{ の偏差平方和}}$$

$$R^2 = \frac{2084.88}{2570.80} = 0.810985$$

一般に決定係数の範囲は $0 \leq R^2 \leq 1$ となり，R^2 が 1 に近ければ回帰モデルは，データの分布をよく表していると考えられます．

重相関係数 R と決定係数 R^2 の有意性の検定は，次の F 分布によります（▶ 5.5.2 項「(2) 表の「有意 F」とは？」参照）．

$$F = \frac{n - p - 1}{p} \cdot \frac{R^2}{1 - R^2} \tag{5.3}$$

ここで，データ数 n，自由度Ⅰ $= p$（独立変数の数），自由度Ⅱ $= n - p - 1$ となり，F 値を使い［=F.DIST.RT(F, p, n−p−1)］として求めます．

(3) 補正 R2

補正 R2 は，正確には**自由度調整済み決定係数 $\hat{R}^2$** と呼びます．重回帰式の独立変数や多項式の次数が増えると，観測データに対するモデルの適合度が増加します．回帰分析の精度が，見かけ上良くなる欠点を調整するために使われるのが，自由度調整済み決定係数 $\hat{R}^2$ です．

$$\hat{R}^2 = 1 - \frac{n - 1}{n - p - 1}(1 - R^2)$$

$$= 1 - \frac{20 - 1}{20 - 1 - 1}(1 - 0.810985)$$

$$\hat{R}^2 = 0.80048$$

ここで，n はデータ数，p は独立変数の数を示します．単回帰式は $p = 1$ です．

5.5.2 分散分析表

(1) 表の意味

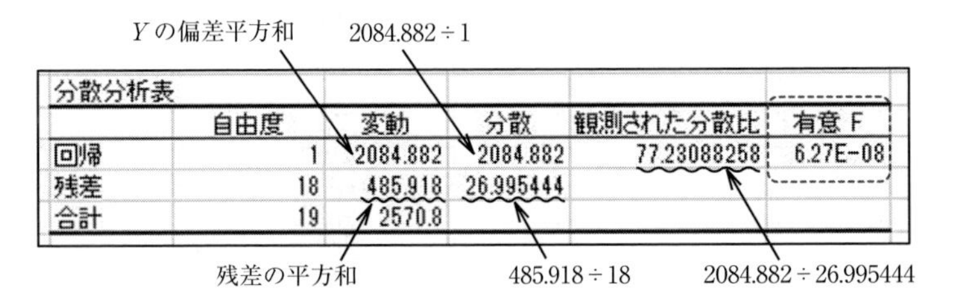

分散分析表					
	自由度	変動	分散	観測された分散比	有意 F
回帰	1	2084.882	2084.882	77.23088258	6.27E-08
残差	18	485.918	26.995444		
合計	19	2570.8			

※ Yの偏差平方和の数式は p. 66 の AA2〜AA23 セルを参照.
※残差の平方和は，Σ (観測データ y − 予測値 Y) ^{2} です.

(2) 表の「有意 F」とは？

観察データから得られた回帰方程式が母集団から抽出された標本と考えられるため，回帰式が母集団についても成立するかを調べます．これを検定するのがF検定（▶式(5.3)参照）です．

ここでは分散比（77.23088）と回帰の自由度Ⅰ（=1）と残差の自由度Ⅱ（=18）を使います．自由度はⅠ$=p$，Ⅱ$=n-p-1$として求めます．pは独立変動の数を示し，単回帰のときは$p=1$となります．nはデータ数です．

エクセルでは，「=F.DIST.RT(77.23088, 1, 18)」と入力すると，自由度(1と18)のF分布における有意確率$(6.27\times10^{-8}) < 0.05$が得られます．したがって，$P < 0.05$より回帰方程式$Y = 1.021x + 99.382$は，統計的に有効であるといえます．

※帰無仮説などの専門的な表現は用いていません．詳細は専門書を参照して下さい．

5.5.3 回帰方程式について

次の表は，分散分析表とその計算式を示しています．

	L	M	N	O	P	Q	R
15							
16		係数	標準誤差	t	P-値	下限 95%	上限 95%
17	切片	99.382	6.837844	14.53411	2.18288E-11	85.01622	113.747777
18	体重(kg)	1.021	0.11618	8.78811	6.27026E-08	0.776916	1.265084488

	L	M	N	O	P	Q	R
15							
16		係数	標準誤差	t	P-値	下限 95%	上限 95%
17	切片	99.382	6.838	=TINV(P17,18)	=TDIST(M17/N17,18,2)	=M17-TINV(0.05,18)*N17	=M17+TINV(0.05,18)*N17
18	体重(kg)	1.021	0.116	=TINV(P18,18)	=TDIST(M18/N18,18,2)	=M18-TINV(0.05,18)*N18	=M18+TINV(0.05,18)*N18

回帰方程式（$Y=ax+b$）は，係数の 1.021 を a に，99.382 を b に代入することで $Y=1.021x+99.382$ となります．

5.5.4 回帰係数の 95% 信頼区間

95% 信頼区間は，傾きと Y 切片についての二つの母平均が未知なため，自由度 18（Ⅱ ＝ $n-2$）の t 分布により推定します．

Y 切片 b について母平均 β の 95% 信頼区間は（表では Q17，R17 セル），

$$b - t(0.05, \text{自由度}) \times \text{標準誤差} \leq \beta \leq b + t(0.05, \text{自由度}) \times \text{標準誤差}$$
$$99.382 - t(0.05, 18) \times 6.838 \leq \beta \leq 99.382 + t(0.05, 18) \times 6.838$$
$$85.016 \leq \beta \leq 113.748$$

となります．ここで，$t(0.05, 18)$ の値は 2.1009 です．エクセルでは［=TINV(0.05, 18)］として 2.1009 を算出しています．同様に，回帰係数 a についての母平均 α の 95% 信頼区間は（表では Q18，R18 セル），

$$a - t(0.05, \text{自由度}) \times \text{標準誤差} \leq \alpha \leq a + t(0.05, \text{自由度}) \times \text{標準誤差}$$
$$1.021 - t(0.05, 18) \times 0.11618 \leq \alpha \leq 1.021 + t(0.05, 18) \times 0.11618$$
$$0.7769 \leq \alpha \leq 1.26508$$

となります．

※ $t(0.05, 18)$ の値を t 検定表より求めるには，付録 2「t 検定表」を使います．t 検定表の読み方は，自由度 18 の行で $P=0.05$ 列の値 2.101 となります．

※母平均の 95% 信頼区間の定義は，平均値 $\bar{x}$，母平均 α，データ数 n，標準誤差 $s/\sqrt{n}$，自由度 $n-2$ のとき，

$$-t_{0.05} \leq \frac{\bar{x}-\alpha}{s/\sqrt{n}} \leq t_{0.05}$$

となります（▸詳細は 2.15 節「信頼区間（95.0%）」参照）．

α と β 共に数値の範囲（95% 信頼区間）がゼロをまたがないので母平均がゼロではない可能性が 95% 以上確かであり，$Y = 1.021x + 99.382$ の傾き（1.021）と Y 切片（99.382）はゼロではなく，統計的に意味のある数値であるといえます．それを示しているのが表の［P-値］です．表の P 値は 0.000…0 とゼロが 7 以上も並ぶので明らかに有意水準 0.05 より小さく，「有意差あり」になります．

よって，統計の結果から，回帰方程式に体重の値 x を与えると身長の予測値 Y が得られ，回帰方程式は予測に役立つといえます．また，ある人の体重が 45 kg であるとき，その身長は 145.3 cm と予測されます．

計算：$Y = 1.021 \times 45 + 99.382 = 145.3$

※この回帰式は，体重（x）が 38〜74 kg について得られました．したがって，データを外挿した場合，例えば $x = 0$ のとき，$Y = 99.382$〔cm〕となります．しかし，体重がゼロのときに身長が 99.382 cm とするのは明らかに正しくありません．このように，回帰の範囲を超える場合には Y 切片の意味や解釈には注意が必要です．

5.5.5　回帰方程式の計算方法

測定値 x，y の 2 変量による回帰方程式（$Y = ax + b$）は，次のように計算で求めることができます．

$$a = \frac{\sum (x_i - \bar{x})(y_i - \bar{y})}{\sum (x_i - \bar{x})^2} = \frac{S_{xy}}{S_x} \tag{5.4}$$

$$b = \bar{y} - a\bar{x} \tag{5.5}$$

ここで，S_x は x の不偏分散，S_{xy} は x と y の不偏共分散です．$\bar{x}$ は測定値 x の平均値，$\bar{y}$ は測定値 y の平均値です．

※分散や共分散は偏差の平方和を自由度（$n - 1$）で割ります．a を求める際に分散と共分散を使うと，両者の自由度（$n - 1$）がお互いにキャンセルされます．
※市販の統計ソフトを使う際には，母分散と不偏分散の違いは心配いりません．回帰式や重相関係数は，母分散または不偏分散のどちらを用いても同じ結果になります．

エクセルで計算してみましょう．**図 5.3** に計算式を示します．

	A	B	C	D	E
1	番号	身長(cm)	体重(kg)	xyの偏差の積	x偏差の2乗
2	1	158	60	−1.20	4.00
3	2	168	68	94.00	100.00
4	3	155	58	0.00	0.00
5	4	140	38	372.00	400.00
6	5	146	46	151.20	144.00
7	6	171	72	173.60	196.00
8	7	159	66	3.20	64.00
9	8	148	48	106.00	100.00
10	9	174	70	184.80	144.00
11	10	147	53	58.00	25.00
12	11	154	56	9.20	4.00
13	12	156	50	20.80	64.00
14	13	152	52	39.60	36.00
15	14	170	60	22.80	4.00
16	15	160	55	−4.20	9.00
17	16	164	63	27.00	25.00
18	17	135	43	354.00	225.00
19	18	172	72	187.60	196.00
20	19	175	74	262.40	256.00
21	20	168	56	−18.80	4.00
22					
23		yの平均my	xの平均mx	偏差の積の合計	偏差の合計
24		158.6	58.0	2042.00	2000.00
25				共分散	xの分散
26				107.47	105.26
27					
28				a	1.021
29				b	99.382

	A	B	C	D	E
1	番号	身長(cm)	体重(kg)	xyの偏差の積	x偏差の2乗
2	1	158	60	=(C2-$C$24)*(B2-$B$24)	=(C2-$C$24)^2
3	2	168	68	=(C3-$C$24)*(B3-$B$24)	=(C3-$C$24)^2
4	3	155	58	=(C4-$C$24)*(B4-$B$24)	=(C4-$C$24)^2
5	4	140	38	=(C5-$C$24)*(B5-$B$24)	=(C5-$C$24)^2
6	5	146	46	=(C6-$C$24)*(B6-$B$24)	=(C6-$C$24)^2
7	6	171	72	=(C7-$C$24)*(B7-$B$24)	=(C7-$C$24)^2
8	7	159	66	=(C8-$C$24)*(B8-$B$24)	=(C8-$C$24)^2
9	8	148	48	=(C9-$C$24)*(B9-$B$24)	=(C9-$C$24)^2
10	9	174	70	=(C10-$C$24)*(B10-$B$24)	=(C10-$C$24)^2
11	10	147	53	=(C11-$C$24)*(B11-$B$24)	=(C11-$C$24)^2
12	11	154	56	=(C12-$C$24)*(B12-$B$24)	=(C12-$C$24)^2
13	12	156	50	=(C13-$C$24)*(B13-$B$24)	=(C13-$C$24)^2
14	13	152	52	=(C14-$C$24)*(B14-$B$24)	=(C14-$C$24)^2
15	14	170	60	=(C15-$C$24)*(B15-$B$24)	=(C15-$C$24)^2
16	15	160	55	=(C16-$C$24)*(B16-$B$24)	=(C16-$C$24)^2
17	16	164	63	=(C17-$C$24)*(B17-$B$24)	=(C17-$C$24)^2
18	17	135	43	=(C18-$C$24)*(B18-$B$24)	=(C18-$C$24)^2
19	18	172	72	=(C19-$C$24)*(B19-$B$24)	=(C19-$C$24)^2
20	19	175	74	=(C20-$C$24)*(B20-$B$24)	=(C20-$C$24)^2
21	20	168	56	=(C21-$C$24)*(B21-$B$24)	=(C21-$C$24)^2
22					
23		yの平均my	xの平均mx	偏差の積の合計	偏差の合計
24		=AVERAGE(B2:B21)	=AVERAGE(C2:C21)	=SUM(D2:D21)	=SUM(E2:E21)
25				共分散	xの分散
26				=D24/(20-1)	=E24/(20-1)
27					
28			式(5.4)	a	=D26/E26
29			式(5.5)	b	=B24-E28*C24

図 5.3

※式の入力は，D2 と E2 セルのみです．残りはコピー＆ペーストによります．

※相関分析と回帰分析の類似性と相違性を確認することによって，両者をより理解することを目的に同一データを用いました．相関分析は直線関係の強さを主に調べます．一方，回帰分析は因果関係の強さと定量的な関係性を調べます．両者は大きく異なるものではなく，相関分析は 1 次の回帰分析に含まれる関係にあります．

第6章　周波数解析

周波数解析と呼ばれるデータの周期性について解析する方法を紹介します．時系列データの中には周期性を示すものがあります．例えば，日々の株価変動，太陽の黒点変動，心拍数の日内変動などです．データ系列の周期や周波数の解析には，フーリエ解析が大変有効です．この章では，時系列データから代表的な周期を抽出する解析（フーリエ解析，フーリエ変換）について解説します．

6.1　フーリエ解析のためのデータ入力

解析の概要を理解するために，正弦関数を使って人工的なデータを作成し解析を行います．

①データは以下のように入力します．1行目はラベルです．A列は，データ番号ですが，1秒間隔の時間列と解釈することもできます．A列のデータの作成は，**メニュー［ホーム］⇒［フィル］⇒［連続データの作成］**の順で行います（▶詳細はP. 28〜29参照）．

	A	B	C	D
1	No	s1	s2	s3
2	1	=10*SIN(2*PI()*(A2/30))	=2*SIN(2*PI()*(A2/5))	=B2+C2
3	2	=10*SIN(2*PI()*(A3/30))	=2*SIN(2*PI()*(A3/5))	=B3+C3
4	3	=10*SIN(2*PI()*(A4/30))	=2*SIN(2*PI()*(A4/5))	=B4+C4
5	4	7.43145	-1.90211	5.52934
6	5	8.66025	0.00000	8.66025
7	6	9.51057	1.90211	11.41268
8	7	9.94522	1.17557	11.12079

②データ数は 1024 まで作成するため，以下のようになります．

	A	B	C	D
1021	1020	0.00000	0.00000	0.00000
1022	1021	2.07912	1.90211	3.98123
1023	1022	4.06737	1.17557	5.24294
1024	1023	5.87785	−1.17557	4.70228
1025	1024	7.43145	−1.90211	5.52934
1026				

③ B2 セルの数式について説明します．式は「＝」から書き始めます．「10」は正弦波の振幅になります．正弦関数のエクセルでの表記は［＝SIN(…)］となります．［2*PI()］は 2 × 3.14 を意味し 1 周期になります．

「A2」は A 列の時間（または順番）です．［A2/30］は時間を 30 で割っているので，30 秒後（30 番目）には［30/30］となり 1 周期となります．1 周期が 30 秒の波になります．

	A	B	C	D
1	No	s1	s2	s3
2	1	=10*SIN(2*PI()*(A2/30))	=2*SIN(2*PI()*(A2/5))	=B2+C2
3	2	=10*SIN(2*PI()*(A3/30))	=2*SIN(2*PI()*(A3/5))	=B3+C3
4	3	=10*SIN(2*PI()*(A4/30))	=2*SIN(2*PI()*(A4/5))	=B4+C4
5	4	7.431448255	−1.902113033	5.529335
6	5	8.660254038	−4.90059E−16	8.660254
7	6	9.510565163	1.902113033	11.41268
8	7	9.945218954	1.175570505	11.12079

④同様に，C 列は［A2/5］となっているので，5 秒で 1 周期となる正弦関数です．D 列は，［＝B2＋C2］のように B 列と C 列の関数を足し合わせています．B2〜D2 セルに式を入力した後，B2〜D2 セルをコピーして 1025 行目まで貼り付けます．

⑤ B2 セルを選択 ⇒「Ctrl」＋「Shift」＋「→」キー ⇒「Ctrl」＋「C」キーで B2〜D2 セルをコピーします．次に，「Ctrl」＋「←」キー ⇒「Ctrl」＋「↓」キーで A1025 セルまで移動します．「→」で B1025 セルへ移動 ⇒「Ctrl」＋「Shift」＋「↑」キーで B1025〜B2 セルを選択 ⇒「Ctrl」＋「V」キーで貼り付けて完成です．

⑥今度は数値だけで示します.

	A	B	C	D
1	No	s1	s2	s3
2	1	2.07912	1.90211	3.98123
3	2	4.06737	1.17557	5.24294
4	3	5.87785	−1.17557	4.70228
5	4	7.43145	−1.90211	5.52934
6	5	8.66025	0.00000	8.66025

時系列データはどのようなグラフになるでしょうか？　さっそく描いてみましょう.

1024 個のデータすべてを描くと，波形がつぶれてその様子が確認できません．そこで，データ数は 60 までを選んで描いてみます．周期関数なので，それ以降は繰り返しになります.

s1 の波は，振幅が 10 で 1 周期が 30 秒です．s2 の波は，振幅が 2 で 1 周期が 5 秒です．s3 の波は，s1 と s2 の合成波になっています.

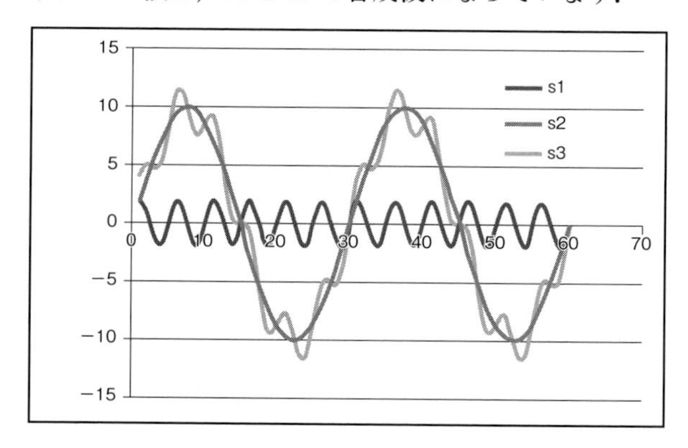

6.2　フーリエ解析

次に，この s3 の波形データについて，フーリエ解析（スペクトル解析）を使って周波数や周期を調べてみたいと思います．本来のフーリエ解析の使い方としては，周波数や周期の情報が未知な場合に用います．ここでは，解析の方法と解析の結果を確認するために人工のデータを使います．実際には，周期性が弱い場合でも基本となる周期関数の抽出に使われる手法がフーリエ解析です．数学的に詳しい内容は専門書にゆずります.

6.3　フーリエ解析の手順

①メニュー［データ］⇒［データ分析］⇒［フーリエ解析］を選択します．

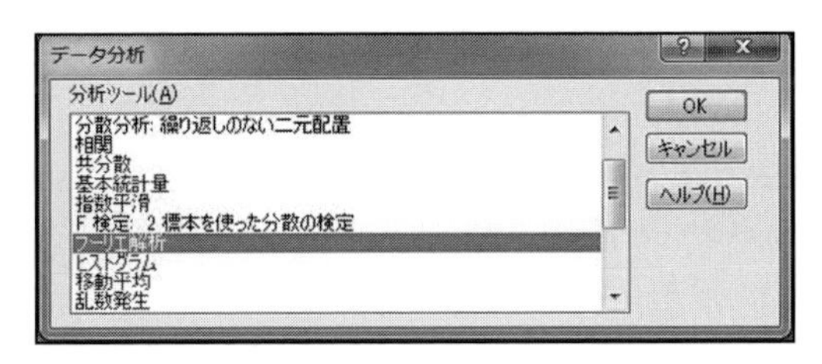

②入力範囲を設定します．D2 セルを選択 ⇒「Ctrl」＋「Shift」＋「↓」キー ⇒ D 列の 1024 番目（D1025 セル）までのデータを選択します．

③出力先を設定します．F2 セルを選択します．

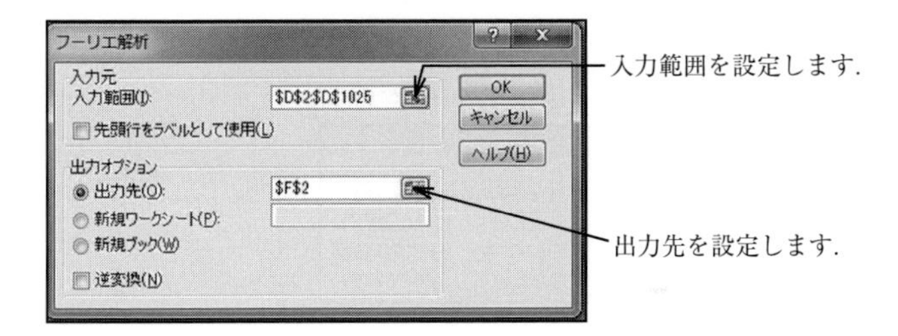

④次のような結果が得られます．

	A	B	C	D	E	F	G	H	I
1	No	s1	s2	s3					
2	1	2.07912	1.90211	3.98123		19.4557841166331			
3	2	4.06737	1.17557	5.24294		19.4753699126644-0.916302208629638i			
4	3	5.87785	-1.17557	4.70228		19.5343299851251-1.83736465030872i			
5	4	7.43145	-1.90211	5.52934		19.6332776468955-2.76802992670453i			
6	5	8.66025	0.00000	8.66025		19.7732528750459-3.71330838737197i			

⑤次に，x 軸と y 軸のデータを作成します．K2 セルには，周波数（x 軸）を求める式を入力します．ここでは，1 秒ごとの時系列データ（A 列）が 1024 個の分解能で表現されていることになります（横軸は，1/1024 ≒ 0.000977 Hz の増加幅）．L2 セルには，パワースペクトル（y 軸）を求める関数が入ります．以下同様で，これらの K2 と L2 セルの式をコピーして 1024 番目のデータ（1025 行

目）まで貼り付けます.

	K	L	
	=A2/1024	=IMABS(F2)	

⑥ 1025行目までの入力方法は以下の通りです.

（i）F2セルを選択 ⇒「Ctrl」＋「↓」キー：この操作でアクティブセルはF1025セルへ移動します.

（ii）K1025セルをクリック ⇒「0」と入力（0でなくとも文字であれば何でもよい）⇒「Ctrl」＋「↑」キー：アクティブセルはK2セルに戻ります.

（iii）「Ctrl」＋「Shift」＋「→」キーでK2とL2セルを選択 ⇒「Ctrl」＋「C」キーでK2とL2セルをコピーします ⇒「Ctrl」＋「Shift」＋「↓」キーで，K2〜L2そしてL1025セルまで選択されます ⇒「Ctrl」＋「V」キーで全範囲の貼り付けになります.

⑦結果は次のようになります.

K	L
0.000977	19.4557841
0.001953	19.4969137
0.00293	19.6205494
0.003906	19.8274451

6.4 パワースペクトルのグラフ化

① K2セルを選択 ⇒「Ctrl」＋「Shift」＋「→」キー ⇒「Ctrl」＋「Shift」＋「↓」キーによってK2〜L1025セルの選択をします.

②[挿入] ⇒ [散布図] ⇒ [散布図（平滑線）] を選択します.

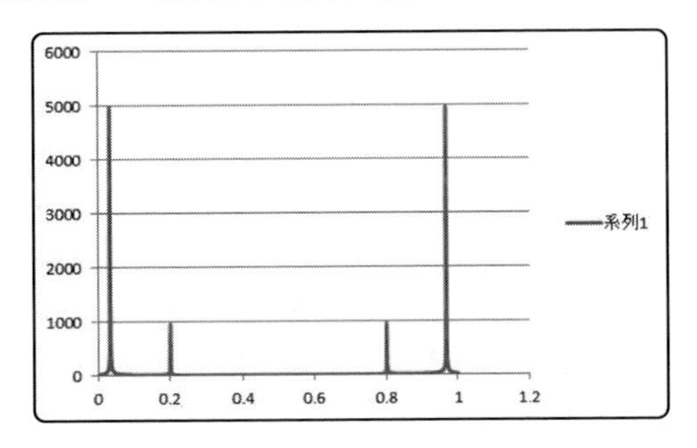

0 近辺と 0.2 近辺のピークが重要です. 0.5 以上に見られる二つのピークは, フーリエ解析で現れるゴーストのため, 不要です（ナイキスト周波数：得られた周波数帯域の前半分を有効とする）. x 軸は周波数を示し, y 軸はパワーを示しています. また x 軸は K 列, y 軸は L 列のデータになります. このグラフを**パワースペクトル**といいます.

6.5 解析結果の解釈

グラフでは 0 近辺と 0.2 近辺にピークが現れたので, エクセルのデータを順に見ていきます. データを見るポイントは, 0 近辺のピーク約 5000 と 0.2 近辺のピークが約 1000 である L 列の行を探すことです. K36 セルが [0.03418], L36 セルが [4966.43372], K207 セルが [0.201172], L207 セルが [952.41012] です.

	K	L	M	N	O	P
34	0.032227	305.568575				
35	0.033203	579.738964		周波数(Hz)	周期(秒)	
36	0.03418	4966.43372		0.0341797	29.3	=1/K36
37	0.035156	770.001489				
38	0.036133	360.247911				
205	0.199219	112.025407				
206	0.200195	245.044314		周波数(Hz)		
207	0.201172	952.41012		0.2011719	5.0	=1/K207
208	0.202148	154.153782				
209	0.203125	81.6100502				

K36 の [0.03418] と K207 の [0.201172] は周波数を示しています. 周期はその逆数になるので, 29.3 秒と 5.0 秒になります. 合成波のうち, 一つの波の周期は 30 秒でした. フーリエ解析から得られた周期は 29.3 秒とわずか

にズレが生じています．一方，もう一つの波の周期は5秒でしたから，フーリエ解析の結果5.0秒は一致しています．周期の短い波のデータは波数が多くなるので，フーリエ解析の精度が高くなります．

L列のデータはパワーと呼ばれるものです．これは波の振幅（波の強さ・高さ）を示しています．フーリエ解析に使ったデータは，二つの波の合成波でした．周波数が「0.03418」と「0.201172」の波から成り立つことを裏付けるように，他の周波数のパワーは二者に比較して無視できるほど小さいものといえます．

ここでは簡単な波形によるフーリエ解析を行い，周波数解析の特徴を学びました．一般に，複雑なデータの時系列も周波数の違う正弦波や余弦波の合成で近似できることが知られています（フーリエ級数展開）．周波数解析は，複雑性の中に隠れて見えない特徴（周期性）を抽出する方法として有効です．

周期性の高い時系列データの解析として自己相関関数を用いる方法があります．自己相関法の適用は周期性を持ったデータに限られます．一方，フーリエ解析は非周期性の時系列データにも用いることができます．

6.6 フーリエ解析の注意点

エクセルで行えるフーリエ解析には次のような制限があります．

(1) 時系列のデータ数は，2の累乗数（2^n）でなければならない．例えば，64，128，256，512，1024，2048，4096である．ただし，扱えるデータ数は，4096までである．

(2) データの間隔は，等間隔でなければならない．等間隔にない時系列データは，ラグランジュ補間などを行って等間隔データにする．

(3) 横軸の増加幅（周波数分解能は），観察データの時間幅とデータ数に依存する．例えば，d 秒間隔の時系列データ数 2^n では，フーリエ変換後の周波数幅は $d/2^n$ の刻みになる．

(4) 通常，データ数が多い程，周波数解析の精度が上がる．

(5) 時系列データの単位に注意が必要である．秒，分，時間などについて，解析結果の横軸の単位は，時系列データ（観測データ）の単位ごとに変わる．

第7章 グラフ

すでに幾つかのグラフを作成してきました．グラフによってデータの特徴を視覚的に捉えることができます．また，データの入力ミスや測定・観測データのエラーなどを確認する上でも大変重要なツールといえます．

この章では通常のテキストでは扱わないグラフの作成法を学びます．しかし，ここで取り扱うグラフ作成技術は必須のものです．独学で学ぶには難しい技術を簡単にマスターできるよう丁寧に解説します．

7.1 棒グラフ

次のデータは，ある商品の国別の売上高を示しています．データ数値は必ず「**半角英数**」で入力します．年代の数値は半角入力・全角入力どちらでも大丈夫です．表の内容は，読みやすいように工夫します．ここでは「**中央揃え**」にしています．表の見出しの［**C 商品の…**］は A1 セルに入力した後，A1～G1 セルを選択 ⇒ **メニュー**［**ホーム**］⇒［**セルを結合して中央揃え**］を指定します．

	A	B	C	D	E	F	G
1	C商品の国別売上高（ドル）						
2		2000年	2001年	2002年	2003年	2004年	合計
3	A国	1540	1450	1350	1260	1180	6780
4	D国	1280	1300	1320	1350	1470	6720
5	F国	1380	1280	1300	1150	1200	6310
6	I国	1180	1100	1200	1300	1130	5910
7	J国	1440	1470	1500	1440	1550	7400

※データ数値を入力しているセルでは，［セルを結合して中央揃え］を使わないことをお勧めします．複数のセルを使った計算では，「結合されているセル」は計算ができずエラーとなります．表の見出しは，データ数値ではないので「セルの結合」は自由に使えます．

グラフの作成方法は2通りあります．

(1) F11 キーを使う方法

とりあえずグラフにしておくと，数値の比較や推移を確認する場合に便利です．

①グラフにするデータ範囲，A2～F7 セルを選択します．次に，［F11］キーを押します．

	A	B	C	D	E	F	G
1	C商品の国別売上高（ドル）						
2		2000年	2001年	2002年	2003年	2004年	合計
3	A国	1540	1450	1350	1260	1180	6780
4	D国	1280	1300	1320	1350	1470	6720
5	F国	1380	1280	1300	1150	1200	6310
6	I国	1180	1100	1200	1300	1130	5910
7	J国	1440	1470	1500	1440	1550	7400

②新しいグラフ・シート「Graph1」に，集合縦棒グラフが作られます．

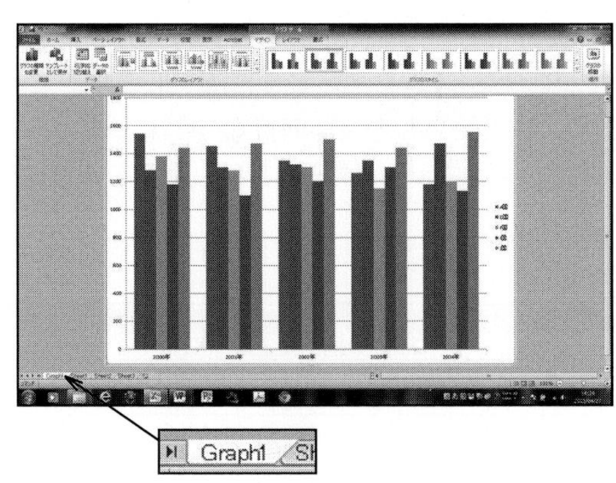

図 7.1

(2) グラフ・ウィザードを使う方法

①グラフにするデータ範囲，A2〜F7 セルを選択します．

② ［挿入］⇒［縦棒］⇒［2-D 縦棒］と選択します．

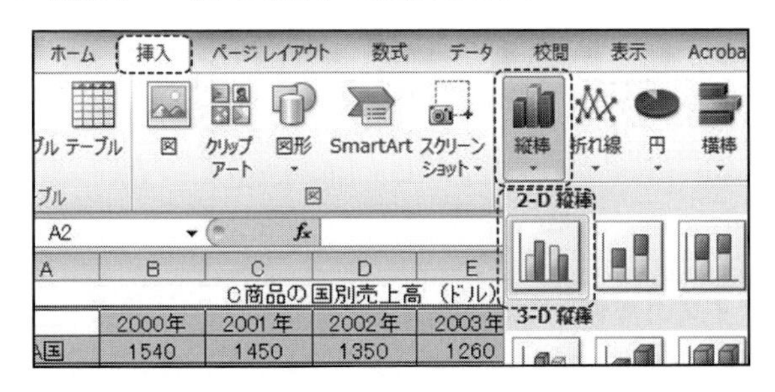

③次のグラフがデータの横に作成されます．

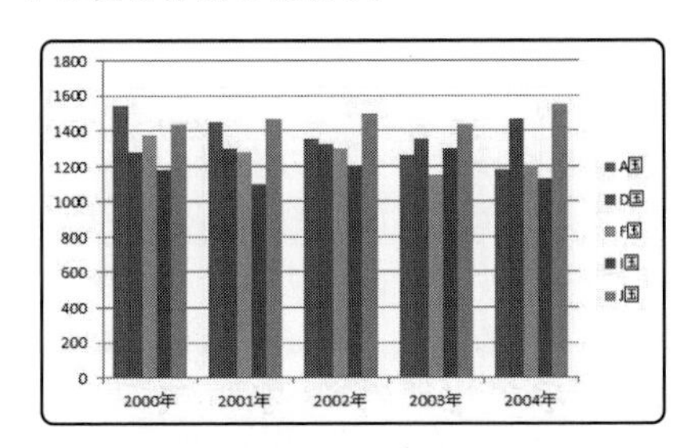

※データと同じページのワークシート「Sheet1」上に作成されたグラフを，「埋め込みグラフ」といいます．

7.2　グラフ全体の変更

グラフは，移動，サイズの変更，種類の変更ができます．

(1) サイズの変更

グラフエリアを選択後，枠の右下隅にマウスポインタを合わせます．マウスポインタの形状が［**両矢印**］（サイズ変更ハンドル）に変わったら，矢印の方向へドラッグしてグラフのサイズを変更します．

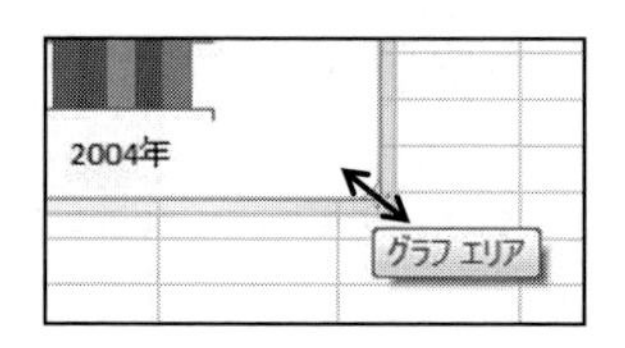

(2) 定量的なサイズの変更

グラフエリア上で右クリック ⇒［**グラフエリアの書式設定**］⇒［**サイズ**］⇒［**拡大/縮小**］：任意の数値を指定する．［**縦横比を固定する**］を選択した場合は，縦または横の数値を変更するだけで残りの横または縦の数値も自動的に同じ値に設定されます．

(3) 縦横の比率を保ったままグラフサイズの変更

上記の定量的なサイズの変更以外に，縦横の比率を保ったままグラフのサイズを変更することができます．この方法は，グラフエリアを選択後，サイズ変更ハンドルをドラッグする際に「Shift」キーを押しながら操作します．

(4) グラフエリアのサイズをセルの幅や高さに合わせて変更

グラフエリアを選択後，サイズ変更ハンドルをドラッグする際に「Alt」キーを押しながら操作します．

(5) グラフの種類の変更

①グラフエリア上で右クリック ⇒［グラフの種類の変更］を選択します．

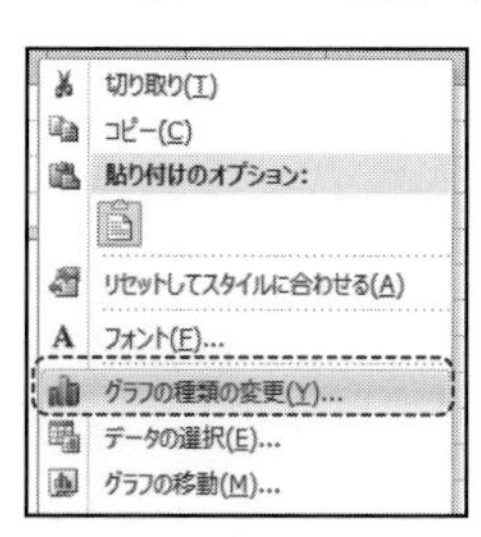

②[縦棒] ⇒ [積み上げ縦棒] を選択します.

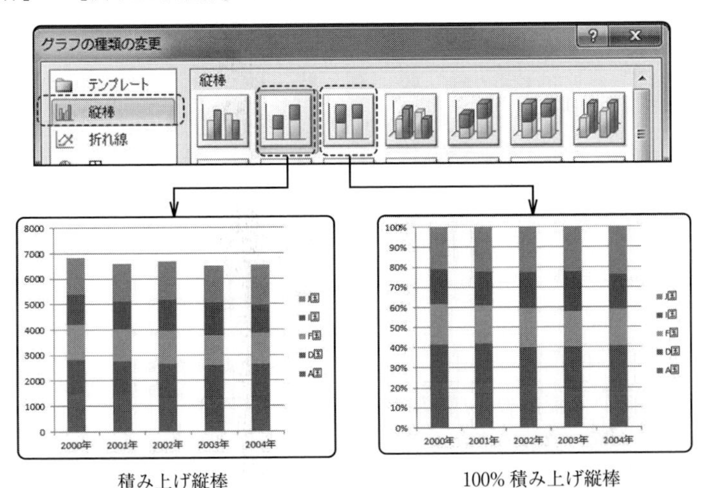

積み上げ縦棒　　　　100% 積み上げ縦棒

※**積み上げ縦棒**のグラフからは, 主に各国の売上高の推移を読み取ることができ, **100% 積み上げ縦棒**からは, 各年の国別売上高の比率を読み取ることができます. 100% 積み上げ縦棒からは, 各年の総額はわかりません.

③区分線の表示:「100% 積み上げ縦棒」のグラフエリアを選択 ⇒ [グラフツール] ⇒ [レイアウト] ⇒ [線] ⇒ [区分線] を選択します.

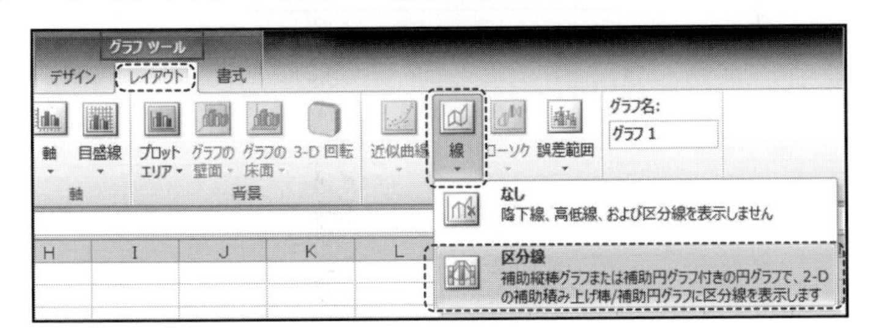

④結果は下図のようになります．区分線は，変化の違いを視覚的に強調する効果があります．また，変化のトレンドを抽出する際にも有効です．

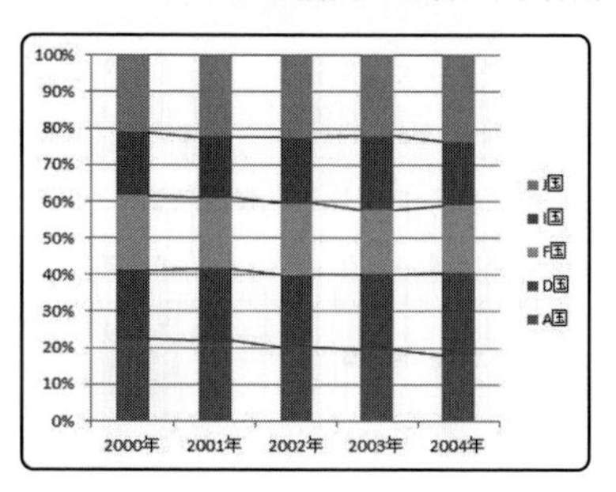

(6) 表示されている変数の縦/横の交換

縦の変数と横の変数の表示を切り替えることで別な解釈に寄与することがあります．視点を変えてデータを解析する際に有効な方法です．

グラフは，**図7.1**の棒グラフを使います．

①縦棒グラフのグラフエリア上で右クリック ⇒［データの選択］を押します．

②［行/列の切り替え］⇒［OK］を押します．

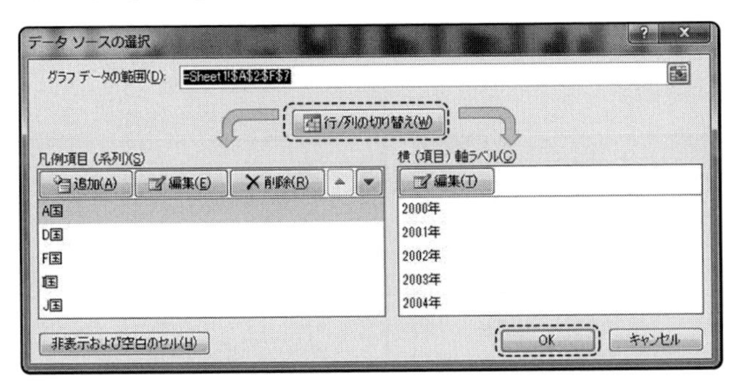

③結果は以下のようになります．

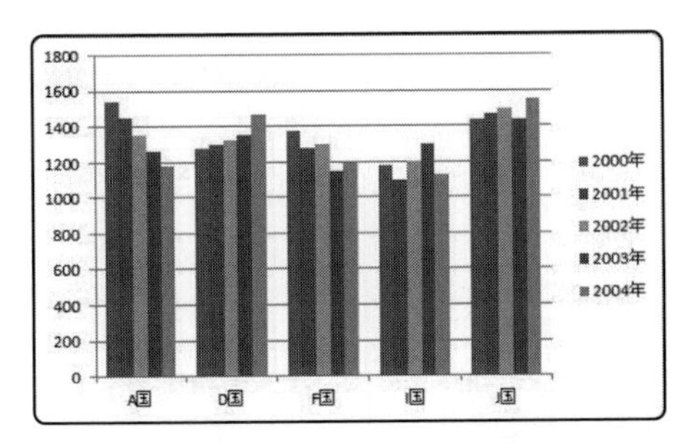

(7) データ系列の色や塗りつぶし効果の変更

色の系統を考慮したグラフカラーを採用したい場合には，［**グラフツール**］⇒［**デザイン**］⇒［**グラフのスタイル**］のサンプルから適当なものを選びます．ここでは，棒の色や塗りつぶし効果の変更方法を紹介します．なお，プロットエリア（グラフの背景）も以下の方法と同様に変更することができます．

①変更したい棒グラフの上でダブルクリックすると，［データ系列の書式設定］のダイアログが開きます．

②希望の種類を選択します．

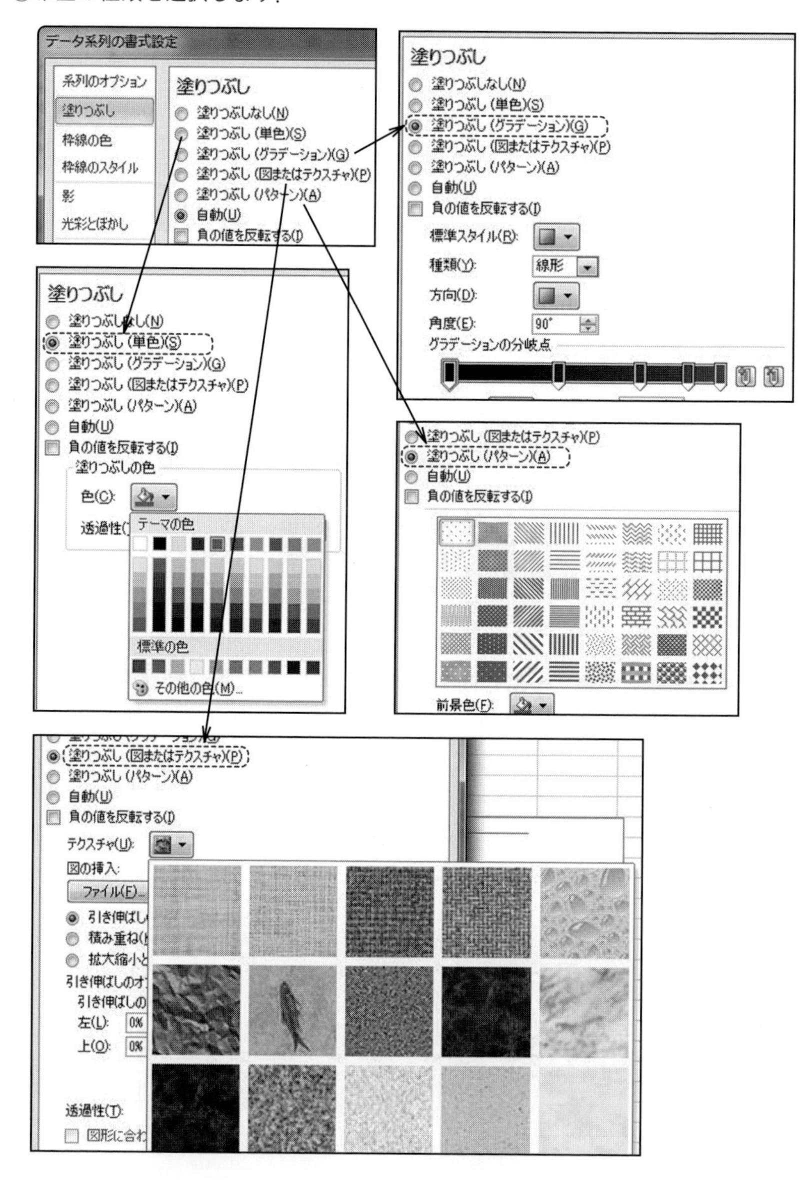

(8) グラフについてその他の変更

その他の変更で重要なものに［デザイン］や［レイアウト］があります．グラフエリアを選択後，［グラフツール］から［デザイン］や［レイアウト］を指定します．様々な例があるので一度試しておくとよいでしょう．ここでは，簡単な例としてグラフにタイトルを付けてみたいと思います．

①グラフエリアを選択 ⇒［グラフツール］⇒［レイアウト］⇒［グラフタイトル］⇒［グラフの上］を選択します．

②タイトルを入力します．

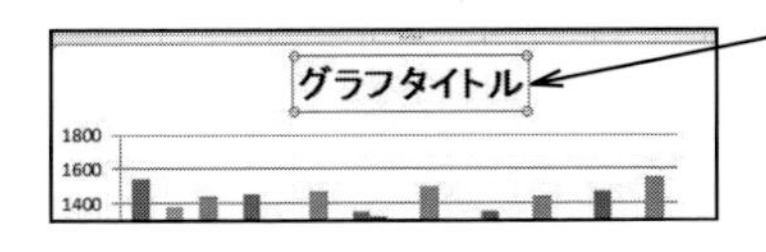

グラフの上に［グラフタイトル］の欄が表示されます．ここをクリックして正しいタイトルを入力します．

③完成は以下のようになります．

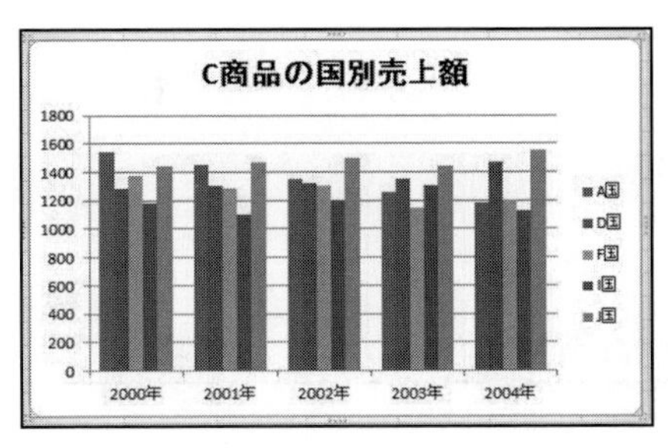

第7章　グラフ

7.3 円グラフ

円グラフはデータ系列が一つであるのが特徴です．下記の合計について円グラフを作成します．

(1) 円グラフ作成の手順

①グラフにするデータの範囲を指定します．データはG3～G7セルの選択となります．次に，A列のラベルを選択しますが，図のように離れた系列やセルを同時に選択する場合は，「Ctrl」キーを使います．実際には，G3～G7セルの選択後，「Ctrl」キーを押しながらA3～A7セルを選択します．連続データの選択には，ここでも「Ctrl」＋「Shift」＋「↓」キーが使えます．

	A	B	C	D	E	F	G
1			C商品の国別売上高（ドル）				
2		2000年	2001年	2002年	2003年	2004年	合計
3	A国	1540	1450	1350	1260	1180	6780
4	D国	1280	1300	1320	1350	1470	6720
5	F国	1380	1280	1300	1150	1200	6310
6	I国	1180	1100	1200	1300	1130	5910
7	J国	1440	1470	1500	1440	1550	7400
8							

②データの選択後 ⇒［挿入］⇒［円］⇒［2-D円］を選択します．

③［グラフツール］⇒［デザイン］⇒［レイアウト1］を選択します．

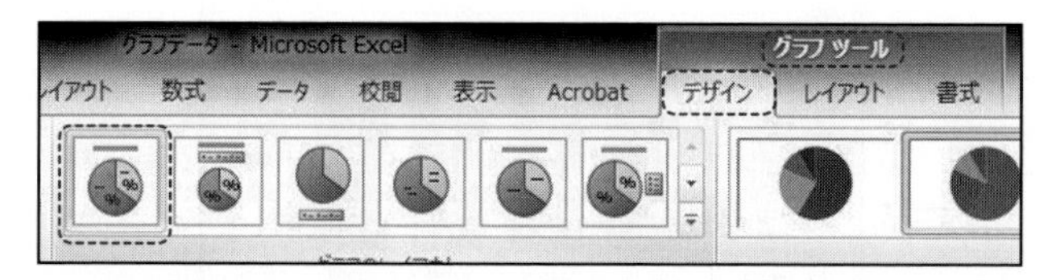

④グラフのタイトルを下記のように書き替えて完成です（区分を強調するため，色の明るさを変更しています）.

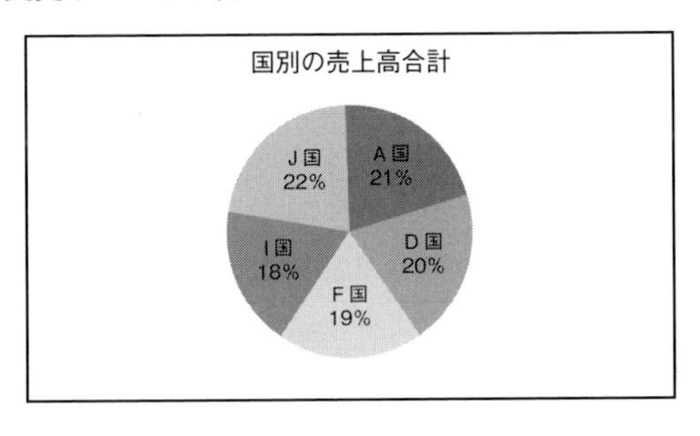

(2) 円グラフを扇形に切り離す

①円グラフ上でシングルクリックすると，各扇形の角に○マークが現れます．そのままクリックした状態で扇形を円の外側へドラッグすると，すべての扇形はばらばらに切り離されます（▶**図 7.2**(a) 参照）.

②一つの扇形だけを切り離す場合は，目的の扇形の上で2度クリックし，3度目のクリックで円の外側にドラッグします（▶図 7.2(b) 参照）.

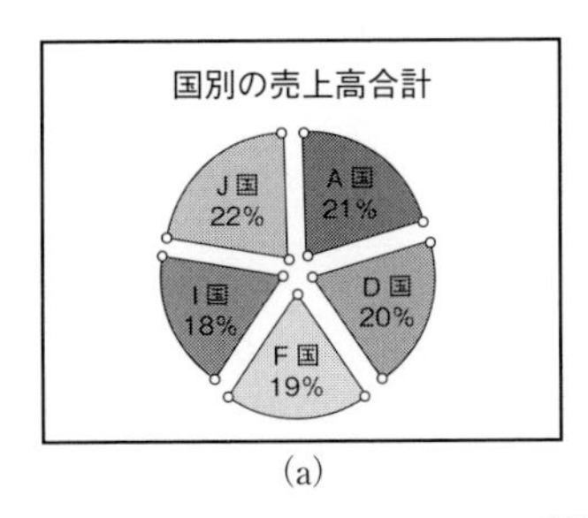

(a)

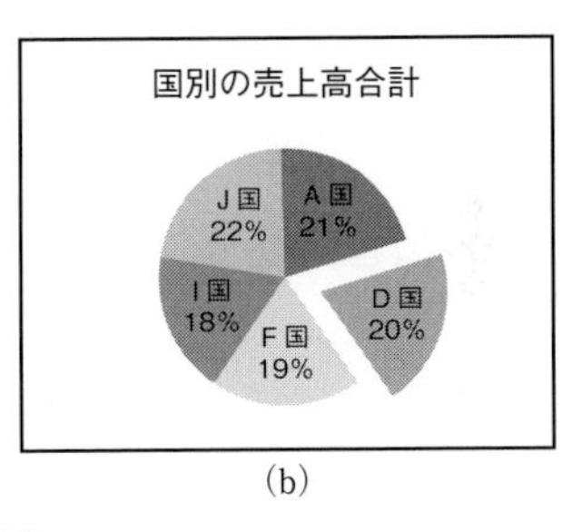

(b)

図 7.2

(3) 切り離した扇形を元に戻す

①切り離す場合の逆手順を行い，扇形を選択し元の場所へドラッグします.

②もう一つの方法は，扇形を選択 ⇒［右クリック］⇒［データ系列の書式設定］⇒［円グラフの切り離し］のスライダーを「0%」になるまで移動させます（▶**図 7.3** 参照）.

(4) 円グラフの回転

目的の扇形を強調して見せる場合など扇形の位置を回転させることができます.

①円の上で右クリック ⇒ [データ系列の書式設定] ⇒ [グラフの基線位置] ⇒ グラフを見ながらスライダーを移動します.

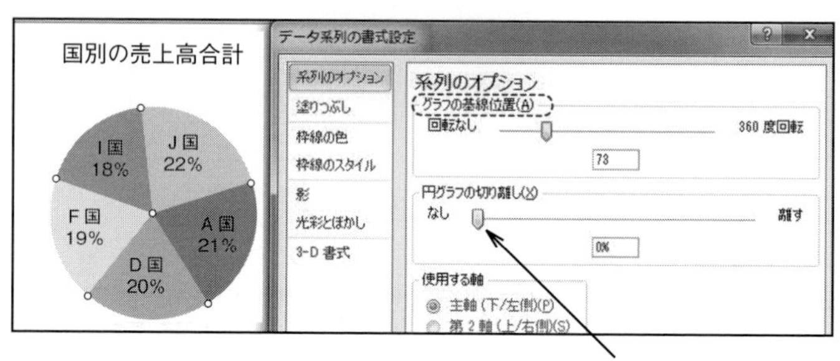

図 7.3

(5) 円グラフの色や塗りつぶし効果の変更

手順は棒グラフの場合と同様です(▶7.2 節「(7) データ系列の色や塗りつぶし効果の変更」参照).

7.4 補助グラフ付き円グラフ

円グラフでは細目の表示が見えにくい場合には, [**その他**] などの項目を作って細目合計を表すことがあります. しかし, その細目に焦点を当てたい場合があります. そのような目的のために [**補助グラフ付き円グラフ**] があります.

ここでは引き続き円グラフのデータを使います. J 国の下に T 社から M 社までのデータを追加します(▶図 7.3 参照). すなわち J 国の内訳は, 追加した 4 社からなり, 4 社の合計は J 国の合計と等しくなります.

①グラフに使うデータを選択します. 選択する範囲は, A3～A6 セル, A8～A11 セル, G3～G6 セル, G8～G11 セルです. 離れた場所のセルを選択するので,「Ctrl」キーを押しながら選択します. 重複を避けるため, J 国のデータである

A7 と G7 セルは選択しません.

	A	B	C	D	E	F	G
1	C商品の国別売上高						
2		2000年	2001年	2002年	2003年	2004年	合計
3	A国	1540	1450	1350	1260	1180	6780
4	D国	1280	1300	1320	1350	1470	6720
5	F国	1380	1280	1300	1150	1200	6310
6	I国	1180	1100	1200	1300	1130	5910
7	J国	1440	1470	1500	1440	1550	7400
8	T社	864	823	885	777	961	4310
9	H社	288	338	315	346	310	1597
10	N社	216	235	210	245	217	1123
11	M社	72	74	90	72	62	370

データの選択範囲

データの選択範囲

図 7.4

②[挿入] ⇒ [円] ⇒ [2-D 円] ⇒ [補助縦棒付き円] を選択します.

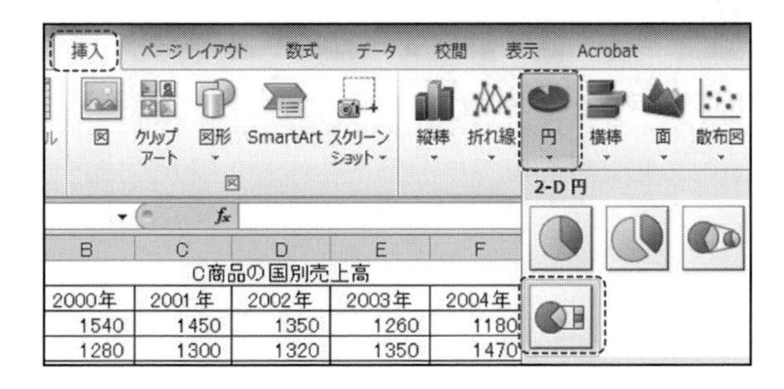

③次のようなグラフが作成されます. ここからグラフを修正していきます.

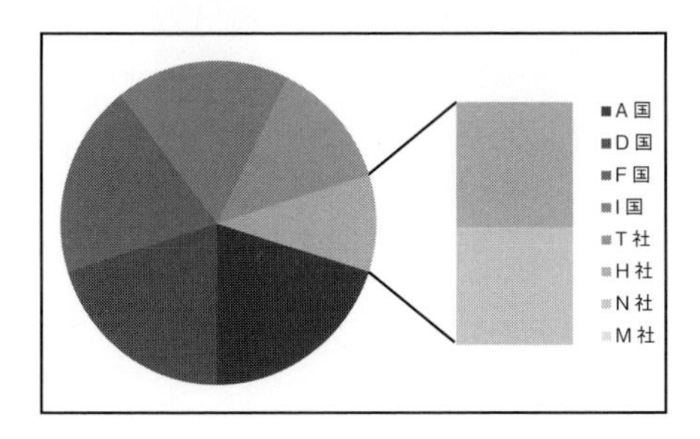

④今，T 社のデータ（扇形）が補助縦棒に含まれていないので，これを縦棒に含める操作を行います．［円グラフ上で右クリック］⇒［データ系列の書式設定］を選択します．

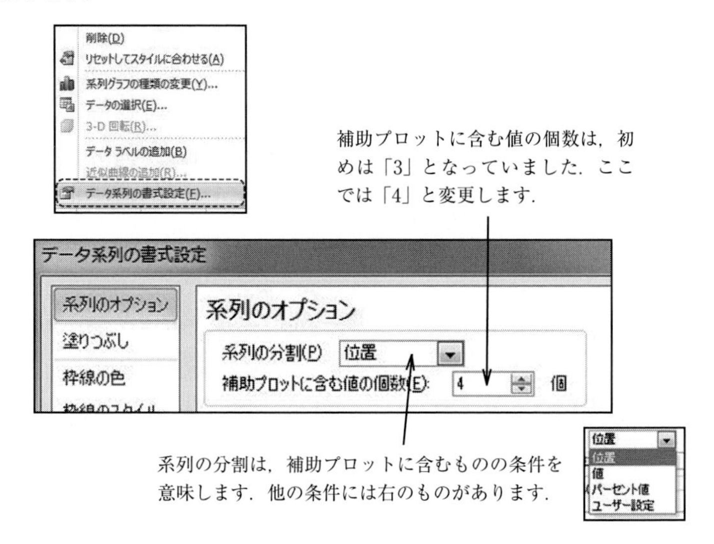

⑤下図のようになります．

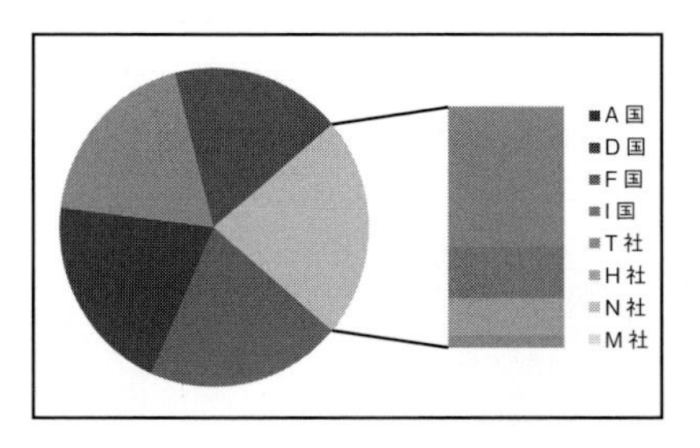

⑥ここからは，細かな修正になります．グラフを選択後，下記の手順で修正していきます．

（i）［グラフツール］⇒［デザイン］⇒［レイアウト］：グラフ内に数値表示をさせます．

（ii）［グラフツール］⇒［レイアウト］⇒［データラベル］⇒［中央］：数値の表示位置を変更します．

（iii）「J 国」の表記は「その他」から修正しました．

（iv）「M 社」の表記は，その縦棒を選択し［**外部**］に修正しています．

⑦下図のようになります．

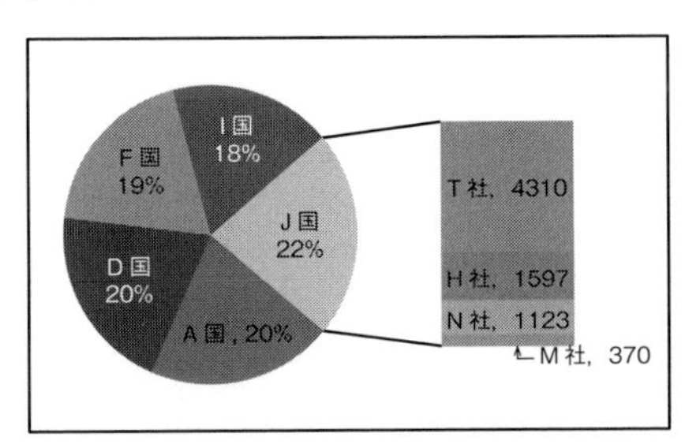

※データ系列の書式設定の中には，［補助プロットのサイズ］があります．これは，主グラフに対する補助グラフの割合を指定します．入力できる数値は 5～200 です．100 を指定すると，主グラフと補助グラフは同じ高さになります．
※データ系列の書式設定の中の［要素の間隔］は，主グラフと補助グラフの距離を指定します．数値が大きくなると二つのグラフの距離は広がります．

7.5　折れ線グラフと標準偏差または標準誤差

標準偏差を含むグラフは，データのばらつき状態を視覚的に示す重要な情報です．標準偏差の情報なくしては，科学的な議論が成し得ないといっても過言ではありません．

ここでは折れ線グラフに標準偏差を表示する方法を学びます．標準偏差（standard deviation : SD）と標準誤差（standard error : SE）を初学習者は混同することがありますが，同じものではないことに注意が必要です．両者の統計学的意味は違いますが，グラフ上に表示する方法は同じです．

①図 7.1 の棒グラフで使ったデータを利用します．

	A	B	C	D	E	F	G
1	C商品の国別売上高（ドル）						
2		2000年	2001 年	2002年	2003年	2004年	合計
3	A国	1540	1450	1350	1260	1180	6780
4	D国	1280	1300	1320	1350	1470	6720
5	F国	1380	1280	1300	1150	1200	6310
6	I国	1180	1100	1200	1300	1130	5910
7	J国	1440	1470	1500	1440	1550	7400

第7章　グラフ

② A2〜F7 セルを選択 ⇒「Ctrl」＋「C」キー（データをコピー）⇒ I1 セルを選択 ⇒ 右クリック ⇒［形式を選択して貼り付け］⇒［形式を選択して貼り付け］と進みます．

※見出しの 1 行目と G 列は選択していません．

③［行列を入れ替える］にチェック ⇒［OK］を選択します．

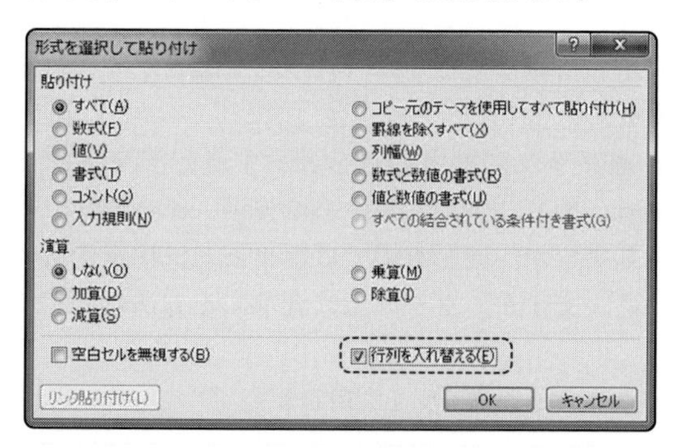

④行と列を入れ替えた貼り付けができます.

I	J	K	L	M	N
	A国	D国	F国	I国	J国
2000年	1540	1280	1380	1180	1440
2001年	1450	1300	1280	1100	1470
2002年	1350	1320	1300	1200	1500
2003年	1260	1350	1150	1300	1440
2004年	1180	1470	1200	1130	1550

⑤各年代の平均値 Mean を O 列に，標準偏差 SD を P 列に入力します.

（ i ）O2 セルには「＝AVERAGE(J2:N2)」，P2 セルには「＝STDEV(J2:N2)」と入力し，それらをコピーし以下の行に貼り付けます.

（ ii ）O2，P2 セルを選択 ⇒「Ctrl」＋「C」キー（コピー）⇒ O6，P6 セルまで選択 ⇒「Ctrl」＋「V」キーで貼り付けます.

⑥結果は以下のようになります.

N	O	P
J国	Mean	SD
1440	1364	139.5708
1470	1320	149.8332
1500	1334	108.5357
1440	1300	107.4709
1550	1306	190.0789

入力結果

O	P
Mean	SD
=AVERAGE(J2:N2)	=STDEV(J2:N2)
=AVERAGE(J3:N3)	=STDEV(J3:N3)
=AVERAGE(J4:N4)	=STDEV(J4:N4)
=AVERAGE(J5:N5)	=STDEV(J5:N5)
=AVERAGE(J6:N6)	=STDEV(J6:N6)

実際に入力されている式

⑦ P 列の桁を小数点以下第 1 位まで表示させるには次の操作を行います．データ範囲の P2～P6 セルを選択 ⇒「Ctrl」＋「Shift」＋「F」キー ⇒［セルの書式設定］⇒［表示形式］⇒［数値］⇒［小数点以下の桁数］:「1」とします.

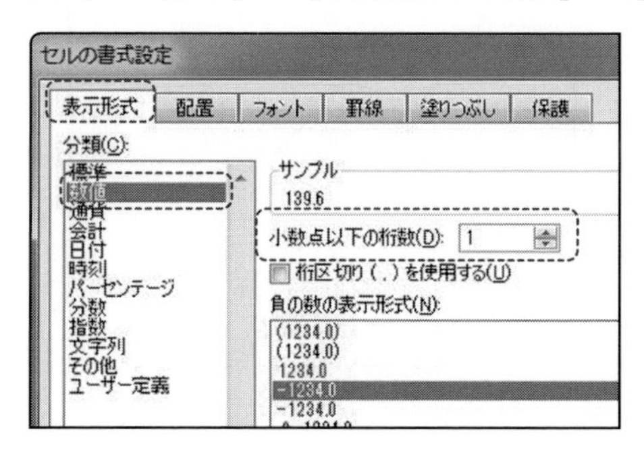

※桁数の変更結果は，図 7.5 を参照.

⑧ I2〜 I6 セルを選択 ⇒「Ctrl」キーを押しながら，O2〜O6 セルを選択します.

I	J	K	L	M	N	O	P
	A国	D国	F国	I国	J国	Mean	SD
2000年	1540	1280	1380	1180	1440	1364	139.6
2001年	1450	1300	1280	1100	1470	1320	149.8
2002年	1350	1320	1300	1200	1500	1334	108.5
2003年	1260	1350	1150	1300	1440	1300	107.5
2004年	1180	1470	1200	1130	1550	1306	190.1

図 7.5

※離れたデータ（セル）を選択する際に，「Ctrl」キーを使います.

⑨ ［挿入］⇒［折れ線］⇒［マーカー付き折れ線］を選択します.

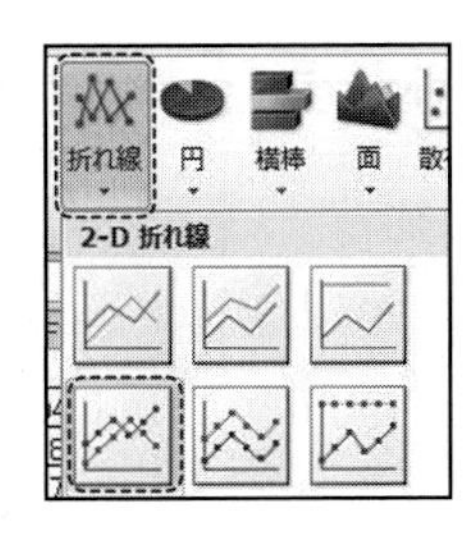

⑩任意のマーカーをクリックします.

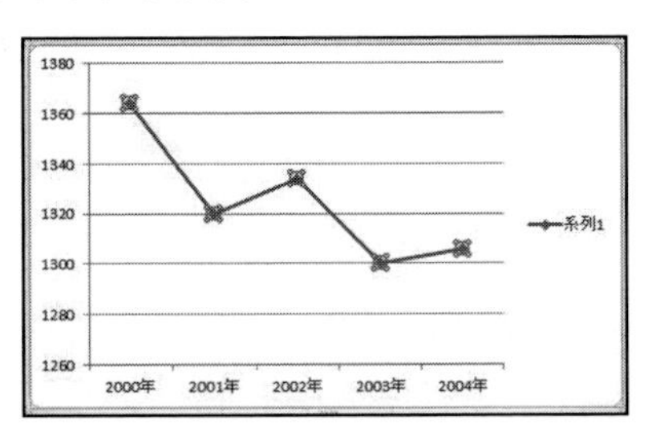

⑪[グラフツール] ⇒ [レイアウト] ⇒ [誤差範囲] ⇒ [その他の誤差範囲オプション] を選択します.

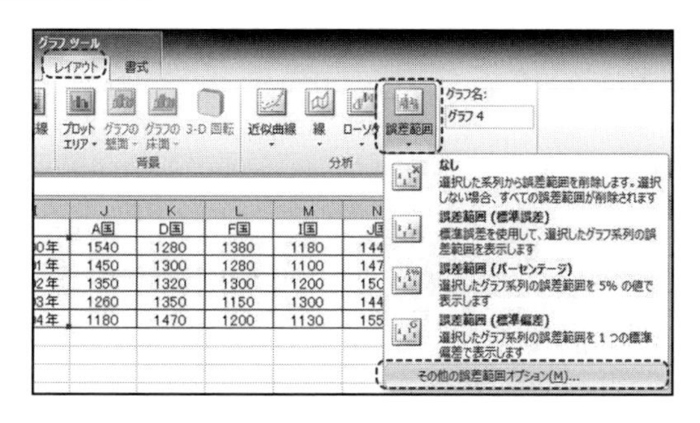

⑫ [両方向] ⇒ [ユーザー設定] : [値の指定] を選択します.

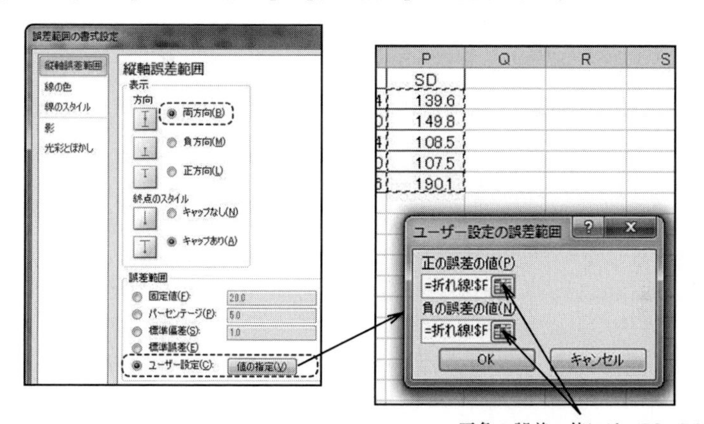

正負の誤差の値には，P2～P6 セルを選択します.

⑬標準偏差付き折れ線グラフの結果です.

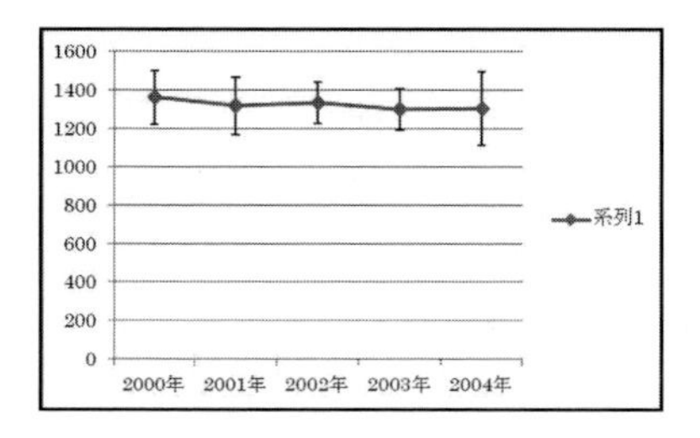

上記のグラフ作成では，**マーカー付き折れ線**を使いました．x 軸の年号では数値だけではなく「年」も含まれています．この場合，x 軸の変数は数値ではなく「テキスト」の取り扱いになっています．このように折れ線グラフでは，x 軸の変数は数値のみならず記号や単語の並びを扱うことができます．

※同じようなグラフに［散布図］と［散布図（折れ線とマーカー付き）］があります．散布図の指定でグラフを作成する場合は，x 軸の変数は数値のみの扱いになります．

7.6 個別データの変化を示すグラフ

7.5 節「折れ線グラフと標準偏差または標準誤差」では Mean ± SD のグラフを描きました．プレゼンの目的によっては個々のデータの変化を視覚化する場合があります．しかし，この目的を満たすグラフをエクセルグラフツールでは直接描くことができません．ここでは散布図を利用した裏ワザをご紹介します．エクセルのあらゆるテキストを調べましたが，この裏ワザの記述はどこにも見あたらないようです．

ここでの練習は，エクセルグラフを使いこなし自分の思い描くグラフを自在に作成することができる感覚を養います（ここで紹介する方法とは別な方法については，9.4 節「関連 2 群データのグラフ」参照）．

①データを入力します．以下のデータは，長期トレーニングにより安静時の心拍数が減少している様子を示しています．被験者 6 名のトレーニング前後の心拍数（beats/min：拍/分）です．

	A	B	C
1	心拍数の変化		
2	被験者	トレーニング（前）	トレーニング（後）
3	1	77	68
4	2	87	72
5	3	98	90
6	4	92	86
7	5	85	75
8	6	105	92

②この縦置きデータを横置きに変換します（▶方法は，7.5 節「折れ線グラフと標準偏差または標準誤差」の手順③参照）．

B2～C8 セル選択 ⇒「Ctrl」＋「C」キー（コピー）⇒ E2 セルを貼り付け先に指定⇒［右クリック］⇒［形式を選択して貼り付け］⇒［形式を選択して貼り付け］⇒［行列を入れ替える］にチェック ⇒［OK］を選択します．

E	F	G	H	I	J	K
トレーニング（前）	77	87	98	92	85	105
トレーニング（後）	68	72	90	86	75	92
1	77					
2	68					
1	87					
2	72					
1	98					
2	90					
1	92					
2	86					
1	85					
2	75					
1	105					
2	92					

← 貼り付けの結果です．

(i) 縦に 1 と 2 の繰り返しを，被験者 6 組分を入力します．「1，2」と入力し，両者を選択⇒「Ctrl」＋「C」キー（コピー）⇒ 1 行空けて「Ctrl」＋「V」キーで貼り付けます．以下，「Ctrl」＋「V」キーの連打で 6 組分を貼り付けます．

(ii) F 列の心拍数をコピーし下方（F5 セル）に貼り付け．以下，同様に G 列，H 列… K 列の心拍数を F 列の縦に貼り付けていきます．

③データを選択します．以下のように 1（左上）～92（右下）のセルを選択後，［挿入］⇒［散布図］⇒［散布図（直線とマーカー）］を選択します．

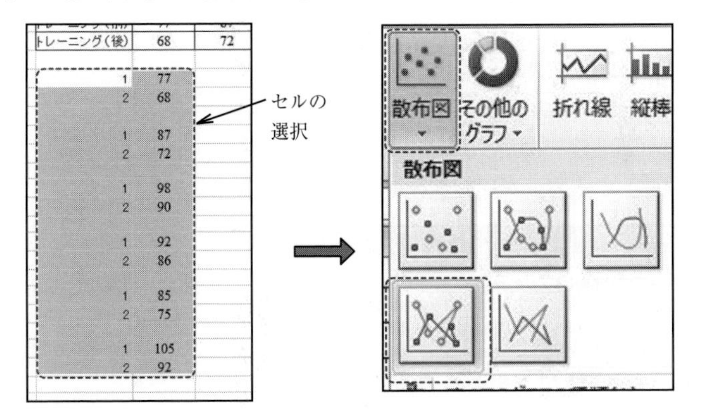

④**図 7.6**(a) ができたら，図 7.6(b) のように，［グラフツール］⇒［レイアウト］⇒［軸ラベル］⇒［主軸ラベル］⇒［軸ラベルを回転］を選択します．

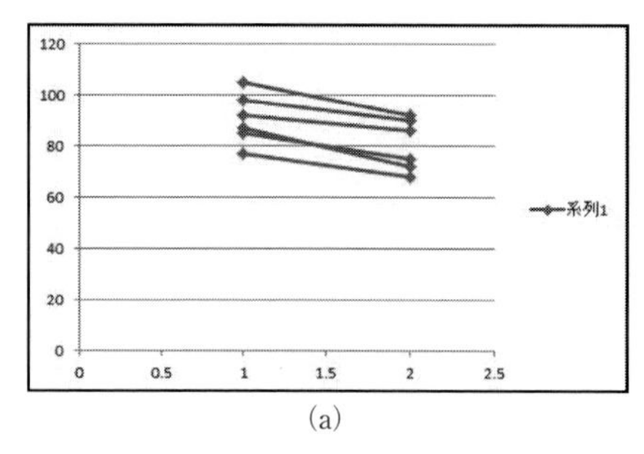

(a)

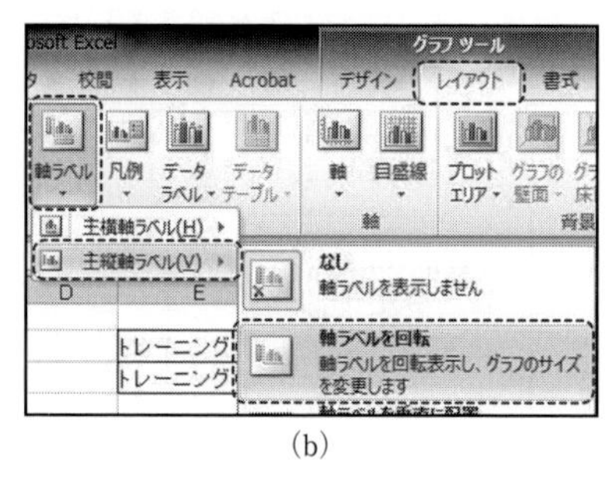

(b)

図 7.6

⑤縦ラベルに「心拍数〔beats/min〕」と入力後，x 軸の数値上で右クリック ⇒［軸の書式設定］を開きます．

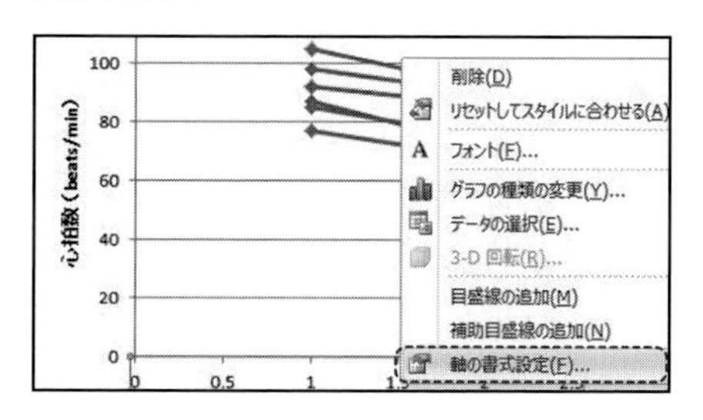

⑥固定：「0.5」と入力．次に軸ラベル：［なし］を選択します．

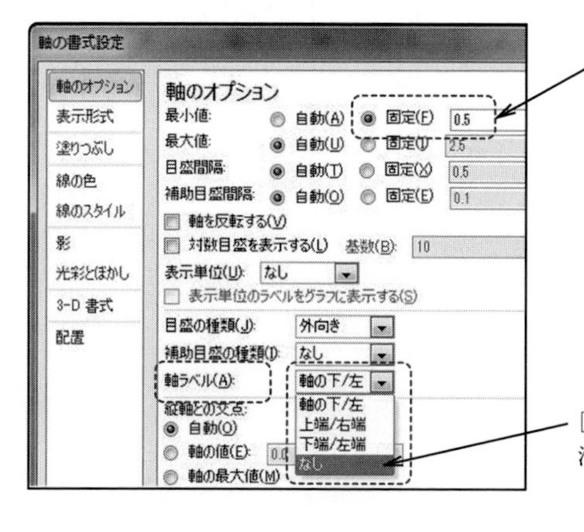

⑦サイズを変更します.

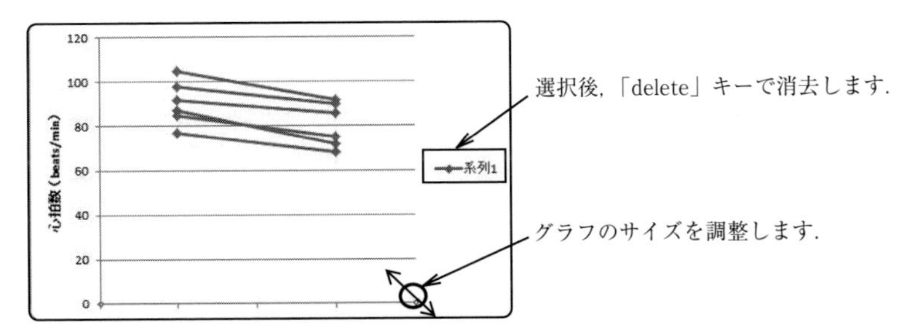

※サイズの調整：枠の右下隅にマウスポインタを合わせます ⇒ サイズ変更ハンドル（両矢印）をドラッグします.

⑧［挿入］⇒［図形］⇒［テキストボックス］を使ってテキストの書き込みを行います. グラフの色や線の種類などの変更は, データポイント上で右クリック ⇒［データ系列の書式変更］で行い, 完成です.

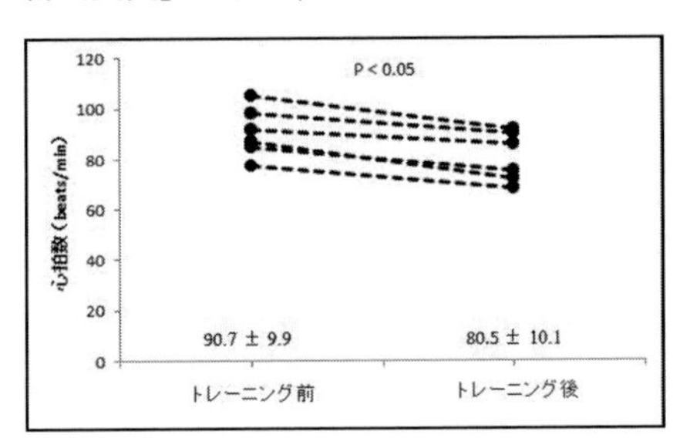

第7章 グラフ

第8章　モデル関数のあてはめ

観察・測定データを解析する上で重要なのが，**カーブフィッティング**技術です．データに対して単回帰式（$Y = ax + b$）のあてはめについては，第5章「回帰分析」で学びました．研究では得られたデータの性質や傾向，理論に対する適合性などについて，様々な角度から解析・定量化することにより，複雑な現象や未知の特徴をモデルを通して理解することができます．データのモデル化は，実験式（例えば，多項式）や理論式（任意の関数）を用いて定式化することができます．

本章では，理論式（任意の関数）をデータにあてはめる技術を学びます．エクセルでは，理論式（任意の関数）をデータにあてはめる作業は，［**ソルバー**］を使います．ソルバーを使いこなせるようになると，C言語など複雑なプログラムを使わなくても計算することができます．この章を学ぶことにより自分独自の解析が行えるようになります．

8.1　多項式のフィッティング

初めに最も簡単な例を学びたいと思います．ここでは，データにあてはめる式をあらかじめ用意するのではなく，エクセルの［**近似曲線の追加**］を利用します．

①次のデータで練習します（▶図8.1(a) 参照）．データ入力後は，グラフにするデータを選択します（▶図8.1(b) 参照）．データの選択範囲は，A2～B11セルです．

	A	B
1	x	y
2	1	10
3	2	15
4	3	12
5	4	8
6	5	6
7	6	2
8	7	5
9	8	7
10	9	13
11	10	16

(a)

	A	B
1	x	y
2	1	10
3	2	15
4	3	12
5	4	8
6	5	6
7	6	2
8	7	5
9	8	7
10	9	13
11	10	16

(b)

図8.1

②メニュー［挿入］⇒［散布図］⇒［散布図（マーカーのみ)］を選択します.

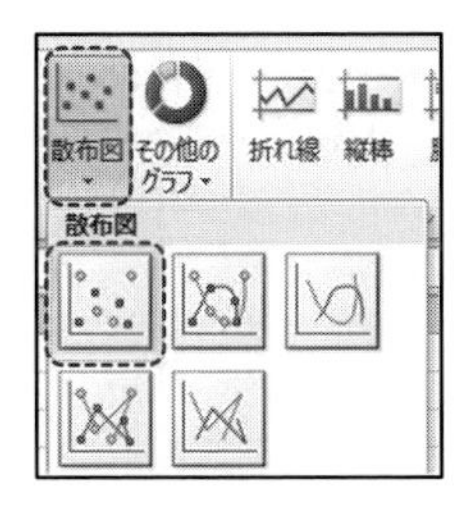

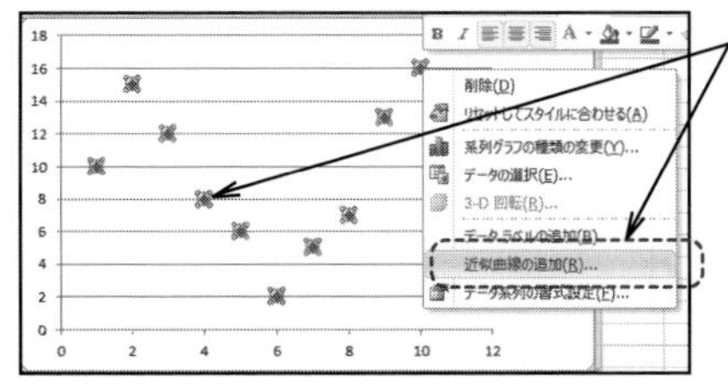

散布図のグラフが作成されます. 次に, グラフのデータポイント上で右クリック ⇒［近似曲線の追加］を選択します.
※データポイントはどれでも構いません.

［近似曲線のオプション］
(i)［多項式近似］: 次数「2」
(ii)［グラフに数式を表示する］にチェック
(iii)［グラフに R-2 乗値を表示する］にチェック

③多項式近似：次数２のグラフが示されました．

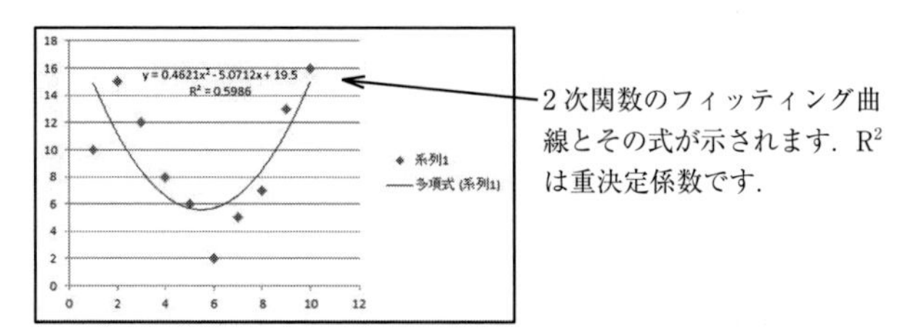

④同様に，多項式近似：次数３，次数４，次数５についてグラフを作成しましょう．**図 8.2** に次数２〜５の結果を示します．

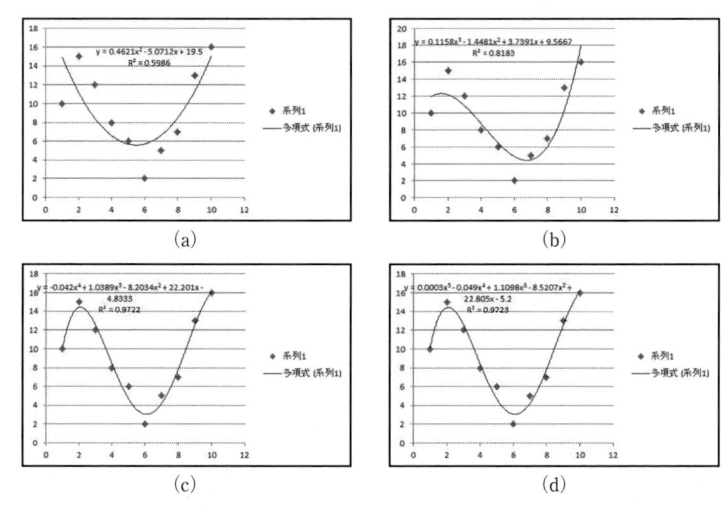

(a)　(b)

(c)　(d)

図 8.2

8.2　フィッティングの解釈

図 8.2(a) が２次関数，図 8.2(b) が３次関数です．図 8.2(c) が４次関数，図 8.2(d) が５次関数です．４曲線のデータに対するあてはまりの良さは，R^2 重決定係数の大小で定量的に比較することができます．２次関数から５次関数にかけて R^2 が順に大きくなっています．したがって，ここでは５次関数のあてはまりが一番良いので，代表的なモデル関数といえます．

ここで注意すべき点を述べます．４次関数と５次関数をもう一度見て下さい．４次関数の R^2 は 0.9722 です．５次関数の R^2 は 0.9723 です．両者の差は極わずかです．このようにR^2の差が少ない場合には，次数のより少ない4次関数のモデルを最適な近似曲線として採用します．

本来，自然界では完璧なフィッティングモデルは存在しません（データ自身に誤差があるため）．また，理論的に導出された関数ではなく，単にあてはまりの良さだけから導いた式のため，よりシンプルな式を採用することが重要となります．ここでは，モデルをよりシンプルに構成し，観察データの本質をより直観的に理解することが重要なのです．

フィッティングの式を報告する際には，独立変数xの範囲を示さなければなりません．観測データ（最小値1から最大値10）にあてはめた式の適用範囲は，$1 \leq x \leq 10$となり，モデル式が独り歩きし，根拠なく適用範囲が拡大されることには注意が必要です．

8.3 理論式（任意の関数）とは何か

一般に任意の関数をデータにあてはめる時には，市販のグラフ専用ソフトが使われます．残念ながらエクセルにはその機能がありません．しかし，ここで紹介する方法を使うと，オリジナルの関数を観察データにあてはめることができます．研究では新しい発見のために試行錯誤が必要です．この章を学んで思考の流れを具現化させる手法，すなわちモデル構築に必要なキーアイテムをゲットしましょう．

自然界または観測データには指数関数的な変化を示すものが少なくありません．システム系の反応・応答がその好例です．具体的には，人口の増加や刺激に対する細胞の反応などがあり，これらの反応では，増加や減少が無限に続くことはありません．それはエネルギーや質量の保存則が制約条件になるからです．地球上での人口は，無限に増加することは不可能です．地球が養える人口には限界があるからです．その理由として地球の表面積と食料の供給バランスの関係があります．細胞の反応も繰り返す刺激に対しては反応が鈍くなります．このような現象は，初めは急激に増加（反応）し，その後，徐々に増加（反応）の割合が減り，やがてある一定レベルに収束します．

今述べた現象を任意の関数（数式）を用いて記述することにしましょう．データは次のものを使います．フィッティングの前に，散布図を描いてデータの特徴を見てみましょう．

①グラフの作成：データ範囲 A2～B20 セルを選択 ⇒［挿入］⇒［散布図］を選択します．

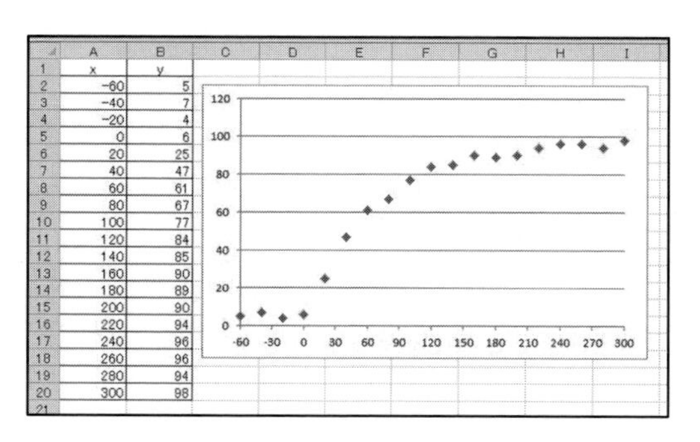

	A	B
1	x	y
2	-60	5
3	-40	7
4	-20	4
5	0	6
6	20	25
7	40	47
8	60	61
9	80	67
10	100	77
11	120	84
12	140	85
13	160	90
14	180	89
15	200	90
16	220	94
17	240	96
18	260	96
19	280	94
20	300	98

②軸の設定：x 軸の数値上で右クリック ⇒［軸の書式設定］から以下のように設定します．

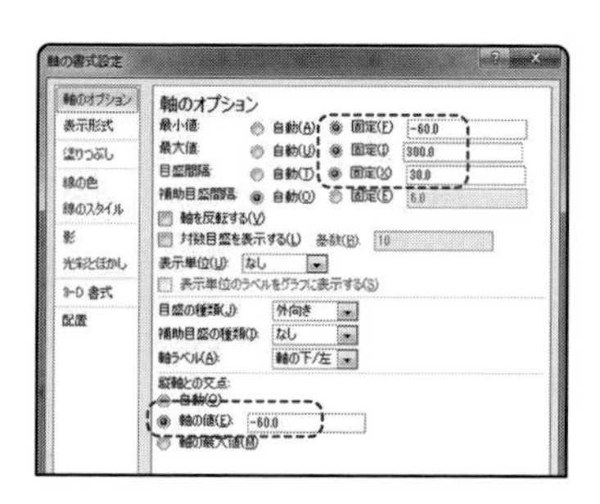

●グラフの特徴

x 軸は時間（秒）を示します．20 秒毎の時系列データで，0 秒を境に反応前（−60 秒間）と反応後（300 秒間）の様子を示しています．反応の特徴は，初めの 60 秒間に急激に増加し，その後はゆっくり増加して 240 秒目以降は定常状態になります．

8.4 フィッティングのモデル関数

先のグラフのような特徴を持ったデータには，代表的なモデル関数

$$y = SS - \Delta \cdot \exp(-x / \tau) \tag{8.1}$$

をあてはめることができます．式(8.1)の SS は，240～300 秒の平均値（**定**

常値，steady state : SS）を意味します．変数 x は時間（横軸）です．Δ は，定常値 SS とベースライン（baseline : BL，－60～0 秒の平均値）との差を与えます．τ は**時定数**です．関数 $\exp(-x/\tau)$ は，$e^{-x/\tau}$ を意味します．

式(8.1)では，SS 値，Δ 値（または $SS-BL$）はデータの平均値ですので，直ちに計算で求まります．そこで，フィッティングで求めるのは，時定数 τ となります．このとき時定数 τ の単位は，変数 x の単位と同じになり，時間の単位「秒」が時定数 τ の単位になることで，時間的な意味を持つ情報となります．さらに時定数 τ の本質的な意味ですが，グラフのような増加反応を示すモデルでは，時定数 τ は定常値に対してベースラインから約63% 増加するのに要する時間を示しています．この 63% 増加するのに要する時間，すなわち時定数 τ は，反応の速さを定量的に表現する指標になります．二つの反応があった場合に，二者の時定数の大小を比較することで反応（または応答）の速さを定量的に比較することができます．時定数が小さいほど反応が速いといえます．

※時系列データの場合，ベースラインや定常値がグループ間のデータで違っていても，時定数の大小によって反応の速さを比較することができます．また，グループ間で y 軸の単位が同じでなくても，時定数の大小によって反応の速さを比較することができます．

8.5 時定数 τ の違いを比較

時定数 τ が 40 秒と 80 秒の場合について示します．

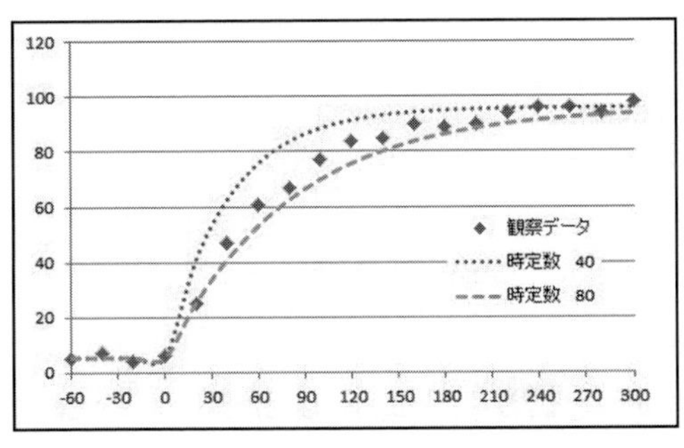

図 8.3

第8章 モデル関数のあてはめ

図 8.3 より時定数 80 の反応曲線（---）に比べ，時定数 40 の反応曲線（……）は，0 秒後の増加の割合が大きく定常値に早く到達します．すなわち，反応が速いといえます．

このように時定数の違いによってモデル曲線（フィッティング曲線）の曲りの強さ（反応の速さ）を変えることができます．今，グラフには観察データ（◆マーカー）が与えられています．モデル曲線を観察データにフィッティングさせるには，時定数を様々に変えてモデル曲線と観察データが最も一致する時定数を求めます．この作業がフィッティング（あてはめ）です．観察データは，時定数 40 と 80 の曲線の間にあるので，モデル曲線が最もフィットする時定数は 40 と 80 の間にあることが予想されます．時定数を一つずつ試していくのは大変手間のかかる作業です．エクセルではその作業を［**ソルバー**］によって行うことができます．

8.6 ソルバーによるフィッティング

図 8.4(a) に数値を示します．図 8.4(b) は，図 8.4(a) のセル内に記述されている数式を示しています．

	A	B	C	D
1	x	y	Y	
2	-60	5	5.3	
3	-40	7	5.3	
4	-20	4	5.3	(y-Y)^2
5	0	6	5.3	0.44444
6	20	25	31.0	36.41512
7	40	47	49.5	6.00339
8	60	61	62.6	2.70799
9	80	67	72.1	26.01537
10	100	77	78.9	3.51667
11	120	84	83.7	0.07312
12	140	85	87.2	4.87471
13	160	90	89.7	0.08990
14	180	89	91.5	6.18006
15	200	90	92.8	7.64831
16	220	94	93.7	0.10086
17	240	96	94.3	2.75765
18	260	96	94.8	1.41583
19	280	94	95.1	1.31655
20	300	98	95.4	6.81684
21				
22	①ベースライン	5.3	誤差平方和	106.3768
23	②定常値	96.0		
24	差分(②-①)	90.7		
25	時定数	60.0		

(a)

	A	B	C	D
1	x	y	Y	
2	-60	5	=$B$22	
3	-40	7	=$B$22	
4	-20	4	=$B$22	(y-Y)^2
5	0	6	=$B$23-$B$24*EXP(-A5/$B$25)	=(B5-C5)^2
6	20	25	=$B$23-$B$24*EXP(-A6/$B$25)	=(B6-C6)^2
7	40	47	=$B$23-$B$24*EXP(-A7/$B$25)	=(B7-C7)^2
8	60	61	=$B$23-$B$24*EXP(-A8/$B$25)	=(B8-C8)^2
9	80	67	=$B$23-$B$24*EXP(-A9/$B$25)	=(B9-C9)^2
10	100	77	=$B$23-$B$24*EXP(-A10/$B$25)	=(B10-C10)^2
11	120	84	=$B$23-$B$24*EXP(-A11/$B$25)	=(B11-C11)^2
12	140	85	=$B$23-$B$24*EXP(-A12/$B$25)	=(B12-C12)^2
13	160	90	=$B$23-$B$24*EXP(-A13/$B$25)	=(B13-C13)^2
14	180	89	=$B$23-$B$24*EXP(-A14/$B$25)	=(B14-C14)^2
15	200	90	=$B$23-$B$24*EXP(-A15/$B$25)	=(B15-C15)^2
16	220	94	=$B$23-$B$24*EXP(-A16/$B$25)	=(B16-C16)^2
17	240	96	=$B$23-$B$24*EXP(-A17/$B$25)	=(B17-C17)^2
18	260	96	=$B$23-$B$24*EXP(-A18/$B$25)	=(B18-C18)^2
19	280	94	=$B$23-$B$24*EXP(-A19/$B$25)	=(B19-C19)^2
20	300	98	=$B$23-$B$24*EXP(-A20/$B$25)	=(B20-C20)^2
21				
22	①ベースライン	=AVERAGE(B2:B4)	誤差平方和	=SUM(D5:D20)
23	②定常値	=AVERAGE(B18:B20)		
24	差分(②-①)	=B23-B22		
25	時定数	60.0		

(b)

図 8.4

（1）A 列は x 軸（時間軸）データです．B 列は観察データです．ベースライン「5.3」は，観察データの −60，−40，−20 秒の平均値です．定常値「96.0」は 260，280，300 秒の観察データの平均値です．差分「90.7」は，「定常値 − ベースライン」になります．最終的には時定数を求めますが，空っぽのままではエラーになるので，おおよその数値を入れておきます（B25 セル）．時定数 60 としていますが，50 としても構いません．

（2）C 列は，モデル式が入ります．ただし，C2～C4 セルには［＝$B$22］と入力し，ベースラインの値を呼び出しています．操作は，もちろん，C2 セルをコピーし C3 と C4 セルに貼り付けます．C5 セルから下は，式(8.1)が入力されています．ここでも $ マーク付きの絶対参照を使っています．C5 セル内の式を作ったら，それをコピーして以下の C 列に貼り付けます．

（3）D 列の 5 行目以下の各セルでは，観測データとモデル数値の差を求め，その 2 乗（誤差の 2 乗）を求めます（偏差平方の考え方です）．モデル式が 0 秒の 5 行目から始まるので，誤差の 2 乗も 5 行目からになります．

（4）最後に，D22 セル［＝SUM(D5 : D20)］は，D5～D20 セルの合計を求めています．これを**誤差平方和**と呼ぶことにします．この誤差平方和はソルバーを使う際に重要です．時定数を求める作業とは，時定数を色々と試した際に，誤差平方和が最小になる時定数を選ぶ作業になるからです．この誤差平方和が最小であることは，そのときの時定数によって描かれるモデル曲線が観測データに最もフィットした状態を意味します．

※ベースライン値や定常値は，平均値ではなく－20 秒の値や 300 秒の値を用いることもできます．しかし，観察データの多くは誤差や僅かな変動を伴うため，より安定した値を与えるために適宜平均値を採用します．
※ $ マークは**絶対参照**です．絶対参照は，コピー＆ペーストを利用した際に，参照セルの移動がなされず固定されたセルの参照となります（▶詳細は，第 3 章「正規分布」参照）．

①ソルバーの起動：メニュー［データ］⇒［ソルバー］を選択します．

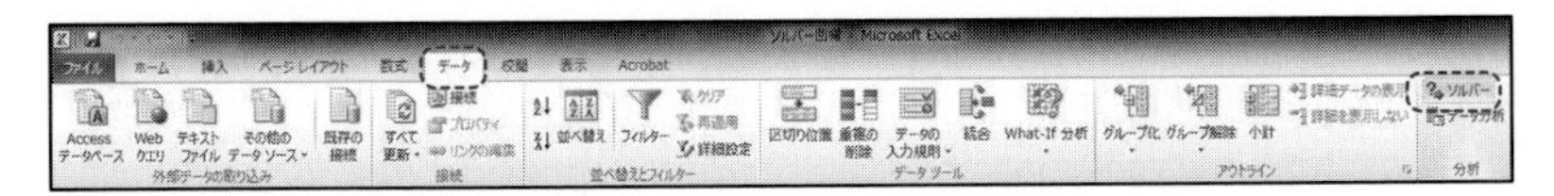

第 8 章　モデル関数のあてはめ

※ソルバーがメニューにない場合：メニュー［ファイル］⇒［オプション］⇒［アドイン］⇒［ソルバーアドイン］⇒［設定］⇒［OK］
※アドインを行っても［ソルバー］がメニューに現れない場合は，エクセルを一度閉じ，再びエクセルを立ち上げると現れます．

②［ソルバーのパラメーター］画面で入力します．

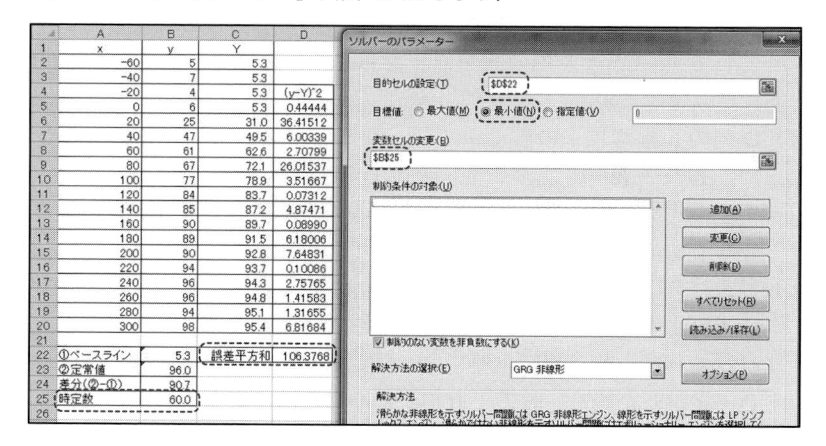

	A	B	C	D
1	x	y	Y	
2	−60	5	5.3	
3	−40	7	5.3	
4	−20	4	5.3	(y-Y)^2
5	0	6	5.3	0.44444
6	20	25	31.0	36.41512
7	40	47	49.5	6.00339
8	60	61	62.6	2.70799
9	80	67	72.1	26.01537
10	100	77	78.9	3.51667
11	120	84	83.7	0.07312
12	140	85	87.2	4.87471
13	160	90	89.7	0.08990
14	180	89	91.5	6.18006
15	200	90	92.8	7.64831
16	220	94	93.7	0.10086
17	240	96	94.3	2.75765
18	260	96	94.8	1.41583
19	280	94	95.1	1.31655
20	300	98	95.4	6.81684
21				
22	①ベースライン	5.3	誤差平方和	106.3768
23	②定常値	96.0		
24	差分（②−①）	90.7		
25	時定数	60.0		
26				

（ i ）目的セルの設定には，「$D$22」を指定します．
（ ii ）目標値は，「最小値」をチェックします．

※これは，［$D$22］すなわち，誤差平方和を最小にする命令になっています．誤差の平方和は，差の 2 乗ですので数値は必ず正になります．また，可能な最小値はゼロの場合もあります．したがって，目標値を「指定値」および「0」と設定しても同様の結果が得られます．

（iii）変数セルを，［$B$25］と変更とします．

※［$B$25］はモデル式の時定数です．これは，目的のセル「$D$22」の最小値を見つけるために，時定数を様々に変えることを命令します．

（iv）上記の設定後に［**解決**］を選択，［**ソルバーの結果**］⇒［OK］と進めます．

③ソルバーの結果です．誤差平方和が［106.3768］から［58.40079］となっています．また，時定数は［65.3］という結果になっています．この時，定数65.3のときに，モデル曲線が観察データに最もフィットしている状態といえます．

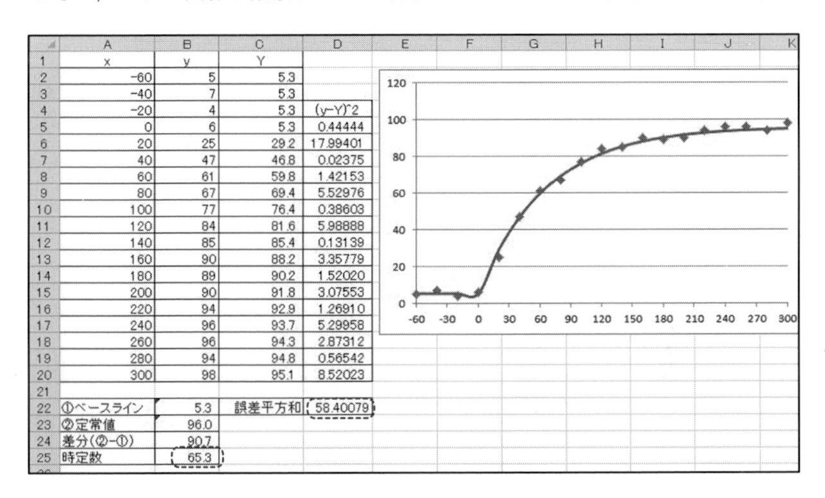

	A	B	C	D
1	x	y	Y	
2	-60	5	5.3	
3	-40	7	5.3	
4	-20	4	5.3	(y-Y)^2
5	0	6	5.3	0.44444
6	20	25	29.2	17.99401
7	40	47	46.8	0.02375
8	60	61	59.8	1.42153
9	80	67	69.4	5.52976
10	100	77	76.4	0.38603
11	120	84	81.6	5.98888
12	140	85	85.4	0.13139
13	160	90	88.2	3.35779
14	180	89	90.2	1.52020
15	200	90	91.8	3.07553
16	220	94	92.9	1.26910
17	240	96	93.7	5.29958
18	260	96	94.3	2.87312
19	280	94	94.8	0.56542
20	300	98	95.1	8.52023
21				
22	①ベースライン	5.3	誤差平方和	58.40079
23	②定常値	96.0		
24	差分(②-①)	90.7		
25	時定数	65.3		

※ソルバーの結果では，グラフは表記されませんのでグラフ化は各自で行います．
※研究では，「時定数65.3秒の応答である」と表現することで系の反応特性，または曲線の反応特性を端的に述べることができます．

時定数65.3秒の曲線は，時定数40と時定数80の曲線の間にあります．

観察データに直線や曲線をフィッティングする際には，誤差の平方和を最小とする定数を決めます．1次関数（単回帰式）の場合の定数とは「傾き」と「y切片」です．多項式の場合は各項の係数が誤差の平方和を最小とする定数になります．式(8.1)の場合は時定数が誤差平方和の最小値を決めます．このように誤差の平方和を最小にすることでモデル式を観察データにフィッティングする方法を，**最小二乗法**（least-squares method）といいます．

※［近似曲線のオプション］には，代表的な関数が用意されています．観察データの散布図を描き，どの関数がフィットするか試すと良いでしょう．

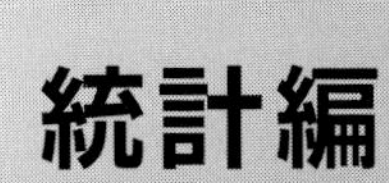
統計編

第9章　関連2群の差の検定

統計学の本質は，ある分布状態（あるいは分布形状）を示すデータの集まりの中から任意のデータ値が生起する確率（抽出される確率）を計算することにあります．そのため，ある分布形状を関数によって表記する必要があり，この関数のことを**確率密度関数**と呼びます．確率密度関数はデータの分布形状を示すので関数は無数に存在しますが，データ数が多くなると，理論上，正規分布の性質が現れてきます．データの検定では，この正規分布の性質を利用して，有意差の判定を行います．

ここでは，t検定を紹介します．t検定では，正規分布の代わりにt分布を使います．t分布は，正規分布とほぼ同様の分布ですが，正規分布に比べ山の高さが少し低く，裾が少し広くなります．t分布はデータの数（n）に依存します．データ数が多くなると，t分布は正規分布に収束していきます．したがって，t検定は正規分布を仮定しているので，データ数によって正規分布からのズレを補正し，確率計算を行っています．また，正規分布を仮定した検定を**パラメトリック法**と呼び，正規分布を仮定しない検定を**ノンパラメトリック法**（略してノンパラ）と呼びます．

検定はデータの形式によって使うべき検定が決まるので，データ形式の分類がポイントになります．この章では，**関連2群の差の検定**を学びます．「関連2群」は，「対応のある2群」とも呼ばれます．

※平均値と標準偏差のことを正規分布のパラメータ（parameter）といいます．
※パラメトリック法とノンパラメトリック法は，パラメトリック検定とノンパラメトリック検定と呼ぶこともあります．

9.1　関連2群のt検定（パラメトリック法）

次のデータは，高血圧患者8名の運動前後の血圧値を示しています．中程度の運動を30分間行った結果，血圧は次のようになりました．運動前と運動後の血圧値に統計的に有意な差があるといえるでしょうか？

ここで，「対応のある」について説明します．患者8名のデータは，運動前と運動後が対となる形で対応が付きます．このように2群のデータに対応が付く場合を「対応のある」，または，「関連2群」といいます．同様に，3群以上でも同じように「対応のある」場合があります．しかし，対応のあるt検定は2群を対象とします．3群以上は分散分析の分類になります．対応がない場合（独立）の2群の検定もt検定の分類になります．また，対応がない場合の3群以上は分散分析の分類になります．

※「群」とは，ある条件によって得られたデータの集合（グループ）です．

計算の結果と式を下記に示します．

	A	B	C	D	E	F
1		MBP (mmHg)			差	
2	Subject	Pre	Post		Pre-Post	
3	1	115	105		10	=B3-C3
4	2	110	102		8	=B4-C4
5	3	110	103		7	=B5-C5
6	4	118	109		9	=B6-C6
7	5	115	107		8	=B7-C7
8	6	108	103		5	=B8-C8
9	7	120	112		8	=B9-C9
10	8	108	103		5	=B10-C10
11						
12	平均値	113	106	データ数, n	8	=COUNT(E3:E10)
13	標準偏差	5	4	平均値, $\bar{d}$	7.5	=AVERAGE(E3:E10)
14	データ数	8	8	不偏分散, s^2	3.142857	=VAR(E3:E10)
15				標準偏差, s	1.772811	=STDEV(E3:E10)
16				標準誤差, $s/\sqrt{n}$	0.626783	=E15/SQRT(8)
17				T値	11.965861	=(E13-0)/E16
18				自由度	7	=E12-1
19				T値の両側確率, P	6.481E-06	=T.DIST.2T(E17,E18)
20				両側5%有意水準のT値	2.364624	=T.INV.2T(0.05,7)

図9.1

関連2群のt検定では，対応のあるデータ同士の差を求めます．差のデータ数は，被験者の数と同じ8個です．ここで，この8個のデータの集まりを1群と見なします（E3～E10セル）．このように2群の差から得られた1群のデータの集合は，正規分布する性質を持っています．正規分布するデータは，平均値と標準偏差によって定義できるので，1群となった「差のデータ」の平均値 $\bar{d}$ と標準偏差 s を求めます．このとき平均値 $\bar{d}$ と母平均0の差を標準誤差 $s/\sqrt{n}$ で割り規格化したもの（統計量）がt分布に従います．よって，自由度 $n-1$ のt分布に従う統計量 T は以下の式になります．

$$T = \frac{|\bar{d} - 0|}{s/\sqrt{n}}$$

統計量 T は絶対値を採用します．実際のデータを入力すると，

$$T = \frac{(7.5 - 0)}{1.7728/\sqrt{8}} = \frac{7.5}{0.62678} = 11.96586$$

この T 値 = 11.966 は，自由度 7（= 8 − 1）の t 分布における両側 5% 有意水準の t 値 = 2.365 より大きい（▶ 付録 2「t 検定表」参照）です．これは，標準正規分布 $N(0, 1)$ に置き換えてみると，平均値 0 ± 1.96 よりも外側（平均値を挟む 95% 範囲の外側，すなわち裾側）のところに位置します．また，そのときの正確な確率は $P = 6.481 \times 10^{-6} < 0.05$ となるので，「有意差がある」といえます．

統計学の教科書では，**帰無仮説**，**対立仮説**，**両側検定**，または**片側検定**の説明があります．2 群のデータ間で統計的に有意な差があるかどうかを調べる場合，まず初めに，帰無仮説（2 群の間には有意な差はない）を立てます．これは，有意な差があることを期待している時でも，そのように帰無仮説を立てます．この帰無仮説は，2 群の差の確率を計算し，最も起こりやすい場合をゼロ（差がない）として，その両側 95% の範囲内で起こりうる差のケースを指します．対立仮説は残りの 5%（両側 95% の外側，言い換えると二つの裾をそれぞれ 2.5%，両裾合わせて 5%）の確率で起きるケースを指します．当然ですが，差が大きいほど正規分布の外側に位置するケースなので起こりにくいものとして評価されます．

考え方によっては，帰無仮説の両側 95% の外側のケースは，この帰無仮説の範囲ではなく，別の正規分布に属する場合かも知れません．このように両裾側 5% の領域に位置する T 値を持ったケースは，棄却域にあるといい，有意差がないと仮定した帰無仮説を棄却し対立仮説を採用します．しかし，対立仮説は，有意差があると証明しているのではなく，有意差がないとする帰無仮説を採用しないとしている点に注意が必要です．ただし，研究の現場では，T 値がとる確率 P 値が 5% 以下の際には，「統計的に有意な差がある」という表現が認められています．

※t 検定は，各群のデータが正規分布することを仮定しています．また，対応のあるデータの差のデータも正規分布することを仮定しています．帰無仮説の「差がない」は，「差が 0」と言い換えられますが，この差が 0 の確率は正規分布の中心になります．正規分布の中心をはさんで両側 95% とは，標準正規分布では，0 ± 1.96（平均値±標準偏差）に相当します．また，対立仮説の残り 5%（中心をはさんで両側 95% の外側）とは，正規分布の両側にある裾の左右それぞれ 2.5% を合わせた 5% の意味です（▶ **図 9.2** 参照）．

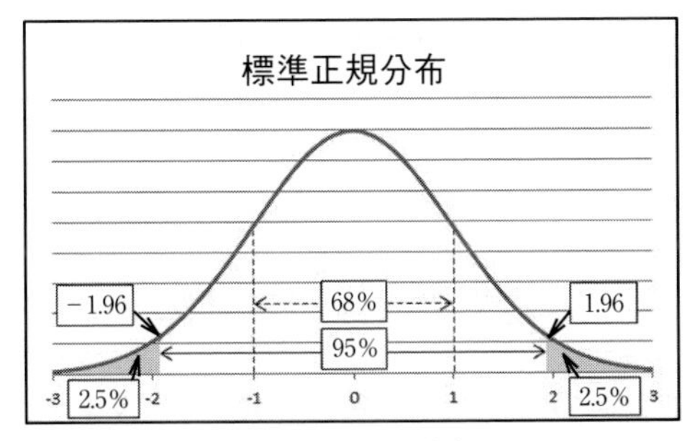

図 9.2　標準正規分布

差を両側で判定する理由は，あらかじめどちらの群の平均値が大きいかはわからないからです．両側検定は，差があるか否かを判定します．一方，片側検定は，どちらが有意に大きい（小さい）かを判定します．通常，「どちらの群が大きい（小さい）か」や「○○によって増加（減少）したか」などの検定の場合も，両側検定を行います．片側検定は，片側の場合だけが現象として存在するときに使います．

9.2　分析ツールを使った関連 2 群の t 検定

9.2.1　エクセルの分析ツールを使った関連 2 群の t 検定

① ［データ］⇒［データ分析］⇒［t 検定：一対の標本による平均の検定］を選択します．

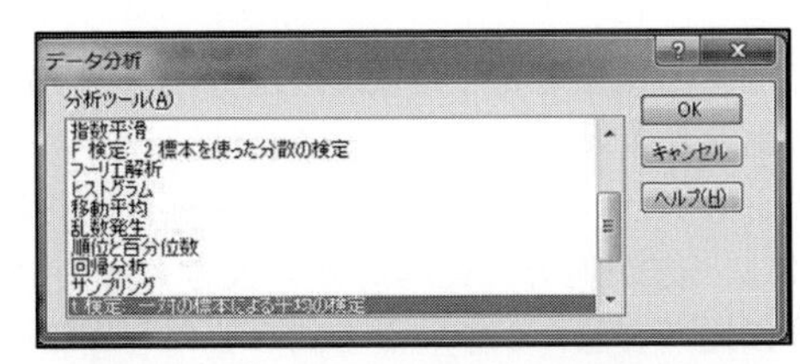

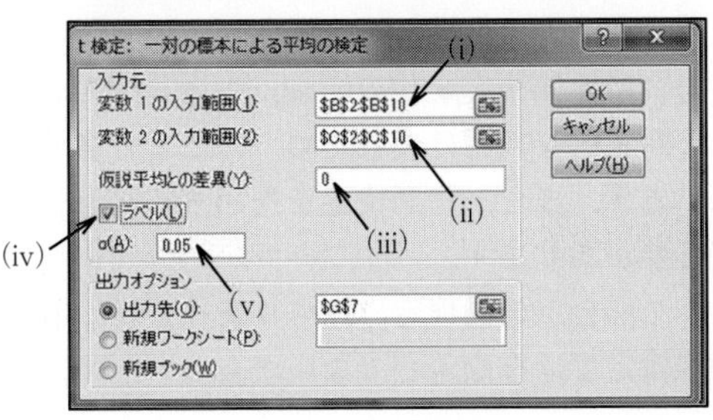

（i）変数 1 の入力範囲：「B2～B10 セル」．これは縦に Pre から 108 までです．

（ii）変数 2 の入力範囲：「C2～C10 セル」．これも縦に Post から 103 までです．各変数は 1 行まで選択可能です．

（iii）仮説平均との差異：「0」です．これは，帰無仮説の「差がない」に相当します．また，統計量 T の計算で登場する「0」（差の平均から「0」を引いている）が，ここでいう「0」です．一般には，統計量 T の計算で「0」は省略されています．

（iv）ラベルにチェックを付けます．理由は，変数名（ラベル）Pre，Post を選択しているからです．

（v）α(A)：「0.05」は，有意水準の 5% を意味します．一般に，生命科学の分野では，慣習として 5% が有意水準として採用されています．出力先は空きスペースを選択します．

②出力結果です．

			t-検定: 一対の標本による平均の検定ツール		
	8	=B7-C7			
	5	=B8-C8		Pre	Post
	8	=B9-C9	平均	113	105.5
	5	=B10-C10	分散	21.428571	12.57143
データ数, n	8	=COUNT(E3:E10)	観測数	8	8
平均値, $\bar{d}$	7.5	=AVERAGE(E3:E10)	ピアソン相関	0.9400193	
不偏分散, s^2	3.142857	=VAR(E3:E10)	仮説平均との差異	0	
標準偏差, s	1.772811	=STDEV(E3:E10)	自由度	7	
標準誤差, $s/\sqrt{n}$	0.626783	=E15/SQRT(8)	t	11.965861	
T値	11.965861	=(E13-0)/E16	P(T<=t) 片側	3.241E-06	
自由度	7	=E12-1	t 境界値 片側	1.8945786	
T値の両側確率, P	6.481E-06	=T.DIST.2T(E17,E18)	P(T<=t) 両側	6.481E-06	
両側5%有意水準のT値	2.364624	=T.INV.2T(0.05,7)	t 境界値 両側	2.3646243	

分析ツールでは，両側検定と片側検定の両方の結果が出力されます．両側検定では，差があるか否かを調べます．これは，一方が大きい場合もありますし，小さい場合もあり，どちらであっても有意差があるか否かを判断します．片側検定は，一方が他方に比べ有意に大きいかを調べます．当然ですが，一方が他方に比べ有意に小さいかを調べるのも片側検定です．両側と片側検定の使い分けは，一方が他方に比べ大きいこと（または小さいこと）が理論上明らかな場合に片側検定を使います．生命科学の分野では，片側検定を採用するような断定的な判断は慎むため，ほとんど多くの検定には両側検定が採用されています．また，片側検定を採用する場合には，その理由を合理的に説明する必要があります．

同一水準で比べた場合，両側検定に比べ片側検定は，有意差がより出やすくなります．両側検定では有意差がでないからといって，片側検定による有意差を採用する方法は許されません.

9.2.2 統計結果のまとめ方

以上で統計の結果が出ました. この結果を踏まえてどのようにまとめると良いでしょうか. 課題は,「高血圧患者 8 名の運動前後の血圧値を示しています. 中程度の運動を 30 分間行った結果, 血圧は以下のようになりました. 運動前と運動後の血圧値に統計的に有意な差があるといえるでしょうか?」です. 以下に例を示します.

(1) 高血圧患者 8 名が中程度の運動を 30 分間行った. その結果, 運動の前と運動の後の血圧値には統計的に有意 ($P < 0.05$) な差があった.

※正確にいうと統計の結果は,「有意な差があった」でした. (1) はそれを忠実に表現しています.

しかし, 実際の研究では, (2)のように表現することが許されています.

(2) 高血圧患者 8 名が中程度の運動を 30 分間行った. その結果, 運動前の血圧値に比べ運動後の血圧値は, 統計的に有意に減少した (113 ± 5 vs. 106 ± 4, 平均値±標準偏差, $P < 0.05$).

※「有意に減少した」のように, 増減の表現を用いることがあります. 正確には, 減少の有無を検定したのではなく, 差の有無を検定したことに注意が必要です. しかし, 研究報告や論文などでは, (2) のように具体的な数値 (平均値±標準偏差) を示しながら変化の様子 (この場合は減少した) を具体的に記述することが重要であると考えられています. 論文の読者に数値の増減や変化の様子を判断させることは, 情報を正確かつ迅速に伝える上で障害となるからです.

余談ですが, 邦文では平均値±標準偏差のように,「±」の前後は詰めて綴られますが, 英文では,「±」の前後には半角スペースが入ります. 同様に英文では「<」の前後にも半角スペースが入ります. 残念ながら, このような細かい点を学ぶ機会は多くありません. 一流ジャーナルの審査員 (referee または reviewer) は, このような細かい点を見て研究者の技量を確認しています. このような点を疎かにすると初めから論文を読んでもらえないこともあります.

9.3 ウィルコクスン符号付き順位検定（ノンパラメトリック法）

ウィルコクスン符号付き順位検定（Wilcoxon signed rank test）は，2 群でかつ群間で対応があるデータを持つ 2 群間のデータの差を検定します．これは，対応のある t 検定（パラメトリック法）のノンパラメトリック版になります．パラメトリック法は，データの要素が正規分布することを仮定していました．ノンパラメトリック法は，データの要素がどのような分布にあるかを問わず検定することができます．もちろん，ノンパラメトリック法は正規分布するデータも検定することができます．本来，正規分布するはずのデータに外れ値や何らかの誤差を含むデータが混在した場合，パラメトリック法では有意差が検出できない場合でも，ノンパラメトリック法により有意差を検出できる場合があります．外れ値や誤差を含むデータを主観的に，あるいは根拠を示すことなく排除することは許されません．そのような時がノンパラメトリック法を使う場面でもあります．

9.3.1 $n \leq 25$ の場合のウィルコクスン検定

ウィルコクスン検定は，ペアとなるデータ数が 25 以下と 26 以上で計算方法が異なります．まず初めに，ペア数 25 以下について示します．

次のデータを使ってウィルコクスン検定について練習してみましょう．

データは，関連 2 群の t 検定で使ったものをコピーして新しいシートに貼り付けます．ただし，ウィルコクスン検定のポイントを明示するため被験者 2 と 6 の数値は変更されています（▶ 下図参照）．E 列には差を求め，F 列には差の絶対値を表示させます．セル内の式は G 列に示しました．

	A	B	C	D	E	F	G
1		MBP (mmHg)			差		
2	Subject	Pre	Post		Pre-Post	差の絶対値	
3	1	115	105		10	10	=ABS(E3)
4	2	102	109		−7	7	=ABS(E4)
5	3	110	103		7	7	=ABS(E5)
6	4	118	109		9	9	=ABS(E6)
7	5	115	107		8	8	=ABS(E7)
8	6	103	109		−6	6	=ABS(E8)
9	7	120	112		8	8	=ABS(E9)
10	8	108	103		5	5	=ABS(E10)

I 列に Subject（被験者）の番号を貼り付けます（▶下図参照）.

J 列には F 列をコピーして貼り付けます．ただし，貼り付ける際は，［**形式を選択して貼り付け**］により，［**数値のみの貼り付け**］とします.

F	G	H	I	J
差の絶対値			No.	差の絶対値
10	=ABS(E3)		1	10
7	=ABS(E4)		2	7
7	=ABS(E5)		3	7
9	=ABS(E6)		4	9
8	=ABS(E7)		5	8
6	=ABS(E8)		6	6
8	=ABS(E9)		7	8
5	=ABS(E10)		8	5

※［形式を選択して貼り付け］による数値のみの貼り付けをせずに，通常の貼り付けを行うと，数式もコピーされます．データをコピーして貼り付ける際には，「単純な貼り付け」と「形式を選択して数値のみの貼り付け」とを明確な意識を持って行う必要があります．これを怠ると仕事では取り返しのつかないミスを犯すことになります.

① F2〜F10 セルを選択 ⇒「Ctrl」＋「C」キー（コピー）⇒ J2 セルを選択 ⇒「Alt」キーを押しながら順に「E」,「S」,「V」キーを打つ．この操作は「数値のみの貼り付け」となり，式を含みません．数値を J 列に貼り付けると，小数点以下の数値が表示されるので,「Ctr」＋「Shift」＋「F」キーを入力 ⇒［セルの書式設定］⇒［表示形式］⇒［数値：小数点以下の桁数］:「0」と入力します.

② I2〜J10 セルを選択（ラベルとデータを選択）．メニュー［ホーム］⇒［並べ替えとフィルター］⇒［ユーザー設定の並べ替え］を選択します.

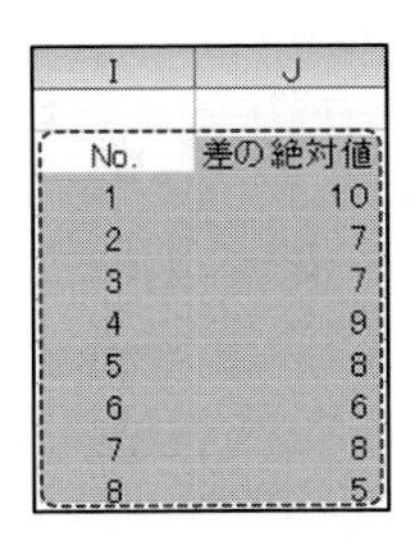

I	J
No.	差の絶対値
1	10
2	7
3	7
4	9
5	8
6	6
7	8
8	5

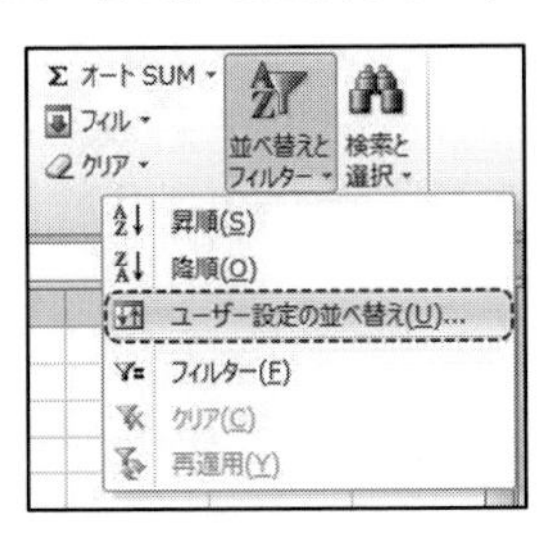

③優先されるキーは，［差の絶対値］を選択します．次に，［値］，［昇順］を選択します．

④以下のように並べ替えの結果が得られます．

E	F	G	H	I	J	K	L	M
差								
Pre-Post	差の絶対値			No.	差の絶対値	順位	負	正
10	10	=ABS(E3)		8	5	1.0		+
−7	7	=ABS(E4)		6	6	2.0	−	
7	7	=ABS(E5)		2	7	3.5	−	
9	9	=ABS(E6)		3	7	3.5		+
8	8	=ABS(E7)		5	8	5.5		+
−6	6	=ABS(E8)		7	8	5.5		+
8	8	=ABS(E9)		4	9	7.0		+
5	5	=ABS(E10)		1	10	8.0		+
							5.5	30.5

J列には「差」が小さい方から順に並べられています．K列には小さい方から順位を割り振ります．同順位があるときには平均の順位を付け，同順位がない箇所は整数順位を入れます．L列とM列には，本来の差で示される符号（−または+）を入力します．マイナス（−）符号は，E列にある負の数値とそのときの被験者番号（A列）を確認します．並べ替え後のI列は，被験者番号の並びが変わっているので注意が必要です．次に，負の順位の合計と正の順位の合計を求めます（L11セルとM11セル）．このとき，符号別順位和が小さい「5.5（= 2.0 + 3.5）」がウィルコクスン検定の統計量 T になります．

※L11セル内の式は，［=SUM(K4:K5)］または［=2.0 + 3.5］となります．L11セル内の式［=SUM(K4:K5)］のK4〜K5セルの選択は，マウスのドラッグで行います．連続するセルを選択する以外に，離れたセルを選択する際は，セルの途切れるところで，カンマ「,」を入力します．例，［=SUM(K4:K5, A10:A15)］となります．エクセル関数のカッコ内では，スペースを使いません．このデータ範囲の指定では，何度でもカンマを使うことができます．

付録3「ウィルコクスンT検定表」では，ペアデータ数 $n = 8$ の有意点 T は3の時に $P < 0.05$ となり，$T = 5.5$ はそれより大きいため $P > 0.05$ となり，2群間の差は統計的に有意とはいえません．

もし関連2群のt検定を行ったデータ（▶図9.1参照）を，そのまま使いウィルコクスン検定を行った場合は，符号別順位和 T の合計の少ない方はゼロとなるので，ウィルコクスン検定表の $T < 3$ より，2群間の差は統計的に有意となります．

※差がゼロとなるペアは計算から除外します．その場合は，ペア数 n も減じます．

9.3.2 ペア数 $n > 25$ の場合のウィルコクスン検定

ペアのデータ数（以下，データ数 n）が26以上の場合は，表ではなく数値計算より判定できます．統計量 T の計算方法は，データ数が25以下のときと同様です（▶9.3.1項「$n \leq 25$ の場合のウィルコクスン検定」参照）．一般に，データ数が多くなると，統計量 T の標本分布（同じ条件のデータ群を多数集め，それらの T についてヒストグラムを作成した分布）は，正規分布に収束していきます．このとき，正規分布に従う T の母平均値（μ），母標準偏差（σ）は，以下のように表されます．

$$\mu = \frac{n(n+1)}{4}$$

$$\sigma = \sqrt{\frac{n(n+1)(2n+1)}{24}}$$

このとき，得られた統計量 T は平均値と標準偏差により標準化され，

$$z = \frac{|T - \mu|}{\sigma}$$

となります．この z 値は標準正規分布に従うので，標準正規分布表から確率 P が求まり，標準正規分布の両側5%棄却限界値は $|z| = 1.96$ のため，$|z| > 1.96$ の際は2群の差は統計的に有意といえます．エクセルでは，「=2*NORMDIST(T, μ, σ, TRUE)」と入力すると，確率 P が求まります．この確率が $P < 0.05$ のとき，有意な差があるといえます．このように，$|z| > 1.96$ と $P < 0.05$ の判定は，「有意差あり」とする同じ意味を持ちます．逆に $|z| < 1.96$ と $P > 0.05$ は，どちらも「有意差なし」を意味します．

9.4　関連 2 群データのグラフ

2 群の対応するデータをグラフ化してみましょう．

①ラベルとデータを選択します（B2〜C10 セル）．ラベルの選択は 1 行までです（▶下図参照）．メニュー［挿入］⇒［折れ線］⇒［マーカー付き折れ線］を選択します．

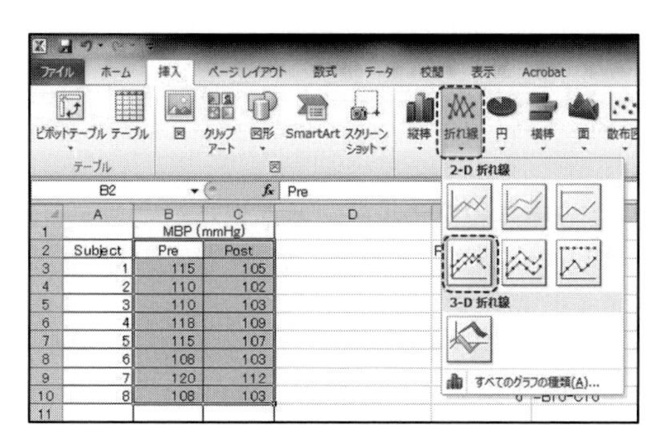

②形式を変更するため，データポイント（任意）上で右クリック ⇒［データの選択］を選択します．

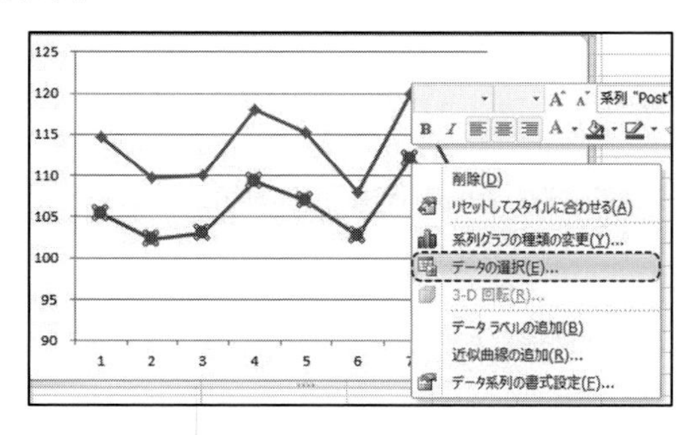

③［行/列の切り替え］⇒［OK］を選択します.

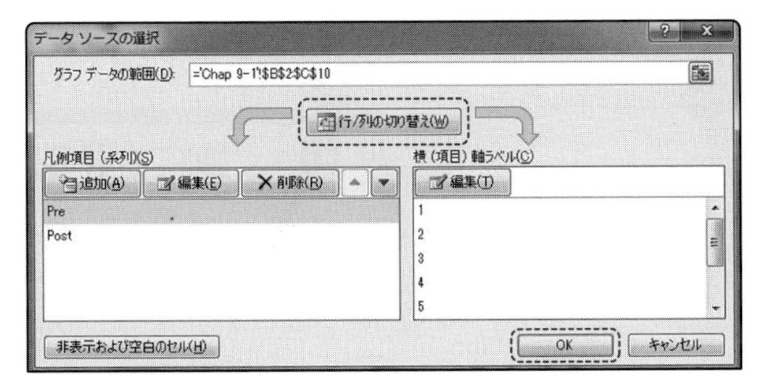

④［デザイン］⇒［レイアウト 1］を選択. 系列は右クリック ⇒［削除］. 最後にラベルを書き替えて完成（▶図 9.3(a) 参照）です. 図 9.3(b) は, 系列名を残したものです. 系列名の変更は,［データの選択後］⇒［編集］⇒［系列名］で変更します.

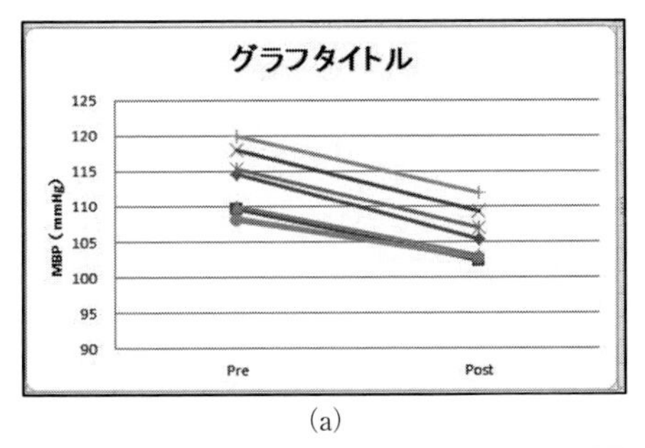

(a)

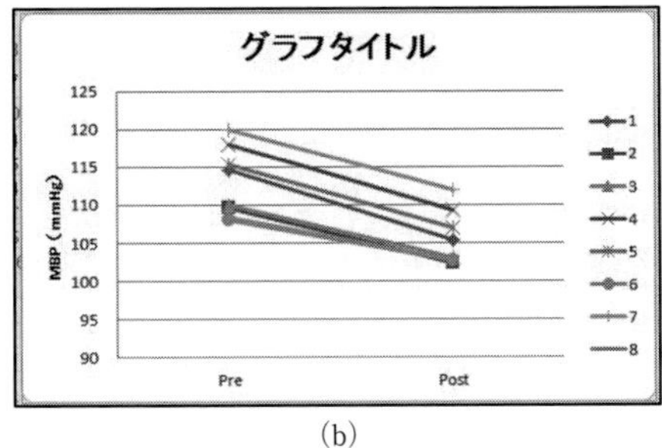

(b)

図 9.3

第10章　独立2群の差の検定

独立2群の差の検定は，2群の個々のデータ間で対応がないものを扱います．たとえデータ数が同じでも対応がない場合は，独立2群の差の検定となります．「対応のある・なし」とは，単にデータ数の関係を意味するものではありません．

独立2群の差の検定（対応のないt検定）では，t検定の前に比較する2群の母分散に差があるかないかを調べます．テキストによっては，2群の分散が等しいか・等しくないかを調べると書いてあります．厳密には，等しいか等しくないかを調べるわけではなく，統計的に差があるかないかを調べます．この分散に差があるか，差がないかを調べるのが**等分散の検定**（**F検定**）です．ただし，等分散の検定で結果に「有意な差がない」ときには，便宜上「分散が等しい」あるいは「等分散である」といいます．

10.1　等分散の検定（F検定）

F検定はパラメトリック法です．すなわち正規分布を仮定しています．正規分布では，標準偏差 s は頂点（平均値）と山裾を結ぶ傾斜の変曲点に相当します．

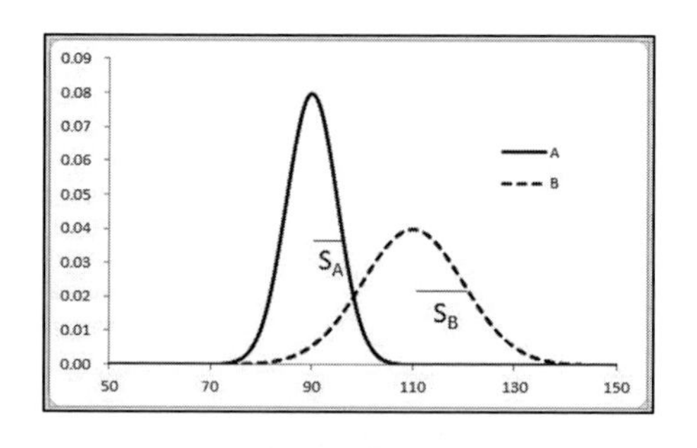

上図のように標準偏差は正規分布の幅を規定しています．また標準偏差の2乗は不偏分散 s^2（単に，分散と呼びます）です．等分散の検定（F検定）

は，2 群の分散比が F 分布に従うことに基づきます．等分散の検定における統計量 F は，

$$F = \frac{s_{\mathrm{B}}^2}{s_{\mathrm{A}}^2}$$

となります．

ここで大切な点は，分子には必ず大きい方の分散がくることです．当然ですが，分母には小さい方の分散がくるので $F \geq 1$ となります．得られた F 値は，B 群の自由度（$n_{\mathrm{B}} - 1$），A 群の自由度（$n_{\mathrm{A}} - 1$），有意水準 5% における F 分布表（▶付録 4「F 検定表」参照）から判定を行います．F 分布表を読む際に気を付けなければならない点は，F 検定で用いた分子の分散の自由度，分母の分散の自由度の順になることです．

10.1.1　手計算による等分散の検定

以下のデータについて，等分散の検定を見ていきましょう．データは，A グループの被験者 9 名，B グループの被験者 8 名の平均血圧値です．独立 2 群の場合，被験者の番号が同じ場合でも，両者は同一人物ではありません．

	A	B	C	D	E	F	G
1	MBP (mmHg)						
2	No	Aグループ		No	Bグループ		
3	1	93		1	115		
4	2	90		2	111		
5	3	91		3	110		
6	4	88		4	118		
7	5	86		5	115		
8	6	85		6	117		
9	7	87		7	112		
10	8	83		8	120		
11	9	89					
12							
13	平均	88			115	=AVERAGE(E3:E10)	
14	標準偏差 s	3			4	=STDEV(E3:E10)	
15	不偏分散 s²	9.750			12.500	=VAR(E3:E10)	
16	データ数n	9			8	=COUNT(E3:E10)	
17	自由度n-1	8			7	=E16-1	
18							
19	F 値	1.28205	=E15/B15				
20	F検定のP値	0.36491	=F.DIST.RT(1.282,7,8)または=F.DIST.RT(B19,7,8)				
21	F 境界値 片側	3.50046	=F.INV.RT(0.05,7,8)				

等分散の検定（F 検定）では，F 値を求める際に分子と分母の分散を区別するので，まず初めに平均値，標準偏差，分散（不偏分散）を求める必要があります．それぞれのエクセル関数は，F 列に示してあります．

ここでは，B グループの分散が大きいので F 検定では分子になります．このとき，F 値は 1.282（= 12.500/9.750，B19 セル）となります．この F

値となる右側（片側）確率 P は 0.3649（B21 セル）となり，P 値（= 0.3649）は，$P > 0.05$ であるため，「有意差がない」すなわち両者の分散に有意な差がないので，「等分散」と判定します．

下図は，自由度 7 と 8 の F 分布を示しています．F 値 1.282 は有意水準の目安（棄却限界）である F 値 3.500 より左側にあります（▶付録 4「F 検定表」参照）．F 値 1.282 から右側無限大までの積分値は 0.36491 となるので，$P > 0.05$ のため帰無仮説の「差がない」を棄却できず，差があるとはいえません．これを受けて 2 群は等分散の関係にあるものと考えます．

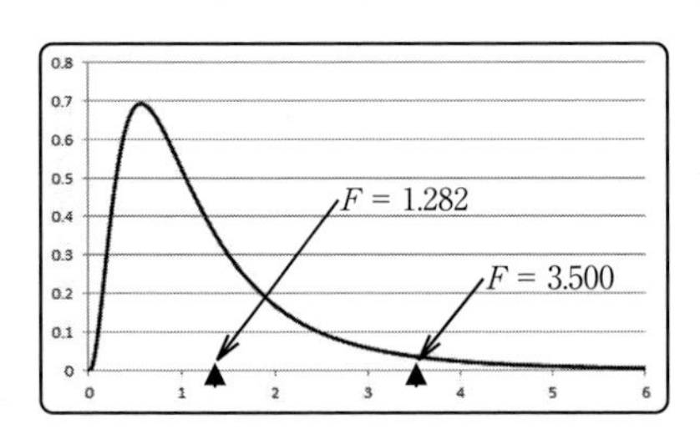

10.1.2　分析ツールを使った等分散の検定

エクセルの分析ツールを使って等分散の検定を行います．

①メニュー［データ］⇒［データ分析］⇒［F 検定：2 標本を使った分散の検定］⇒ 以下のようにデータを選択します．ここで注意する点は，変数 1 の入力範囲は，あらかじめ調べてある分散の大きい B グループのデータが入ります．変数 2 の入力範囲には分散の小さい方，A グループのデータが入ります．変数名としてラベルの「A グループ」と「B グループ」を選択したので，ラベル欄はチェックします．有意水準（α（A））は［0.05］です（0.05 は 5% の意）．

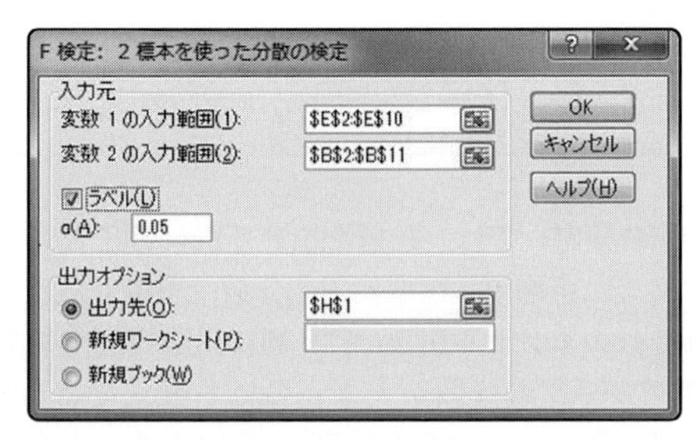

②出力結果です.

	A	B	C	D	E	F	G	H	I	J
1	MBP (mmHg)									
2	No	Aグループ		No	Bグループ					
3	1	93		1	115					
4	2	90		2	111					
5	3	91		3	110					
6	4	88		4	118					
7	5	86		5	115					
8	6	85		6	117					
9	7	87		7	112					
10	8	83		8	120					
11	9	89								
12								F-検定: 2 標本を使った分散の検定		
13	平均	88			115	=AVERAGE(E3:E10)				
14	標準偏差 s	3			4	=STDEV(E3:E10)			Bグループ	Aグループ
15	不偏分散 s²	9.750			12.500	=VAR(E3:E10)		平均	114.75	88.00
16	データ数n	9			8	=COUNT(E3:E10)		分散	12.50	9.75
17	自由度n-1	8			7	=E16-1		観測数	8	9
18								自由度	7	8
19	F 値	1.28205	=E15/B15					観測された分散比	1.28205	
20	F検定のP値	0.36491	=F.DIST.RT(1.282,7,8)または=F.DIST.RT(B19,7,8)					P(F<=f) 片側	0.36491	
21	F 境界値 片側	3.50046	=F.INV.RT(0.05,7,8)					F 境界値 片側	3.50046	

分析ツールの結果では，分散比，P 片側，F 境界値片側が表示されます．B19～B21 セルの値と同じであることが確認できます．

表 10.1　対応する項目と数値

分析ツール	観測された分散比	P(F＜＝f) 片側	F 境界値片側
手計算	*F* 値	F 検定の *P* 値	F 境界値片側
同じ結果	1.282	0.36491	3.50046

念のため，F 検定の際，変数 1 と変数 2 に入力するデータの順番を変えた結果を確認しましょう．間違って変数 1 に分散の小さい方のデータを入れた場合は，次のようになります．

F-検定: 2 標本を使った分散の検定		
	Aグループ	Bグループ
平均	88.00	114.75
分散	9.75	12.50
観測数	9	8
自由度	8	7
観測された分散比	0.78000	
P(F<=f) 片側	0.36491	
F 境界値 片側	0.28568	

片側検定の *P* 値 0.36491 は同じですが，分散比と F 境界値片側の数値が違います．変数に入力する順番が違っても，*P* 値だけを使うのであれば，

等分散の検定（F 検定）結果を採用することができます．

※F 検定では，2 群の分散の比を求めます．このとき，大きい分散を小さい分散で除すと述べました．分散は標準偏差の 2 乗なので F 値は正の値になります．大きい方の分散（分子の分散）がどんどん小さくなり，分母の分散と同じ大きさとなった時に F 値は 1 になります．大きい分散を分子にする条件では，F 値は必ず 1 以上になります．したがって，F 検定では，1 以上の片側にある F 値の確率を調べます．F 検定では，棄却限界の範囲を片側（右側）だけで有意確率 5% を採用しています．分散の比を計算する際に，小さい方の分散を分子に，大きい方の分散を分母において計算したものは，本来の F 値の逆数になります．この逆数値は F 分布の左側に現れます．

10.2 等分散を仮定した独立 2 群の t 検定（パラメトリック法）

データ数 n_A の A 群とデータ数 n_B の B 群について，等分散（分散に有意な差がない）と判定された 2 群の差 $|\bar{x}_\mathrm{A} - \bar{x}_\mathrm{B}|$ は，自由度 $(n_\mathrm{A} + n_\mathrm{B} - 2)$ の t 分布に従います．この時の統計量 T は

$$T = |\bar{x}_\mathrm{A} - \bar{x}_\mathrm{B}| \Big/ \sqrt{\left(\frac{1}{n_\mathrm{A}} + \frac{1}{n_\mathrm{B}}\right)\left(\frac{s_\mathrm{A}^2(n_\mathrm{A} - 1) + s_\mathrm{B}^2(n_\mathrm{B} - 1)}{n_\mathrm{A} + n_\mathrm{B} - 2}\right)}$$

となります．

次は，この式を用いて 2 群の差の検定を行ってみましょう．データは，先ほど等分散を調べたものを使います．また，エクセルの分析ツールの結果も同時に表示します．

①エクセルの分析ツールは，メニュー［データ］⇒［データ分析］⇒［t 検定：等分散を仮定した 2 標本による検定］を選択します．

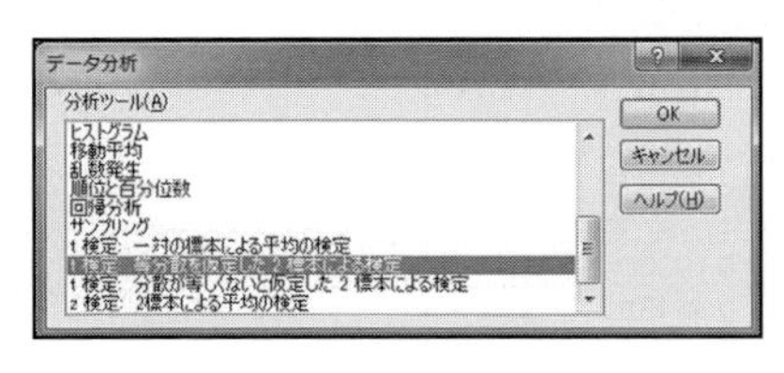

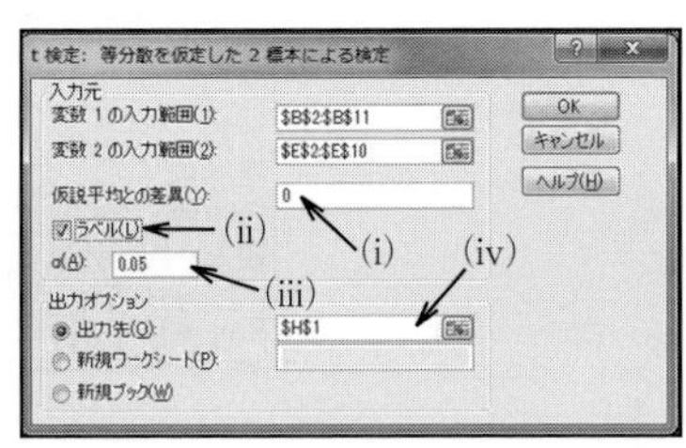

（i）仮説平均との差異：「0」
（ii）ラベルを選択の場合はチェック
（iii）有意水準 α(A)：「0.05」
（iv）出力先には，H1 セルを選択します．

②結果は下図のようになります．

	A	B	C	D	E	F	G	H	I	J
1	MBP (mmHg)							t-検定: 等分散を仮定した2標本による検定		
2	No	Aグループ		No	Bグループ					
3	1	93		1	115				Aグループ	Bグループ
4	2	90		2	111			平均	88	114.75
5	3	91		3	110			分散	9.75	12.5
6	4	88		4	118			観測数	9	8
7	5	86		5	115			プールされた分散	11.03333	
8	6	85		6	117			仮説平均との差異	0	
9	7	87		7	112			自由度	15	
10	8	83		8	120			t	-16.5734	
11	9	89						P(T<=t) 片側	2.36E-11	
12								t 境界値 片側	1.75305	
13	平均	88.0			114.8	=AVERAGE(E3:E10)		P(T<=t) 両側	4.71E-11	P < 0.05
14	標準偏差 s	3.1			3.5	=STDEV(E3:E10)		t 境界値 両側	2.13145	
15	不偏分散 s^2	9.750			12.500	=VAR(E3:E10)				
16	データ数n	9			8	=COUNT(E3:E10)				
17	自由度n-1	8			7	=E16-1				
18										
19	統計量T	16.5734	=ABS(B13-E13)/SQRT((1/B16+1/E16)*((B15*B17+E15*E17)/(B16+E16-2)))							
20	自由度	15	=B16+E16-2							
21	両側確率P	4.71E-11	=T.DIST.2T(B19,15)			P < 0.05				
22	棄却限界値	2.13145	=T.INV.2T(0.05,15)							
23										
24	2007年以前のバージョン									
25	両側確率P	4.71E-11	=TDIST(B19,15,2)							
26	棄却限界値	2.13145	=TINV(0.05,15)							

数式に代入して求めた統計量 T は 16.5734 です．エクセルの t 値は -16.5734 ですが，両側検定では絶対値として意味は同じです．また，両側確率 P 値（$= 4.71 \times 10^{-11}$）は明らかに $P < 0.05$ であり，2 群の平均値の差は統計的に有意であるいえます．

検定結果のまとめを例に示すと次のようになります．

グループ A（9 名）の MBP 88.0 ± 3.1（平均値±標準偏差）とグループ B（8 名）の MBP 114.8 ± 3.5 との差は，統計的に有意（$P < 0.05$）であった．

あるいは，

グループ A（9 名）の MBP 88.0 ± 3.1（平均値±標準偏差）は，グループ B（8 名）の MBP 114.8 ± 3.5 に比べ統計的に有意（$P < 0.05$）に低値であった．

10.3　等分散を仮定しない独立 2 群の t 検定（パラメトリック法）

10.3.1　等分散の検定

等分散を仮定しない場合の独立 2 群の t 検定を学びますが，その前に 2 群のデータが等分散ではないことを F 検定で確認します．

次のデータについて等分散の検定（F 検定）を行い，2 群の分散が統計的な意味で差があること（等しくないこと）を確認します．

※ A グループのデータは，10.2 節「等分散を仮定した独立 2 群の t 検定（パラメトリック法）」と同じですが，B グループのデータは違います．

	A	B	C	D	E	F	G
1	MBP (mmHg)						
2	No	Aグループ		No	Bグループ		
3	1	93		1	123		
4	2	90		2	111		
5	3	91		3	98		
6	4	88		4	108		
7	5	86		5	115		
8	6	85		6	105		
9	7	87		7	100		
10	8	83		8	120		
11	9	89					
12							
13	平均	88			110	=AVERAGE(E3:E10)	
14	標準偏差 s	3			9	=STDEV(E3:E10)	
15	不偏分散 s^2	9.750			81.143	=VAR(E3:E10)	
16	データ数n	9			8	=COUNT(E3:E10)	
17	自由度n-1	8			7	=E16-1	
18							
19	F 値	8.32234	=E15/B15				
20	F検定のP値	0.00387	=F.DIST.RT(8.322,7,8)または=F.DIST.RT(B19,7,8)				
21	F 境界値 片側	3.50046	=F.INV.RT(0.05,7,8)				
22		P < 0.05					

統計量 F の計算（B19 セル）では，分子には分散の大きい値，分母には分散の小さい値が入ります．したがって，F 値が 1 未満の時には，分子と分母の分散値を入れ替えなければなりません．

自由度 7 と 8 のときの F 分布における片側棄却限界値は 3.500 なので（▶ 付録 4「F 検定表」参照），統計量 F の 8.322 はそれより大きい値を示しています．よって，F 検定の P 値は 0.00387 となり，有意水準 $P < 0.05$ で統計的に有意となります．すなわち，両群の分散には統計的に有意な差があるので，等分散ではないことになり，この結果を受けて次のステップ（2 群の差の検定）では，等分散を仮定しない t 検定を行います．

①エクセルの分析ツールを用いたF検定の結果も示します．メニュー［データ］⇒［データ分析］⇒［分析ツール］⇒［F検定：2標本を使った分散の検定］を選択します．

②入力変数の範囲指定には注意が必要です．分散の大きいグループのデータが変数1の範囲指定を受けます．ここでは，Bグループの分散がAグループの分散より大きいので，変数1の入力範囲にはBグループのデータが入ります．

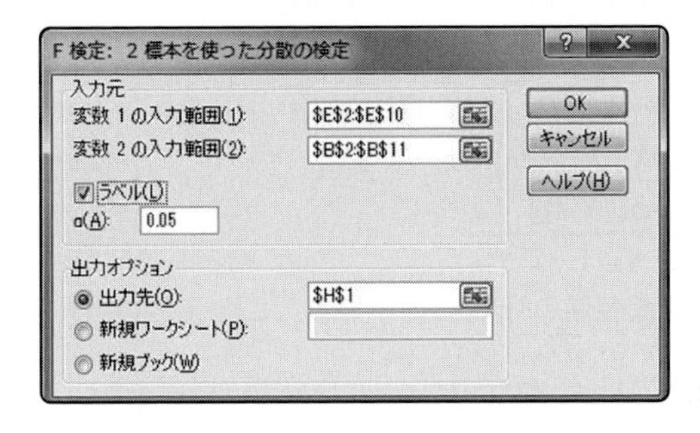

③数値計算と分析ツールの結果が同じであることを確認して下さい．

	A	B	C	D	E	F	G	H	I	J
1	MBP (mmHg)									
2	No	Aグループ		No	Bグループ					
3	1	93		1	123					
4	2	90		2	111					
5	3	91		3	98					
6	4	88		4	108					
7	5	86		5	115					
8	6	85		6	105					
9	7	87		7	100					
10	8	83		8	120					
11	9	89								
12								F-検定: 2 標本を使った分散の検定		
13	平均	88			110	=AVERAGE(E3:E10)				
14	標準偏差 s	3			9	=STDEV(E3:E10)			Bグループ	Aグループ
15	不偏分散 s^2	9.750			81.143	=VAR(E3:E10)		平均	110.00	88.00
16	データ数n	9			8	=COUNT(E3:E10)		分散	81.143	9.750
17	自由度n-1	8			7	=E16-1		観測数	8	9
18								自由度	7	8
19	F 値	8.32234	=E15/B15					観測された分散比	8.32234	
20	F検定のP値	0.00387	=F.DIST.RT(8.322,7,8)または=F.DIST.RT(B19,7,8)					P(F<=f) 片側	0.00387	P < 0.05
21	F 境界値 片側	3.50046	=F.INV.RT(0.05,7,8)					F 境界値 片側	3.50046	
22		P < 0.05								

参考までに統計量 F 値とF分布（自由度7と8）の様子を示します．

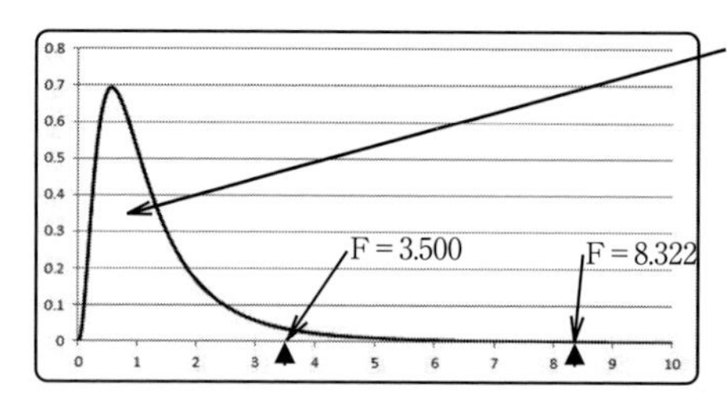

範囲 0〜3.5 について，F 分布曲線の積分値は，95％になります．それより右側の領域は 5％になります．$F = 8.322$ の右側確率は 0.00387（0.387％）です．

2群のデータが等分散ではないことを確認しましたので，次に等分散を仮定しない t 検定を行います．

10.3.2　等分散を仮定しない独立2群の t 検定

データ数 n_A の A 群とデータ数 n_B の B 群について，等分散ではないと判定された2群の差 $|\bar{x}_A - \bar{x}_B|$ は，自由度 df（degrees of freedom）の t 分布に従い統計量 T は以下のようになります．

$$T = \frac{|\bar{x}_A - \bar{x}_B|}{\sqrt{s_A^2/n_A + s_B^2/n_B}}$$

ここで，s_A^2 と s_B^2 は各群の分散になります．このときの自由度 df は

$$df = \frac{\left(\dfrac{s_A^2}{n_A} + \dfrac{s_B^2}{n_B}\right)^2}{\left(\dfrac{(s_A^2/n_A)^2}{n_A - 1} + \dfrac{(s_B^2/n_B)^2}{n_B - 1}\right)}$$

となり，自由度が非整数のときは，小数第1位を四捨五入した整数値を採用します．等分散を仮定しないこの t 検定を**ウェルチの t 検定**（Welch's t test）といいます．

実際の数値計算は以下のようになります．

	A	B	C	D	E	F	G	H	I
1	MBP (mmHg)								
2	No	Aグループ		No	Bグループ				
3	1	93		1	123				
4	2	90		2	111				
5	3	91		3	98				
6	4	88		4	108				
7	5	86		5	115				
8	6	85		6	105				
9	7	87		7	100				
10	8	83		8	120				
11	9	89							
12									
13	平均	88			110	=AVERAGE(E3:E10)			
14	標準偏差 s	3			9	=STDEV(E3:E10)			
15	不偏分散 s^2	9.750			81.143	=VAR(E3:E10)			
16	データ数n	9			8	=COUNT(E3:E10)			
17	自由度n-1	8			7	=E16-1			
18									
19	F 値	8.32234	=E15/B15						
20	F検定のP値	0.00387	=F.DIST.RT(8.322,7,8)または=F.DIST.RT(B19,7,8)						
21	F 境界値 片側	3.50046	=F.INV.RT(0.05,7,8)						
22									
23	統計量T	6.56608	=ABS(B13-E13)/SQRT(B15/B16+E15/E16)						
24	自由度	8.490	=(B15/B16+E15/E16)^2/((B15/B16)^2/B17+(E15/E16)^2/E17)						
25	自由度の整数化	8	=ROUND(B24,0.5)						
26	両側確率P	0.00018	=T.DIST.2T(B23,B25)			P < 0.05			
27	棄却限界値	2.30600	=T.INV.2T(0.05,B25)						

統計量 T（= 6.566）は，両側棄却限界値の 2.306 を超えています．両側確率 P（= 0.00018）$<$ 0.05 となり，2 群の平均値の差は統計的に有意といえます．

同じ計算をエクセルの分析ツールでも確認してみましょう．

①メニュー［データ］⇒［データ分析］⇒［分析ツール］⇒［t 検定：分散が等しくないと仮定した 2 標本による検定］を選択します．

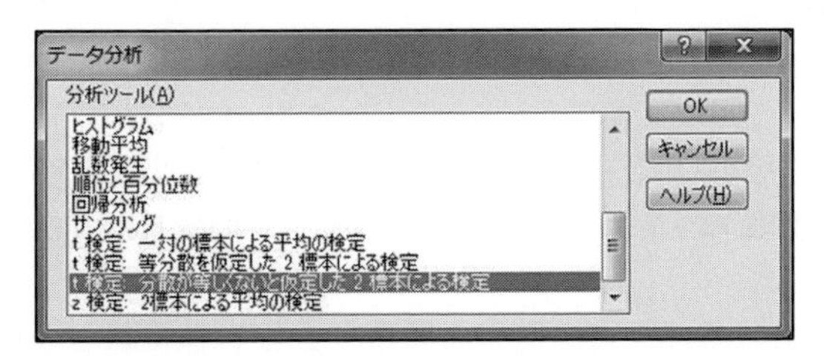

※変数の入力範囲の順番は，F 検定の時のように分散の大小を気にする必要はありません．

② 2 標本の平均値の差（H）:「0」と入力します．これは，帰無仮説（H）である「2 群の母平均は等しい」に基づいています．

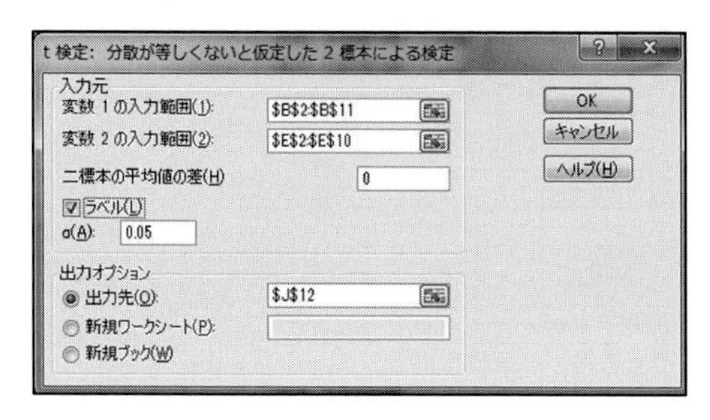

③結果は下図のようになります．

	A	B	C	D	E	F	G	H	I	J	K	L	M
1		MBP (mmHg)											
2	No	Aグループ		No	Bグループ								
3	1	93		1	123								
4	2	90		2	111								
5	3	91		3	98								
6	4	88		4	108								
7	5	86		5	115								
8	6	85		6	105								
9	7	87		7	100								
10	8	83		8	120								
11	9	89											
12													
13	平均	88			110	=AVERAGE(E3:E10)							
14	標準偏差 s	3			9	=STDEV(E3:E10)							
15	不偏分散 s^2	9.750			81.143	=VAR(E3:E10)				t-検定: 分散が等しくないと仮定した2標本による検定			
16	データ数n	9			8	=COUNT(E3:E10)							
17	自由度n-1	8			7	=E16-1					Aグループ	Bグループ	
18										平均	88	110	
19	F 値	8.32234	=E15/B15							分散	9.750	81.143	
20	F検定のP値	0.00387	=F.DIST.RT(8.322,7,8)または=F.DIST.RT(B19,7,8)							観測数	9	8	
21	F 境界値 片側	3.50046	=F.INV.RT(0.05,7,8)							仮説平均との差異	0		
22										自由度	8		
23	統計量T	6.56608	=ABS(B13-E13)/SQRT(B15/B16+E15/E16)							t	-6.56608		
24	自由度	8.490	=(B15/B16+E15/E16)^2/((B15/B16)^2/B17+(E15/E16)^2/E17)							P(T<=t) 片側	8.77E-05		
25	自由度の整数化	8	=ROUND(B24,0.5)							t 境界値 片側	1.85955		
26	両側確率P	0.00018	=T.DIST.2T(B23,B25)			P < 0.05				P(T<=t) 両側	0.00018	P < 0.05	
27	棄却限界値	2.30600	=T.INV.2T(0.05,B25)							t 境界値 両側	2.30600		

統計量 T（手計算）と t 値（分析ツール）が，絶対値 6.56608 で同じです．また，両側確率 P（手計算）と［P(T＜＝t) 両側］が 0.00018 で同じです．

以上より，統計量 T，自由度，両側確率 P が数値計算と分析ツールとで同じであることが確認できます．

※差を調べる検定なので，両側検定の結果を採用します．

自由度8のt分布がどのようになっているか下図で確認しましょう．

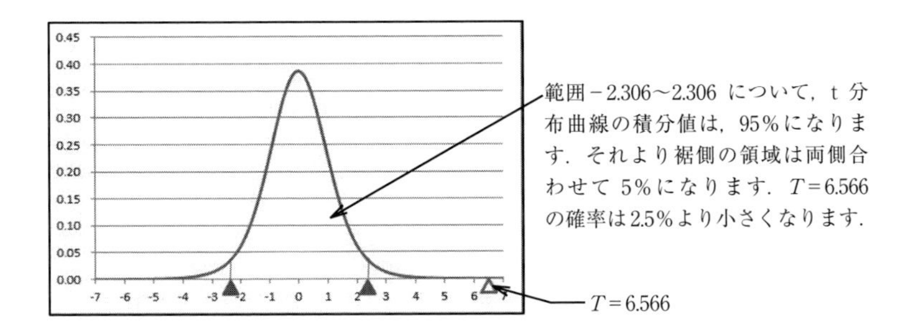

範囲－2.306～2.306 について，t 分布曲線の積分値は，95％になります．それより裾側の領域は両側合わせて 5％になります．T＝6.566 の確率は2.5％より小さくなります．
T＝6.566

10.4　マン・ホイットニーのU検定（ノンパラメトリック法）

マン・ホイットニーのU検定（Mann–Whitney U test）は，アンケートのスコアなどのように順序尺度のデータについての対応のない2標本の差の検定です．正規分布や対数変換後の正規分布などのようにデータの分布状態は問わず利用することができます．間隔尺度や比例尺度のパラメトリックデータは，順序尺度に変換することでマン・ホイットニーのU検定（ノンパラメトリック法）を行うことができます．

本来は正規分布が仮定できるはずのデータに，偏りや外れ値が認められた際に，このノンパラメトリック法を用いることもあります．ただし一つ説明を付け加えると，データの分布には依存しませんが，データの数が多くなるとデータの大小の順位に正規性が現れてきます．そのため2群のデータ数のうち，一方が21以上の場合には正規分布の性質を利用して検定を行います．2群のデータ数が共に20以下の場合は，検定表（U値の有意点▸付録5「U検定表」参照）に基づきます．

このノンパラ検定の原理は，「データの大きさの順に順位を付け，その順位の合計点の差の程度によって有意であるか否かを判定する」ものです．

まず初めに，2群のデータ数が共に20以下の検定から説明します．次に，2群のデータ数のうち，一方が21以上の検定について説明します．

10.4.1　データ数 n_A，n_B が共に21以下のとき

次のデータは，ある2種類の栄養ドリンクをボランティアの人達が飲んだ後，その味について評価した結果です．評価は1（大変マズイ）～20（大

変おいしい）の 20 段階から一つを選択してもらいました．X 施設では栄養ドリンク A を 6 名，Y 施設では栄養ドリンク B を 7 名の人に評価してもらいました．

①ドリンク A の評価結果を B 列に，ドリンク B の評価結果を E 列に示しています．次に準備するのが G 列，H 列（空欄）です．G 列には「A」を 6 個，続けて「B」を 7 個作成します．10 行目の 6 と 7 はそれぞれのデータ数です．

	A	B	C	D	E	F	G	H
1	No	ドリンクAの評価		No	ドリンクBの評価		種類	評価
2	1	19		1	4		A	
3	2	10		2	7		A	
4	3	12		3	5		A	
5	4	8		4	12		A	
6	5	15		5	3		A	
7	6	12		6	10		A	
8				7	6		B	
9							B	
10	データ数	6		データ数	7		B	
11							B	
12							B	
13							B	
14							B	

②G，H 列の準備ができたら，B2〜B7 セルをコピーし，H2〜H7 セルに貼り付けます．同様に E2〜E8 セルをコピーし，H8〜H14 セルに貼り付けます（▶図 10.1（a）参照）．

③H セルの評価を昇順に並べ替える作業です．G1〜H14 セルを選択します（▶図 10.1（b）参照）．

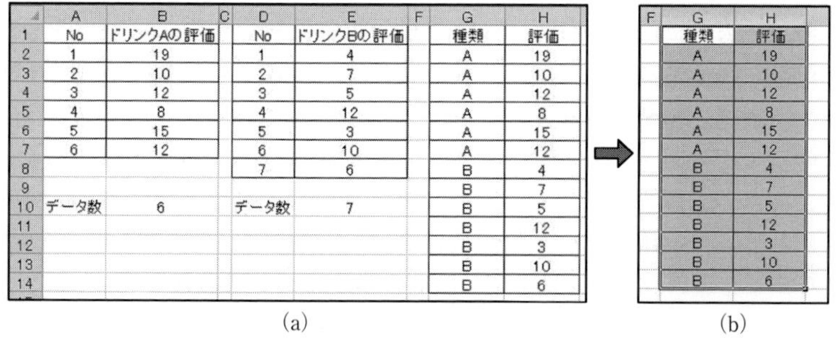

	A	B	C	D	E	F	G	H
1	No	ドリンクAの評価		No	ドリンクBの評価		種類	評価
2	1	19		1	4		A	19
3	2	10		2	7		A	10
4	3	12		3	5		A	12
5	4	8		4	12		A	8
6	5	15		5	3		A	15
7	6	12		6	10		A	12
8				7	6		B	4
9							B	7
10	データ数	6		データ数	7		B	5
11							B	12
12							B	3
13							B	10
14							B	6

(a)

F	G	H
	種類	評価
	A	19
	A	10
	A	12
	A	8
	A	15
	A	12
	B	4
	B	7
	B	5
	B	12
	B	3
	B	10
	B	6

(b)

図 10.1

④メニュー［ホーム］⇒［並べ替えとフィルター］⇒［ユーザー設定の並べ替え］を選択します．

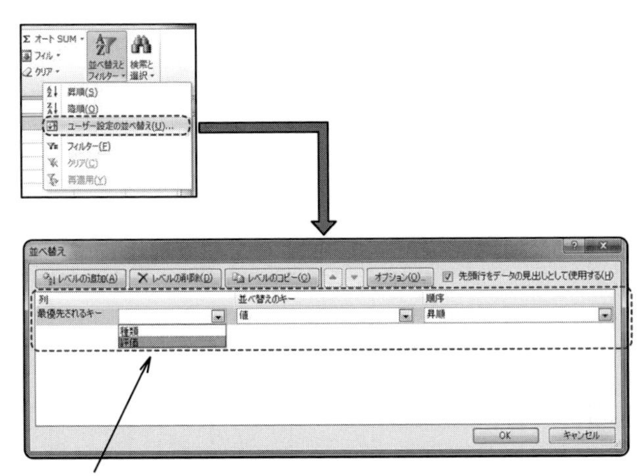

［最優先されるキー］:「評価」(プルダウンメニューから選択)
［並べ替えのキー］　:「値」
［順序］　　　　　　:「昇順」

⑤並べ替え後の結果は下図のようになります．

G	H
種類	評価
B	3
B	4
B	5
B	6
B	7
A	8
A	10
B	10
A	12
A	12
B	12
A	15
A	19

※H 列は昇順に並べ替えられました．G 列の情報も H 列に連動している点に注意して下さい．

⑥I 列に「1」から順に順位を付けます（▶図 10.2(a) 参照）．このときは，同順位については修正しません．データ数は 6 と 7（合計 13）なので，最大順位が 13 であることを確認します．

⑦次に，順位の修正を行います．同順位がある場合には，修正が必要です．評価「10」が 2 個あります．I 列の順位では，7 位と 8 位が与えられています．この場合の順位の修正は，(7 ＋ 8) ÷ 2 ＝ 7.5 となります．また，評価「12」が 3 個あります．この場合の順位の修正は，(9 ＋ 10 ＋ 11) ÷ 3 ＝ 10 となります．最終的な修正順位は図 10.2(b)（J 列）となります．

※セル内の修正順位は，計算結果のみを入力するか，絶対参照による計算でなければなりません．相対参照の計算式は，次の手順の［データの並べ替え］でエラーとなります．

G	H	I	J
種類	評価	順位	修正順位
B	3	1	
B	4	2	
B	5	3	
B	6	4	
B	7	5	
A	8	6	
A	10	7	
B	10	8	
A	12	9	
A	12	10	
B	12	11	
A	15	12	
A	19	13	

(a)

G	H	I	J
種類	評価	順位	修正順位
B	3	1	1
B	4	2	2
B	5	3	3
B	6	4	4
B	7	5	5
A	8	6	6
A	10	7	7.5
B	10	8	7.5
A	12	9	10
A	12	10	10
B	12	11	10
A	15	12	12
A	19	13	13

(b)

図 10.2

⑧修正順位が完成したら，データの並びを元の A，B 順に戻します．戻し方は，G1〜J14 セルを選択します．修正順位が加わっていますので I 列と J 列が増えていることに注意して下さい．メニュー［ホーム］⇒［並べ替えとフィルター］⇒［ユーザー設定の並べ替え］を選択します．

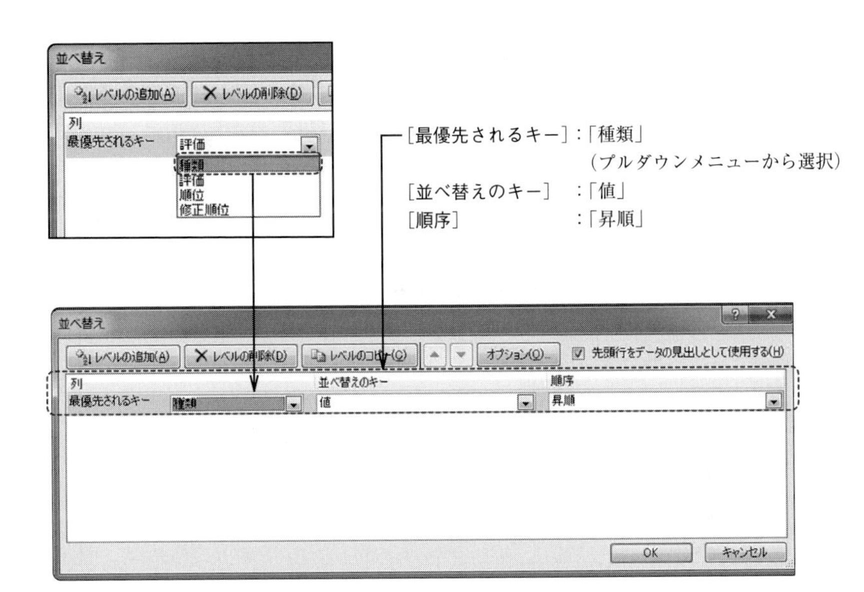

⑨ G 列の種類を最優先に A, B 順に並べ替えられました．もちろん，他の列も G 列に連動して並べ替えられています．

G	H	I	J
種類	評価	順位	修正順位
A	8	6	6
A	10	7	7.5
A	12	9	10
A	12	10	10
A	15	12	12
A	19	13	13
B	3	1	1
B	4	2	2
B	5	3	3
B	6	4	4
B	7	5	5
B	10	8	7.5
B	12	11	10

次に，統計量 U の求め方について説明します．統計量の計算には，修正評価順位（ランク）の合計（SR）とデータ数（n）が必要になります．ドリンク A と B の SR を，SR_A と SR_B で表すことにします．また，データ数

は，それぞれ n_A と n_B で表すと下図のようになります．SR_A は，J2～J7 セルの合計として 58.5（J16 セル），式は［＝SUM(J2 : J7)］となります．同様に SR_B は，J8～J14 セルの合計として 32.5（J17 セル），式は［＝SUM(J8 : J14)］となります．

	F	G	H	I	J	K	L	M	N	O
1		種類	評価	順位	修正順位					
2		A	8	6	6					
3		A	10	7	7.5					
4		A	12	9	10					
5		A	12	10	10					
6		A	15	12	12					
7		A	19	13	13					
8		B	3	1	1					
9		B	4	2	2					
10		B	5	3	3					
11		B	6	4	4					
12		B	7	5	5					
13		B	10	8	7.5					
14		B	12	11	10					
15										
16		SR,		SR_A	58.5	=SUM(J2:J7)　ドリンクAの評価の修正順位の合計				
17		Sum of Ranks		SR_B	32.5	=SUM(J8:J14)　ドリンクBの評価の修正順位の合計				
18		ランクの合計								
19				n_A	6	Aのデータ数				
20		n, データ数		n_B	7	Bのデータ数				
21										
22		統計量U		U_A	37.5	=J16-J19*(J19+1)/2　評価Aの統計量				
23		検定には小さい方の		U_B	4.5	=J17-J20*(J20+1)/2　評価Bの統計量				
24		統計量Uを使う								
25				$U_A + U_B$	42	=J22+J23　2つの統計量の合計				
26				$n_A \times n_B$	42	=J19*J20　2つの統計量の合計はデータ数の積でもある				

統計量 U は，以下の式で表されます．

$$U_A = SR_A - \frac{n_A(n_A + 1)}{2}$$

$$U_B = SR_B - \frac{n_B(n_B + 1)}{2}$$

実際には，U_A と U_B は 22 行目と 23 行目のようにセルを指定した計算を行います．U_A と U_B の計算に間違いがないかを確認する方法は，SR_A と SR_B から求めた $U_A + U_B$ が，$n_A \times n_B$ と等しくなることを利用します．その様子は，J25 セル = J26 セルで確認しています．

検定量 U_A と U_B は，どちらも有意差の判定に使えますが，マン・ホイットニーの U 検定表では左側（小さい U 値）の判定基準が示されているので，検定量 U には小さい方の検定量を使います．ここでは，U_B の方が小さいのでそれを使います．$U_B = 4.5$ は，マン・ホイットニーのU検定表にあるデータ数 n_1 と n_2（6と7）についての下側有意点6よりも小さいので，有意（両側確率 $P < 0.05$）となります（▶付録5「U検定表」参照）．

したがって，「栄養ドリンクAとBについての評価には統計的に有意な差がある」または，「栄養ドリンクBに比べ栄養ドリンクAの評価が良いという結果は，統計的に有意である」といえます．

※統計学のテキストでは，統計量 U の計算式には以下のものも紹介されています．

$$U_A = n_A \times n_B + \frac{n_A(n_A + 1)}{2} - SR_A$$

$$U_B = n_A \times n_B + \frac{n_B(n_B + 1)}{2} - SR_B$$

これらの表現は，先に紹介した式と等価です．等価の証明は次のようになります．

$$U_A + U_B = \left[n_A \times n_B + \frac{n_A(n_A + 1)}{2} - SR_A\right] + \left[n_A \times n_B + \frac{n_B(n_B + 1)}{2} - SR_B\right] = n_A \times n_B$$

右辺は，「$U_A + U_B$ と $n_A \times n_B$ とが等しい関係」を使っています．上式の両辺から $n_A \times n_B$ を引いて整理したものが次の式です．

$$\left[SR_A - \frac{n_A(n_A + 1)}{2}\right] + \left[SR_B - \frac{n_B(n_B + 1)}{2}\right] = n_A \times n_B = U_A + U_B$$

以上で証明を終了します．

10.4.2 データ数 n_A，n_B が共に21以下のとき（有意差がない場合）

10.4.1項「データ数 n_A，n_B が共に21以下のとき」ではマン・ホイットニーのU検定（ノンパラメトリック法）により，有意差がある場合について学びました．念のため，有意差がない場合についても確認したいと思います．データは，10.4.1項のものをベースにしてありますが，1箇所だけ数値を変えてあります．E2セルの数値を「4」から「13」に変更してあります．

	A	B	C	D	E
1	No	ドリンクAの評価		No	ドリンクBの評価
2	1	19		1	13
3	2	10		2	7
4	3	12		3	5
5	4	8		4	12
6	5	15		5	3
7	6	12		6	10
8				7	6

修正順位，順位の合計の作業を，10.4.1 項の流れを参考に進めてみて下さい．以下には結果のみを示します．

	F	G	H	I	J	K	L	M	N	O
1		種類	評価	順位	修正順位					
2		A	8	5	5					
3		A	10	6	6.5					
4		A	12	8	9					
5		A	12	9	9					
6		A	15	12	12					
7		A	19	13	13					
8		B	3	1	1					
9		B	5	2	2					
10		B	6	3	3					
11		B	7	4	4					
12		B	10	7	6.5					
13		B	12	10	9					
14		B	13	11	11					
15										
16		SR,		SR_A	54.5	=SUM(J2:J7)　ドリンクAの評価の修正順位の合計				
17		Sum of Ranks		SR_B	36.5	=SUM(J8:J14)　ドリンクBの評価の修正順位の合計				
18		ランクの合計								
19				n_A	6	Aのデータ数				
20		n, データ数		n_B	7	Bのデータ数				
21										
22		統計量U		U_A	33.5	=J16-J19*(J19+1)/2　評価Aの統計量				
23		検定には小さい方の		U_B	8.5	=J17-J20*(J20+1)/2　評価Bの統計量				
24		統計量Uを使う								
25				$U_A + U_B$	42	=J22+J23　2つの統計量の合計				
26				$n_A \times n_B$	42	=J19*J20　2つの統計量の合計はデータ数の積でもある				

小さい方の統計量 $U_B = 8.5$ は，マン・ホイットニーの U 検定表にあるデータ数 n_1 と n_2（6 と 7）についての下側有意点 6 よりも大きいので，有意差なし（両側確率 $P > 0.05$）となります（▶付録 5「U 検定表」参照）．したがって，栄養ドリンク A と B についての評価には統計的に有意な差は認められません．

10.4.3　データ数 n_A，n_B の一方が 21 以上のとき

マン・ホイットニーの U 検定では，A 群と B 群のデータ数 n_A，n_B の一方が 21 以上のときに，統計量 U の理論分布は近似的に平均値 μ_U と標準偏差 σ_U の標準化により，標準正規分布「$N(0, 1)$」に従います．

$$\mu_U = \frac{n_A \times n_B}{2}$$

$$\sigma_U = \sqrt{\frac{n_A \cdot n_B (n_A + n_B + 1)}{12}}$$

このとき，統計量 U を平均値と標準偏差を用いて標準化します．

$$z = \frac{U - \mu_U}{\sigma_U} = \frac{\left| U - \frac{n_A \cdot n_B}{2} \right|}{\sqrt{\frac{n_A \cdot n_B (n_A + n_B + 1)}{12}}}$$

これにより有意差の判定は，標準正規分布の両側有意水準をもとに行います．なお，統計量 U は，修正評価順位の合計点（SR_A または SR_B）を用います．

$$U_A = SR_A - \frac{n_A (n_A + 1)}{2}$$

$$U_B = SR_B - \frac{n_B (n_B + 1)}{2}$$

SR_A と SR_B の求め方は，10.4.1 項「データ数 n_A，n_B が共に 21 以下のとき」を参照下さい．z 値を算出する統計量 U には，U_A と U_B のいずれを使っても，標準化の際の絶対値が同じなので，同じ結果になります．

次のデータは，ある 2 種類の栄養ドリンクをボランティアの人達が飲んだ後，その味について評価した結果です．評価は 1（大変マズイ）～20（大変おいしい）の 20 段階から一つを選択してもらいました．X 施設では栄養ドリンク A を 19 名，Y 施設では栄養ドリンク B を 22 名が評価しました．

①集計の結果：データ数に 21 以上の群がありますので，統計量 U を標準正規分布に変換して有意性の検定を行います．

	A	B	C	D	E
1	No	ドリンクAの評価		No	ドリンクBの評価
2	1	19		1	4
3	2	10		2	7
4	3	12		3	5
5	4	8		4	12
6	5	15		5	3
7	6	12		6	10
8	7	14		7	3
9	8	15		8	4
10	9	13		9	5
11	10	13		10	6
12	11	17		11	7
13	12	14		12	10
14	13	12		13	12
15	14	16		14	7
16	15	16		15	8
17	16	18		16	6
18	17	14		17	9
19	18	10		18	8
20	19	11		19	9
21				20	7
22				21	9
23				22	6
24					
25	n_A	19		n_B	22

② 10.4.1 項の手順に従って，評価の順位と修正順位を求めます．結果は**図 10.3 (a)** のようになります．

③次に，データの並びを元の A，B 順に戻し，統計量 U を求めます．結果は図 10.3(b) です．

G	H	I	J
種類	評価	順位	修正順位
B	3	1	1.5
B	3	2	1.5
B	4	3	3.5
B	4	4	3.5
B	5	5	5.5
B	5	6	5.5
B	6	7	8
B	6	8	8
B	6	9	8
B	7	10	11.5
B	7	11	11.5
B	7	12	11.5
B	7	13	11.5
A	8	14	15
B	8	15	15
B	8	16	15
B	9	17	18
B	9	18	18
B	9	19	18
A	10	20	21.5
A	10	21	21.5
B	10	22	21.5
B	10	23	21.5
A	11	24	24
A	12	25	27
A	12	26	27
A	12	27	27
B	12	28	27
B	12	29	27
A	13	30	30.5
A	13	31	30.5
A	14	32	33
A	14	33	33
A	14	34	33
A	15	35	35.5
A	15	36	35.5
A	16	37	37.5
A	16	38	37.5
A	17	39	39
A	18	40	40
A	19	41	41

(a)

	F	G	H	I	J	K	L	M	N	O	P
1		種類	評価	順位	修正順位						
2		A	8	14	15						
3		A	10	20	21.5						
4		A	10	21	21.5		U_B	399			
5		A	11	24	24						
6		A	12	25	27		平均値				
7		A	12	26	27		μ_U	209	=(19*22)/2		
8		A	12	27	27						
9		A	13	30	30.5		標準偏差				
10		A	13	31	30.5		σ_U	38.249	=SQRT(19*22*(19+22+1)/12)		
11		A	14	32	33						
12		A	14	33	33		z値				
13		A	14	34	33		z	4.96743	=ABS((M4-M7))/M10		
14		A	15	35	35.5						
15		A	15	36	35.5		両側確率	0.000	=(1-NORMSDIST(M13))*2		
16		A	16	37	37.5			P < 0.05より有意差あり			
17		A	16	38	37.5						
18		A	17	39	39		または				
19		A	18	40	40		z(=4.96743) > z(=1.96)よりP<0.05で有意差あり				
20		A	19	41	41						
21		B	3	1	1.5						
22		B	3	2	1.5						
23		B	4	3	3.5						
24		B	4	4	3.5						
25		B	5	5	5.5						
26		B	5	6	5.5						
27		B	6	7	8						
28		B	6	8	8						
29		B	6	9	8						
30		B	7	10	11.5						
31		B	7	11	11.5						
32		B	7	12	11.5						
33		B	7	13	11.5						
34		B	8	15	15						
35		B	8	16	15						
36		B	9	17	18						
37		B	9	18	18						
38		B	9	19	18						
39		B	10	22	21.5						
40		B	10	23	21.5						
41		B	12	28	27						
42		B	12	29	27						
43											
44		SR,		SR_A	569	=SUM(J2:J20)　ドリンクAの評価の修正順位の合計					
45		Sum of Ranks		SR_B	272	=SUM(J21:J42)　ドリンクBの評価の修正順位の合計					
46		ランクの合計									
47				n_A	19	Aのデータ数					
48		n, データ数		n_B	22	Bのデータ数					
49											
50		統計量U		U_A	399	=J44-J47*(J47+1)/2　評価Aの統計量					
51		検定には大きい方の		U_B	19	=J45-J48*(J48+1)/2　評価Bの統計量					
52		統計量Uを使う									
53				$U_A + U_B$	418	=J50+J51　2つの統計量の合計					
54				$n_A \times n_B$	418	=J47*J48　2つの統計量の合計はデータ数の積でもある					

(b)

図 10.3

標準正規分布による検定の前に，平均値 μ_U と標準偏差 σ_U の値を算出します．

$$\mu_U = \frac{(19 \times 22)}{2} = 209$$

$$\sigma_U = \sqrt{\frac{19 \times 22 \times (19 + 22 + 1)}{12}} = 38.249$$

統計量 U に $U_A = 399$ を代入すると，z 値は，

$$z = \frac{U - \mu_U}{\sigma_U} = \frac{399 - 209}{38.249} = 4.967$$

となります．

z（$= 4.967$）は，標準正規分布の両側 5% 水準（右側 2.5% と左側 2.5%）の棄却域（$z = \pm 1.96$）外側にあるため，帰無仮説が棄却され対立仮説を採用します．すなわち，2 群の差は統計的に有意となります．

したがって，栄養ドリンク A と B についての評価には統計的に有意な差があるといえます．あるいは，栄養ドリンク B に比べ栄養ドリンク A の評価が良いという結果は，統計的に有意であるといえます．

第11章 独立3群以上の差の検定

二つのグループ，すなわち2群からなるデータの平均値の差の検定は，t検定を用いました（▶第9章「関連2群の差の検定」，第10章「独立2群の差の検定」参照）．三つ以上のグループ，すなわち3群以上からなるデータの平均値の差の検定は，**1元配置分散分析法**（one-way analysis of variance）を用います．たとえば，3群からなるデータの平均値の差の検定では，3群の総当たり戦のようにt検定を行うことは許されません．理由は，t検定を繰り返し行うと有意水準5%が維持できなくなり有意差判定が正しく行われないからです．棄却域5%の検定を3度繰り返したとき，全体の有意水準は約14%になります．

1元配置分散分析を行うには，各群のデータのばらつき具合（分散）に差がないことが前提になります．多群間の分散に差があるか否かを調べる方法（多群間の等分散性の検定）として，**バートレットの検定**（Bartlett's test）があります．バートレットの検定の結果，分散に差がない（等分散）と判定された場合は，1元配置分散分析法（パラメトリック法）を用います．一方，多群間で等分散ではないと判定された場合は，**クラスカル・ウォリス検定**（Kruskal-Wallis test，ノンパラメトリック法）を用います．

この章では，バートレットの検定，1元配置分散分析法，そしてクラスカル・ウォリス検定を順に紹介します．

11.1 バートレットの検定

次のデータは，1週間当たりの運動回数と体重減少率の関係を調べたものです．**図11.1**(b) は散布図です．

E_1	E_2	E_3
3	6	11
2	7	10
4	7	12
5	9	9
4	8	11
5		13

(a)

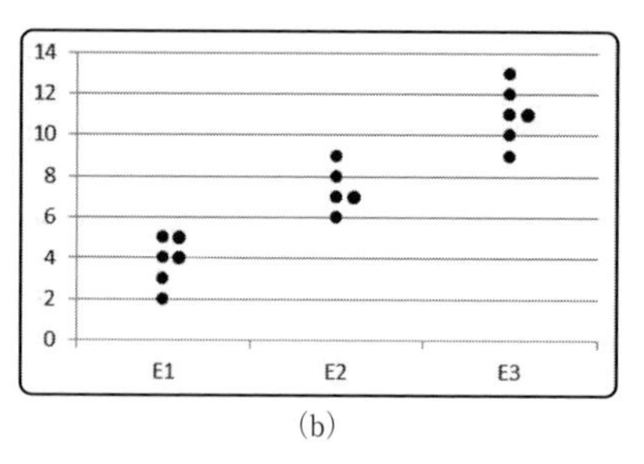

(b)

図 11.1

実験を始めるにあたり，身長や体重（70～80 kg）が同程度の肥満者 18 名をランダムに 3 グループ（E_1，E_2，E_3）に分けました．1 日 30 分の運動を 1 週間に 1 回（E_1），1 週間に 2 回（E_2），1 週間に 3 回（E_3）とし，6 か月間行いました．データは，6 か月後の体重の減少率（%）を示しています．

なお，運動の強度は中程度でした．運動前の健康診断の結果，E_2 グループの 1 名が実験に参加できませんでした．最終的な参加人数は，E_2 が 5 名，E_1 と E_3 はそれぞれ 6 名の参加でした．

※用語：運動回数の影響を調べるので，運動回数のことを**要因**または**因子**といいます．今，要因には 3 種類あり，その要因の違いを**水準**といいます．要因が 3 種類あるので，水準は E_1，E_2，E_3 の 3 水準になります．また要因の 3 水準は 3 群（グループ）を区別する名称でもあります．

運動回数の違いが体重減少率に影響を与えるか？　について知りたいのですが，3 群の差の検定には 1 元配置分散分析法を用いることは先に述べました．また，1 元配置分散分析を行うには，各群の分散が等しい（差がない）ことが前提となります．3 群の分散が等しいとみなせるかを調べるのがバートレットの検定です．

バートレットの検定では，帰無仮説は，「各群の分散は等しい（偏りがない）」です．統計量の計算は，分散の偏り度（M），補正係数（C），カイ 2 乗（χ^2）検定と進みます．

$$M = (N - k)\cdot\ln s_E^2 - \{(n_1 - 1)\cdot\ln s_1^2 + (n_2 - 1)\cdot\ln s_2^2 + (n_3 - 1)\cdot\ln s_3^2\}$$

ここで，データ総数 N（$= n_1 + n_2 + n_3$）; n_1, n_2, n_3 は各水準のデータ数．k は水準数（ここでは 3），s_E^2 は水準内変動，s_1^2，s_2^2，s_3^2 は各水準の分散です．

$$C = 1 + \frac{1}{3(k-1)}\left(\frac{1}{n_1 - 1} + \frac{1}{n_2 - 1} + \frac{1}{n_3 - 1} - \frac{1}{N - k}\right)$$

$$\chi^2 = \frac{M}{C}$$

カイ2乗（χ^2）値は，自由度（$k - 1$）についての χ^2 分布表（▶付録7「χ^2 検定表（上側確率）」参照）をもとに有意性が判定されます．

それでは，上記の式をエクセル上で調べてみましょう．

	A	B	C	D	E	F	G	H	I	J	K	L
1						水準内の偏差平方				水準内の偏差平方の式		
2		E_1	E_2	E_3		E_1	E_2	E_3		E_1	E_2	E_3
3		3	6	11		0.694	1.960	0.000		=(B3-3.833)^2	=(C3-7.4)^2	=(D3-11)^2
4		2	7	10		3.360	0.160	1.000		=(B4-3.833)^2	=(C4-7.4)^2	=(D4-11)^2
5		4	7	12		0.028	0.160	1.000		=(B5-3.833)^2	=(C5-7.4)^2	=(D5-11)^2
6		5	9	9		1.362	2.560	4.000		=(B6-3.833)^2	=(C6-7.4)^2	=(D6-11)^2
7		4	8	11		0.028	0.360	0.000		=(B7-3.833)^2	=(C7-7.4)^2	=(D7-11)^2
8		5		13		1.362		4.000		=(B8-3.833)^2		=(D8-11)^2
9												
10	データ数	6	5	6		3水準内偏差平方和						
11	平均値	3.833	7.400	11.000		22.033	=SUM(F3:F8,G3:G7,H3:H8)					
12												
13	分散	s_1^2	s_2^2	s_3^2		3水準内偏差平方和の自由度						
14		1.367	1.300	2.000		$N - k$						
15		=VAR(B3:B8)	=VAR(C3:C8)	=VAR(D3:D8)		14	=(6+5+6)-3 = データ総数－水準数					
16												
17						水準内変動を表す分散						
18						s_E^2						
19						1.574	=F11/F15					
20												
21	M	0.2724	=(17-3)*LN(1.574)-((6-1)*LN(1.367)+(5-1)*LN(1.3)+(6-1)*LN(2))									
22	C	1.0964	=1+1/(3*(3-1))*(1/(6-1)+1/(5-1)+1/(6-1)-1/(17-3))									
23	χ^2	0.2484	=B21/B22									
24	自由度	2	=3-1									
25	判定基準	自由度2における有意水準5%の χ^2 値は5.991										
26	判定結果	有意差なし	(∵ χ^2 = 0.248 < 5.991)									
27		よって，分散が水準間で有意に異なるとはいえない										
28		すなわち，分散には偏りがないといえる。										

χ^2 値は0.2484となりました．このときの自由度は2（＝水準数3 － 1）です．有意水準5%，自由度2の χ^2 分布における棄却限界値は5.991です（▶付録7「χ^2 検定表（上側確率）」参照）．よって，帰無仮説は棄却できませんので，「各水準の分散は等しい（偏りがない）」といえます．

バートレットの検定により，各水準の分散に偏りがないと判定されたので，パラメトリック検定へ進みます．次に，水準間（3種類の運動回数）の効果に有意な差があるといえるのかを，1元配置分散分析によって調べます．

11.2 1元配置分散分析（パラメトリック法）

要因には3水準の E_1，E_2，E_3 があります．帰無仮説は，「要因の水準間には差がない」です．１元配置分散分析では，データの総変動を水準間の変動と水準内の変動に分けます．水準間変動と水準内変動は，それぞれ要因（factor）による分散（s_F^2）と誤差（error）による分散（s_E^2）として表し，分散比 $F\,(=s_F^2/s_E^2)$ についてF検定を用いて要因の効果を調べます．

分散分析表に必要な統計量は以下のようになります．

(1) 水準間変動（要因による変動）s_F^2

偏差平方和 S_F，各水準のデータ数 n_i，各水準の平均値 $\bar{x}_i$，全データの平均値 $\bar{x}_T$，水準数 k，自由度 df_F とすると，

$$S_F = \sum_{i=1}^{k} n_i (\bar{x}_i - \bar{x}_T)^2$$

$$df_F = k - 1$$

$$s_F^2 = \frac{S_F}{df_F} = \frac{\sum_{i=1}^{k} n_i (\bar{x}_i - \bar{x}_T)^2}{k-1}$$

(2) 水準内変動（誤差による変動）s_E^2

偏差平方和 S_E，データ総数 N，水準数 k，自由度 df_E とすると，

$$S_E = \sum_{i=1}^{k}\sum_{j=1}^{n_i} (x_{ij} - \bar{x}_T)^2 - S_F$$

$$df_E = N - k$$

$$s_E^2 = \frac{S_E}{df_E} = \frac{\sum_{i=1}^{k}\sum_{j=1}^{n_i} (x_{ij} - \bar{x}_T)^2 - S_F}{N-k}$$

(3) 分散分析表のまとめ

変動要因	偏差平方和	自由度	分散	分散比
水準間変動	S_F	$df_F = k - 1$	$s_F^2 = \dfrac{S_F}{df_F}$	$F = \dfrac{s_F^2}{s_E^2}$
水準内変動	S_E	$df_E = N - k$	$s_E^2 = \dfrac{S_E}{df_E}$	
合計	$S_F + S_E$	$N - 1$		

11.2.1　手計算による 1 元配置分散分析

実際に計算すると，以下のようになります．バートレットの検定とは違う新しいシートを使っています．

	A	B	C	D	E	F	G	H	I	J	K	L
1						水準間の変動(偏差平方)				水準間の変動(偏差平方)		
2		E_1	E_2	E_3		E_1	E_2	E_3		E_1	E_2	E_3
3		3	6	11		12.805	0.000	12.875		=(B$11-$B$15)^2	=(C$11-$B$15)^2	=(D$11-$B$15)^2
4		2	7	10		12.805	0.000	12.875		=(B$11-$B$15)^2	=(C$11-$B$15)^2	=(D$11-$B$15)^2
5		4	7	12		12.805	0.000	12.875		=(B$11-$B$15)^2	=(C$11-$B$15)^2	=(D$11-$B$15)^2
6		5	9	9		12.805	0.000	12.875		=(B$11-$B$15)^2	=(C$11-$B$15)^2	=(D$11-$B$15)^2
7		4	8	11		12.805	0.000	12.875		=(B$11-$B$15)^2	=(C$11-$B$15)^2	=(D$11-$B$15)^2
8		5		13		12.805		12.875		=(B$11-$B$15)^2		=(D$11-$B$15)^2
9												
10	データ数	6	5	6		水準間変動の偏差平方和 S_F						
11	平均値	3.833	7.400	11.000		154.084	=SUM(F3:H8)					
12												
13	データ総数 N	17	=SUM(B10:D10)			自由度 df_F	2	=k−1				
14	全データの平均値											
15	$\bar{x}_T$	7.412	=AVERAGE(B3:D8)									
16	水準数 k	3				水準内の変動(偏差平方)				水準内の変動(偏差平方)		
17						E_1	E_2	E_3		E_1	E_2	E_3
18						0.694	1.960	0.000		=(B3-B$11)^2	=(C3-C$11)^2	=(D3-D$11)^2
19						3.361	0.160	1.000		=(B4-B$11)^2	=(C4-C$11)^2	=(D4-D$11)^2
20						0.028	0.160	1.000		=(B5-B$11)^2	=(C5-C$11)^2	=(D5-D$11)^2
21						1.361	2.560	4.000		=(B6-B$11)^2	=(C6-C$11)^2	=(D6-D$11)^2
22						0.028	0.360	0.000		=(B7-B$11)^2	=(C7-C$11)^2	=(D7-D$11)^2
23						1.361		4.000		=(B8-B$11)^2		=(D8-D$11)^2
24												
25						水準内変動の偏差平方和 S_E						
26						22.033	=SUM(F18:H23)					
27												
28						自由度 df_E	14	=N−k				
29	分散分析表のまとめ											
30	変動要因	偏差平方和	自由度	分散		分散比					検定の解釈	
31	水準間変動	154.084	2	77.042		48.953		F値		48.953		
32	水準内変動	22.033	14	1.574				自由度		2と14		
33	合計	176.118	16					F検定のP値		0.000	=F.DIST.RT(48.953,2,14)	
34								判定基準		自由度2と14におけるF分布の棄却限界F値3.739より大きい		
35	変動要因	偏差平方和	自由度	分散		分散比		判定結果		F検定のP値(=0.000)< 0.05である		
36	水準間変動	=F11	=G13	=B31/C31		=D31/D32				よって，要因の水準間に差がないは棄却される。		
37	水準内変動	=F26	=G28	=B32/C32						すなわち，要因の水準間には差があるといえる。		
38	合計	=B32+B33	=G13 + G28									
39												
40	変動要因	偏差平方和	自由度	分散		分散比						
41	水準間変動	S_F	$df_F = k - 1$	$s_F^2 = S_F / df_F$		$F = s_F^2 / s_E^2$						
42	水準内変動	S_E	$df_E = N - k$	$s_E^2 = S_E / df_E$								
43	合計	$S_F + S_E$	$N - 1$									

水準間変動や水準内変動の数式は難しそうですが，エクセルの表を使いながら偏差の平方，偏差平方和，自由度，分散比を順に求めていくと，見かけほどの難しさはありません．計算はパターン化しているので，J3 と J18 セル内の数式を作り，その他のセル内はコピー＆ペーストで処理できます．ただし，セル内の数式には $ マークが付いているので注意して下さい．$ マークは絶対参照です．

1 元配置分散分析（検定）の解釈は次のようになります．F 値 48.953 は，F 分布（自由度 2 と 14）における有意水準 5% の棄却限界値 3.739 よりも大きい（▶ 付録 4「F 検定表」参照）．これは，検定統計量 F の P 値 0.000（正確には 4.796×10^{-7}）が $P < 0.05$ であることを意味しています．したがって，帰無仮説の「要因の水準間には差がない」は棄却されます．結論は，要因の

水準間には統計的に有意な差があるといえます．

11.2.2　分析ツールを使った 1 元配置分散分析

今度は，分析ツールを使って 1 元配置分散分析の検定を確認しましょう．分析結果を表示するスペースを確保するため新しいシートを用意します．

①メニュー［データ］⇒［データ分析］⇒［分散分析：一元配置］を選択します．

	A	B	C	D
1				
2		E_1	E_2	E_3
3		3	6	11
4		2	7	10
5		4	7	12
6		5	9	9
7		4	8	11
8		5		13
9				
10	データ数	6	5	6
11	平均値	3.8	7.4	11.0
12	標準偏差	1.2	1.1	1.4

What-If 分析　グループ化　グループ解除　小計　詳細データの表示　詳細を表示しない　アウトライン　ソルバー　データ分析　分析

データ分析
分析ツール(A)
分散分析: 一元配置
分散分析: 繰り返しのある二元配置
分散分析: 繰り返しのない二元配置
相関
共分散
基本統計量
指数平滑
F 検定: 2 標本を使った分散の検定
フーリエ解析
ヒストグラム
OK
キャンセル
ヘルプ(H)

②入力範囲には，B2〜D8 セルを選択します．C8 セルにはデータがありませんが，選択から除く必要はありません．データ方向は，各水準のデータが縦並びですので「列」をチェックします．「先頭行をラベル」をチェックする場合は，ラベルとして 1 行のみ指定することができます．

③ α (A)：「0.05」は，有意水準 5% の検定になります．出力先は［$F$2］となっていますが，実際には F2 セルをクリックすると自動的に［$F$2］となります．出力先の指定には，分析結果のスペースとして 15 行 7 列のスペースが必要です．

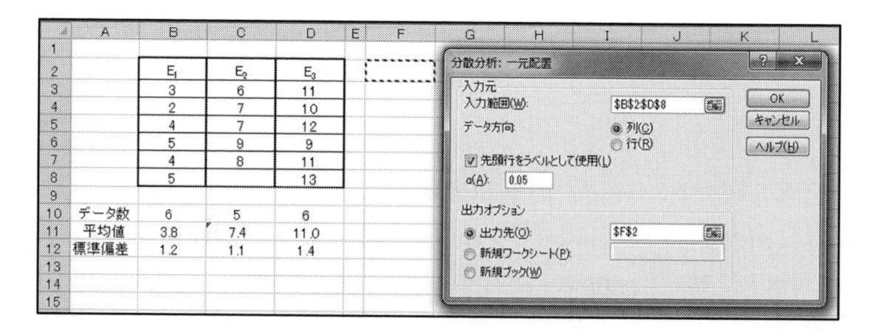

	A	B	C	D
1				
2		E_1	E_2	E_3
3		3	6	11
4		2	7	10
5		4	7	12
6		5	9	9
7		4	8	11
8		5		13
9				
10	データ数	6	5	6
11	平均値	3.8	7.4	11.0
12	標準偏差	1.2	1.1	1.4

④結果は以下のようになります．

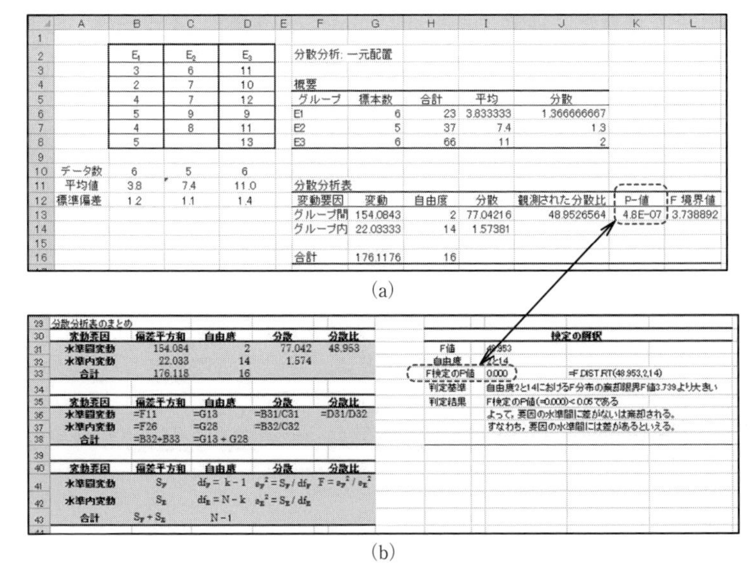

	E1	E2	E3
	3	6	11
	2	7	10
	4	7	12
	5	9	9
	4	8	11
	5		13
データ数	6	5	6
平均値	3.8	7.4	11.0
標準偏差	1.2	1.1	1.4

分散分析: 一元配置

概要

グループ	標本数	合計	平均	分散
E1	6	23	3.833333	1.366666667
E2	5	37	7.4	1.3
E3	6	66	11	2

分散分析表

変動要因	変動	自由度	分散	観測された分散比	P-値	F 境界値
グループ間	154.0843	2	77.04216	48.9526564	4.8E-07	3.738892
グループ内	22.03333	14	1.57381			
合計	176.1176	16				

(a)

分散分析表のまとめ

変動要因	偏差平方和	自由度	分散	分散比
水準間変動	154.084	2	77.042	48.953
水準内変動	22.033	14	1.574	
合計	176.118	16		

変動要因	偏差平方和	自由度	分散	分散比
水準間変動	=F11	=G13	=B31/C31	=D31/D32
水準内変動	=F26	=G28	=B32/C32	
合計	=B32+B33	=G13 + G28		

変動要因	偏差平方和	自由度	分散	分散比
水準間変動	S_Y	$df_Y = k-1$	$s_Y^2 = S_Y / df_Y$	$F = s_Y^2 / s_E^2$
水準内変動	S_E	$df_E = N-k$	$s_E^2 = S_E / df_E$	
合計	$S_Y + S_E$	$N-1$		

検定の解釈

F値	48.953	
自由度	2と14	
F検定のP値	0.000	=F.DIST.RT(48.953,2,14)
判定基準	自由度2と14におけるF分布の棄却限界F値3.739より大きい	
判定結果	F検定のP値(=0.000)< 0.05である	
	よって，要因の水準間に差がないは棄却される。	
	すなわち，要因の水準間には差があるといえる。	

(b)

図 11.2

図 11.2(a) はエクセルの結果，図 11.2(b) は手計算の結果を再度示しています．図 11.2(b) の P 値 0.000 は，正確には 4.796×10^{-7} でしたので，エクセルの結果と同じ値です．

11.3　多重比較検定

1 元配置分散分析の結果は $P < 0.05$ となり，有意な差が示されました．これは，水準間のいずれかに有意な差があることを意味します．3 水準の場合，上記の E_1，E_2，E_3 では，(1) E_1 と E_2，(2) E_2 と E_3，(3) E_1 と E_3，(4) E_1 と E_2 と E_3 の 4 種類のいずれかで有意な差がある場合に，1 元配置分散分析の結果は有意となります．このように 1 元配置分散分析は，水準間に有意差があるかないかを確認する検定です．しかし，3 水準ある場合の 1 元配置分散分析では，4 種類の可能性がありますので，実際にどの組み合わせに有意差があるかは確定できません．

そこで，1 元配置分散分析の結果に有意差が示された後には，どの水準間で差があるのかを個別に調べます．3 群（3 水準）の場合には上記の (1)～

(3) の水準間の差を順に検定します．このように多数回行う水準間の差の検定のことを**多重比較検定**（multiple comparison test）といいます．また，1元配置分散分析の後に行うこの多重比較検定を，**その後の検定**（post-hoc test）ともいいます．

多重比較検定には，幾つかの種類があります．たとえば，「Fisher's PLSD」，「Tukey または Tukey-Kramer の方法」，「Dunnett の方法」，「Bonferroni の方法」，「Scheffé の方法」などです．それぞれには特徴や使用するための条件があります（▶ 11.5 節「多重比較検定の使い分け方」参照）．これらの検定をエクセルで行うのは難しいので統計専用ソフトの利用をお勧めします．

ここでは，どの条件でも使えるシェッフェ（Scheffé）の方法についてご紹介します．ただし，シェッフェの方法は，他の手法に比べて有意差が出にくい傾向にあり，判定が厳しいといえます．もし，シェッフェの方法で P 値が 0.051 などのように微妙な判定の際は，他の手法についても調べるとよいでしょう．

多重比較は各水準の差の検定を行います．シェッフェの方法では各水準間について統計量 T^2 を求めます．

$$T^2 = \frac{(\bar{x}_1 - \bar{x}_2)^2}{s_E^2 \times \left(\frac{1}{n_1} + \frac{1}{n_2}\right)}$$

ここで s_E^2 は水準内変動（分散）です．$\bar{x}_1$，n_1 は水準 E_1 の，また，$\bar{x}_2$，n_2 は水準 E_2 の平均値と標本数です．

同様に，水準 E_2 と水準 E_3，水準 E_1 と水準 E_3 についても統計量 T^2 を求めます．この統計量 T^2 の有意判定には F 値（▶ 付録 4「F 検定表」参照）を使います．

$$T^2 \geq (k - 1) \times F_{(k-1, N-k, 0.05)}$$

上記の式を満たすとき，二つの水準間の平均値の差は $P < 0.05$ で有意となります．ここで，k は水準数，N は 3 水準すべてを合わせた全標本数（データ総数）です．

次にシェッフェの方法による多重比較検定の計算式と結果を示します．シェッフェの方法は，エクセルでも簡単に扱うことができます．

	A	B	C	D	E	F	G	H	I	J
29	分散分析表のまとめ									
30	変動要因	偏差平方和	自由度	分散		分散比				検定
31	水準間変動	154.084	2	77.042		48.953		F値		48.953
32	水準内変動	22.033	14	1.574				自由度		2と14
33	合計	176.118	16					F検定のP値		0.000 =
34								判定基準		自由度2と14におけるF
35	変動要因	偏差平方和	自由度	分散		分散比		判定結果		F検定のP値(=0.000)<
36	水準間変動	=F11	=G13	=B31/C31		=D31/D32				よって，要因の水準間
37	水準内変動	=F26	=G28	=B32/C32						すなわち，要因の水準
38	合計	=B32+B33	=G13 + G28							
39										
40	変動要因	偏差平方和	自由度	分散		分散比				
41	水準間変動	S_F	$df_F = k - 1$	$s_F^2 = S_F / df_F$		$F = s_F^2 / s_E^2$				
42	水準内変動	S_E	$df_E = N - k$	$s_E^2 = S_E / df_E$						
43	合計	$S_F + S_E$	$N - 1$							
44										
45										
46	多重比較									
47	シェフェの方法	統計量T^2					P値			
48	E1 vs E2	22.0446	=(B11-C11)^2/(D32*(1/B10+1/C10))				0.001334	=B48-((3-1)*FINV(G48,2,14))		
49	E1 vs E3	97.9047	=(B11-D11)^2/(D32*(1/B10+1/D10))				0.000001	=B49-((3-1)*FINV(G49,2,14))		
50	E2 vs E3	22.4585	=(C11-D11)^2/(D32*(1/C10+1/D10))				0.001231	=B50-((3-1)*FINV(G50,2,14))		
51	棄却限界値	T^2								
52	E1 vs E2	7.4778	=(3-1)*FINV(0.05,2,14)							
53	E1 vs E3	7.4778	=(3-1)*FINV(0.05,2,14)							
54	E2 vs E3	7.4778	=(3-1)*FINV(0.05,2,14)							

水準間 E_1 と E_2，E_1 と E_3，E_2 と E_3，すべてで P 値が 0.05 以下となるので平均値の差は統計的に有意となります．また，F 値でみると 5% の棄却限界値を超えているので有意となります．

※ P 値の算出は，メニュー［データ］⇒［ソルバー］⇒下図の設定⇒［解決］

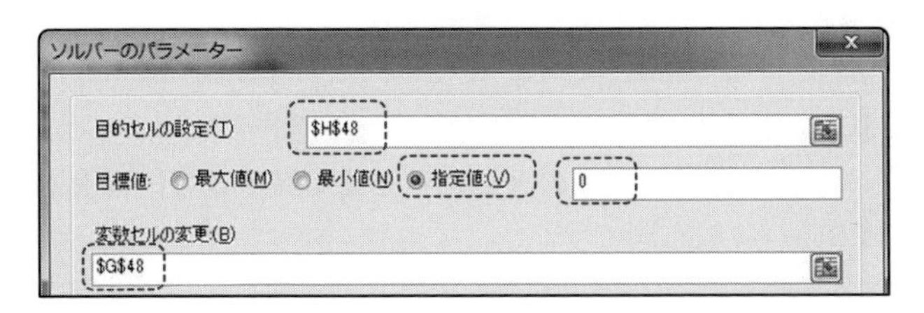

$P < 0.00001$ 以下のときは，設定によりエラー表示（0.0000）になることがあります．必要な P 値は「0.001」までのため，それ以下のときは論文では「$P < 0.001$」と表記します．

※ソルバーを使う際には，G48〜G50 セルには「0.05」と入力しておきます．ソルバーを使って解決すると，「0.05」から上図のように正確な P 値が記入されます．

以上の結果をグラフにすると下図のようになります．P 値をアスタリスク（＊）で表示する場合は，図の説明欄に記載します（例えば，$^{*}P <$ 0.05, $^{**}P < 0.01$）．また，最近では，正確な P 値を記載する論文も増えています．その際には，$P = 0.0013$ のように表示します．

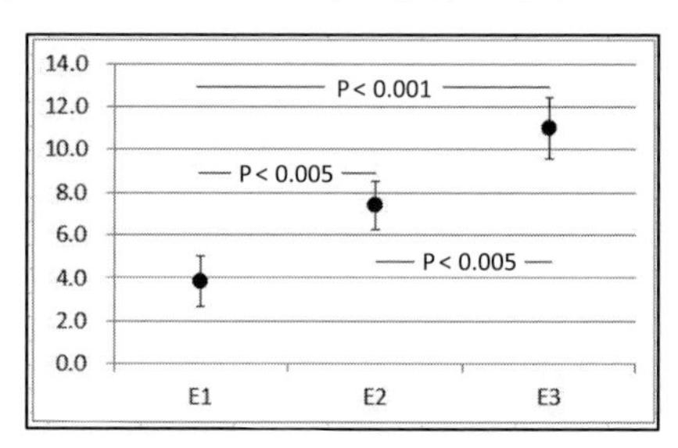

11.4　クラスカル・ウォリス検定（ノンパラメトリック法）

3 群以上からなるデータの平均値の差の検定では，水準間の差を調べる前に等分散の検定（バートレットの検定）を行うことを学びました．各群のデータについて分散に差がない，すなわち等分散性が確認されたら 1 元配置分散分析を行います．一方，バートレットの検定で等分散が仮定できない場合には，水準間の差を調べるためにノンパラメトリック法であるクラスカル・ウォリス検定を用います．クラスカル・ウォリス検定の前に，バートレットの検定から見ていくことにしましょう．

11.4.1　バートレットの検定

次のデータは，1 週間当たりの運動回数と体重減少率の関係を調べたものです．**図 11.3**(b) は散布図です．

E_1	E_2	E_3
2	6	8
2	7	10
4	7	15
5	6	9
4	7	11
5	6	16

(a)

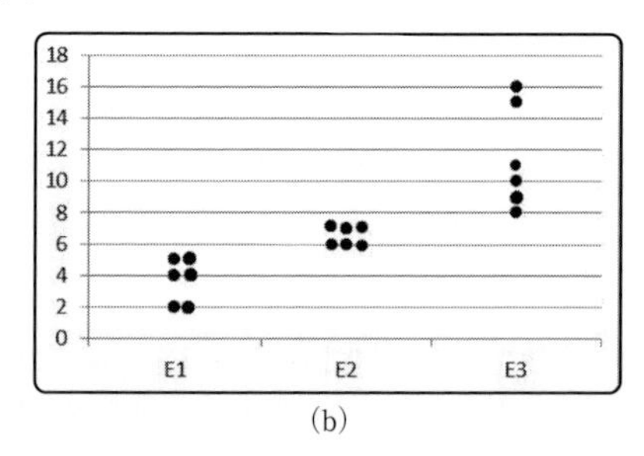

(b)

図 11.3

実験を始めるにあたり，身長や体重（70～80 kg）が同程度の肥満者 18 名をランダムに 3 グループ（E_1, E_2, E_3）に分けました．1 日 30 分の運動を 1 週間に 1 回（E_1），1 週間に 2 回（E_2），1 週間に 3 回（E_3）とし，6 か月間行いました．データは，6 か月後の体重の減少率（%）を示しています．なお，運動の強度は中程度でした．各グループ 6 名で実験を行いました．

散布図では，データのばらつきに違いがあるようです．E_2 では 6% と 7% に集中していますが，E3 では 8% から 16% と比較的広く分布しています．このようなばらつき（分散）の違いを統計的に調べるのがバートレットの検定です（▶詳細は，11.1 節「バートレットの検定」参照）．

次にバートレットの検定の結果を示します．χ^2 値（$= 11.8357 > 5.991$）より水準間の分散に有意（$P < 0.05$）な差があり，三者の分散は均一ではないことが示されています．

	A	B	C	D	E	F	G	H	I	J	K	L
1						水準内の偏差平方和				水準内の偏差平方和の式		
2		E1	E2	E3		E1	E2	E3		E1	E2	E3
3		2	6	8		2.779	0.250	12.250		=(B3-3.667)^2	=(C3-6.5)^2	=(D3-11.5)^2
4		2	7	10		2.779	0.250	2.250		=(B4-3.667)^2	=(C4-6.5)^2	=(D4-11.5)^2
5		4	7	15		0.111	0.250	12.250		=(B5-3.667)^2	=(C5-6.5)^2	=(D5-11.5)^2
6		5	6	9		1.777	0.250	6.250		=(B6-3.667)^2	=(C6-6.5)^2	=(D6-11.5)^2
7		4	7	11		0.111	0.250	0.250		=(B7-3.667)^2	=(C7-6.5)^2	=(D7-11.5)^2
8		5	6	16		1.777	0.250	20.250		=(B8-3.667)^2	=(C8-6.5)^2	=(D8-11.5)^2
9												
10	データ数	6	6	6		3水準内偏差平方和の合計						
11	平均値	3.667	6.500	11.500		64.333	=SUM(F3:H8)					
12												
13	分散	s_1^2	s_2^2	s_3^2		3水準内偏差平方和の自由度						
14		1.867	0.300	10.700		$N-k$						
15		=VAR(B3:B8)	=VAR(C3:C8)	=VAR(D3:D8)		15	=(6+6+6)-3 = データ総数－水準数					
16												
17						水準内変動を表す分散						
18						s_E^2						
19						4.289	=F11/F15					
20												
21	M	12.8878	=(18-3)*LN(4.289)-((6-1)*LN(1.867)+(6-1)*LN(0.300)+(6-1)*LN(10.700))									
22	C	1.0889	=1+1/(3*(3-1))*(1/(6-1)+1/(6-1)+1/(6-1)-1/(18-3))									
23	χ^2	11.8357	=B21/B22									
24	自由度	2	=3-1									
25	判定基準	自由度2における有意水準5%の χ^2 値は5.991										
26	判定結果	有意差あり	（∵ χ^2=11.8357 > 5.991）									
27		よって，水準間の分散に有意な差があるといえる										
28		すなわち，分散には偏りがあり均一とはいえない。										
29		この結果，水準間の差の検定には，ノンパラメトリック法によるKruskal-Wallis検定を採用しなければならない。										

11.4.2 クラスカル・ウォリス検定

バートレットの検定により，水準間の等分散性が保証されないときには，水準間の差（たとえば，平均値，中央値，最頻値）を検定するためにクラスカル・ウォリス検定を用います．

クラスカル・ウォリス検定では，帰無仮説は「水準間で体重減少率に差がない」，対立仮説は「水準間で体重減少率に差がある」となります．次に，クラスカル・ウォリス検定の統計量を確認しましょう．

検定手順

(1) 水準間の区別に関係なくすべてのデータについて昇順で1からNの順位をつけます．このとき，同順位がある場合には，平均順位を与えます．

(2) 順位が確定したら水準ごとに順位の合計（R_1, R_2, R_3）を求めます．

(3) 水準数をk，各水準のデータ数をn_1，n_2，n_3とおくと，データ総数$N = n_1 + n_2 + n_3$となります．

(4) 統計量Hの一般式は

$$H = \frac{12}{N(N+1)}\sum_{i=1}^{k}\frac{R_i^2}{n_i} - 3(N+1)$$

水準数$k = 3$のとき，統計量Hは

$$H = \frac{12}{N(N+1)}\left(\frac{R_1^2}{n_1} + \frac{R_2^2}{n_2} + \frac{R_3^2}{n_3}\right) - 3(N+1)$$

となります．

(5) 統計量Hの有意性の判定は，次の2種類に分けられます．

（i）$N < 18$のときは，クラスカル・ウォリス検定表（▶付録6「クラスカル・ウォリス検定表」参照）によります．

（ii）$N \geq 18$のときは，自由度$k - 1$のχ^2検定表（▶付録7「χ^2検定表（上側確率）」参照）によります．

それでは，エクセルで統計量Hを求めることにしましょう．

①全データに順位をつけるために，各水準のデータを縦に並べます．次に，N1～O19セルを選択 ⇒［ホーム］⇒［並べ替えとフィルター］⇒［ユーザー設定の並べ替え］を選択します．

※このとき，ラベル（水準，数量）は1行までしか選択できません（2行以上のラベルは選択できません）．

	M	N	O
1		水準	数量
2		E1	2
3		E1	2
4		E1	4
5		E1	5
6		E1	4
7		E1	5
8		E2	6
9		E2	7
10		E2	7
11		E2	6
12		E2	7
13		E2	6
14		E3	8
15		E3	10
16		E3	15
17		E3	9
18		E3	11
19		E3	16

②並べ替えでは，数量，値，昇順を選択します．

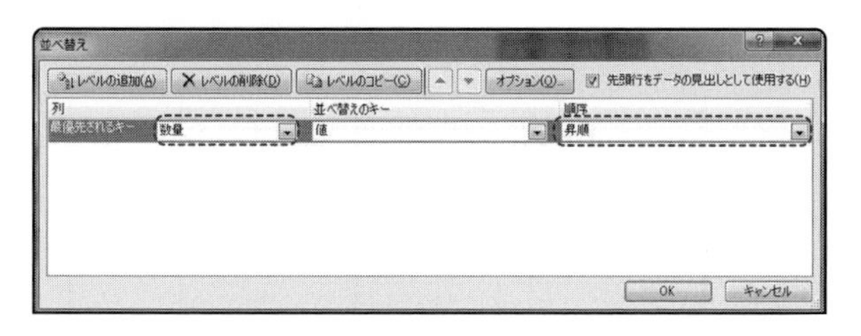

③**図 11.4**(a) のように数量に対して昇順の並べ替えがなされます．P 列には，順位をつけます（▶図 11.4(b) 参照）．数量が同じ数値の場合は「同順位」ですので，修正順位を与えます（▶図 11.4(c) 参照）．

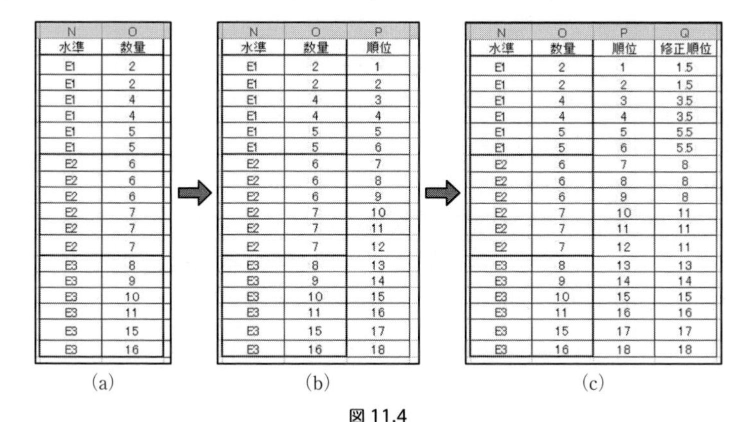

(a)

N	O
水準	数量
E1	2
E1	2
E1	4
E1	4
E1	5
E1	5
E2	6
E2	6
E2	6
E2	7
E2	7
E2	7
E3	8
E3	9
E3	10
E3	11
E3	15
E3	16

(b)

N	O	P
水準	数量	順位
E1	2	1
E1	2	2
E1	4	3
E1	4	4
E1	5	5
E1	5	6
E2	6	7
E2	6	8
E2	6	9
E2	7	10
E2	7	11
E2	7	12
E3	8	13
E3	9	14
E3	10	15
E3	11	16
E3	15	17
E3	16	18

(c)

N	O	P	Q
水準	数量	順位	修正順位
E1	2	1	1.5
E1	2	2	1.5
E1	4	3	3.5
E1	4	4	3.5
E1	5	5	5.5
E1	5	6	5.5
E2	6	7	8
E2	6	8	8
E2	6	9	8
E2	7	10	11
E2	7	11	11
E2	7	12	11
E3	8	13	13
E3	9	14	14
E3	10	15	15
E3	11	16	16
E3	15	17	17
E3	16	18	18

図 11.4

修正順位のつけ方は，例えば，数量 2 の順位が 1, 2 位にあります．この場合は，(1 + 2)/ 2 = 1.5 と計算します．また，数量 6 の順位は 7, 8, 9 位ですので，(7 + 8 + 9)/ 3 = 8 となります．

④修正順位ができたら，初めの水準ごとの並びに戻します．

※上記の例では，水準間の並びが他の水準間と混ざっていませんが，データの並べ替えの操作に間違いがないかをチェックするためにも，水準ごとの並びに戻すことをお勧めします．水準ごとのデータに並べ替える方法は，並べ替えの際に，優先されるキーを「水準」とします．

⑤修正順位のデータを水準ごとに縦配列に示します．次に水準ごとの R（順位の合計，11 行目）と R^2（15 行目）を求めます．

	R	S	T	U	V
1		修正順位			
2		E1	E2	E3	
3		1.5	8	13	
4		1.5	8	14	
5		3.5	8	15	
6		3.5	11	16	
7		5.5	11	17	
8		5.5	11	18	
9					
10		水準ごとの順位の合計R			
11		21	57	93	
12		=SUM(S3:S8)	=SUM(T3:T8)	=SUM(U3:U8)	
13					
14		水準ごとのRの2乗(R^2)			
15		441	3249	8649	
16		=S11^2	=T11^2	=U11^2	
17					
18		水準ごとのデータ数			
19		6	6	6	
20		=COUNT(S3:S8)	=COUNT(T3:T8)	=COUNT(U3:U8)	
21					
22		データ総数N			
23		18			
24		=SUM(S19:U19)			
25					
26		統計量H			
27		H = 12/((N*(N+1))*($R_1^2/n_1+R_2^2/n_2+R_3^2/n_3$)-3(N+1)			
28		15.1579			
29		=12/(18*(18+1))*(441/6+3249/6+8649/6)-3*(18+1)			
30					
31		自由度2(=k−1)のχ^2分布の5%有意水準			
32		判定基準	自由度2における有意水準5%のχ^2値は5.991		
33		判定結果	有意差あり	(∵ χ^2=15.1579 > 5.991)	
34			よって，水準間に差があるといえる。		

統計量 H は 15.1579（28 行目）となり，自由度 2 における χ^2 分布の有意水準 5% の棄却限界値は 5.991（▶付録 7「χ^2 検定表（上側確率）」参照）なので，水準間には統計的に有意（$P < 0.05$）な差があるといえます．

※データ総数 N が 18 以上なので，統計量 H の判定は χ^2 検定表を使います．

以上のようにクラスカル・ウォリス検定により，水準間に差があることがわかりました．次にどの水準間に差があるかを調べる方法は，多重比較検定になります．クラスカル・ウォリス検定はノンパラメトリック法ですので，引き続き行う多重比較検定もノンパラメトリック法を採用します．対応のない 2 群のノンパラメトリック検定には，マン・ホイットニーの U 検定を用います．ここではノンパラ法の多重比較を割愛しますが，10.4 節「マン・ホイットニーの U 検定（ノンパラメトリック法）」を参照下さい．

11.5　多重比較検定の使い分け方

Dunnett（ダンネ）の方法は，一つの群（コントロール群）と他の群との平均値の差を検定します．コントロール群以外の群間の比較は行いません．

Tukey の方法は，各群総当たりで平均値の差を検定します．もちろん，各群総当たりによる有意水準の低下の問題は，分散分析によって保障されています．

Bonferroni の方法は，多重比較による有意水準の低下を調整するため，有意水準を検定回数で割ります．例えば，3 群の場合，A–B 群，B–C 群，C–A 群の 3 回の検定が必要ですので，0.05/3 = 0.0167 を有意水準として各 2 群間の t 検定を行います．この方法は簡単ですが，有意差が出にくい保守的な方法です．

第12章　関連3群以上の差の検定

要因（因子）の数が二つの場合の分散分析を**2元配置分散分析**（two-way analysis of variance）といいます．2元配置分散分析では**繰り返しのない2元配置分散分析**と**繰り返しのある2元配置分散分析**があります．二つの要因の各水準の組み合わせに対して，データが一つずつしかない場合を「繰り返しがない」といい，データが複数ずつある場合を「繰り返しがある」といいます．2元配置分散分析はパラメトリック法です．基本的な前提は，正規分布に従うデータであることです．

12.1　繰り返しのない2元配置分散分析（パラメトリック法）

次のデータは，3品種のイチゴA_1，A_2，A_3を4か所の土地B_1，B_2，B_3，B_4で栽培して得られた収穫量を示していますが，品種ごとに，土地ごとに収穫量に差があるといえるでしょうか？

		土地			
		B_1	B_2	B_3	B_4
品種	A_1	12	15	24	18
	A_2	11	14	18	16
	A_3	14	15	22	17

2元配置分散分析では，データの総変動を要因Aの水準間の変動と要因Bの水準間の変動，そして水準内の（誤差）変動に分けます．2要因の水準間変動と水準内（誤差）変動は，要因Aによる分散（s_A^2），要因Bによる分散（s_B^2），誤差による分散（s_E^2）として表し，分散比F_A（$= s_A^2/s_E^2$），F_B（$= s_B^2/s_E^2$）についてF検定を用いて2要因の効果を調べます．

分散分析表に必要な統計量は次のようになります．

(1) 要因 A の水準間変動，分散 s_A^2

偏差平方和 S_A，各水準の平均値 $\bar{x}_{A,i}$，全データの平均値 $\bar{x}_T$，要因 A の水準数 k，要因 B の水準数 l，自由度 df_A とすると，

$$S_A = l \sum_{i=1}^{k} (\bar{x}_{A,i} - \bar{x}_T)^2$$

$$df_A = k - 1$$

$$s_A^2 = \frac{S_A}{df_A} = \frac{l \sum_{i=1}^{k} (\bar{x}_{A,i} - \bar{x}_T)^2}{k - 1}$$

(2) 要因 B の水準間変動，分散 s_B^2

偏差平方和 S_B，各水準の平均値 $\bar{x}_{B,j}$，全データの平均値 $\bar{x}_T$，要因 A の水準数 k，要因 B の水準数 l，自由度 df_B とすると，

$$S_B = k \sum_{j=1}^{l} (\bar{x}_{B,j} - \bar{x}_T)^2$$

$$df_B = l - 1$$

$$s_B^2 = \frac{S_B}{df_B} = \frac{k \sum_{j=1}^{l} (\bar{x}_{B,j} - \bar{x}_T)^2}{l - 1}$$

(3) 水準内変動（誤差による変動），分散 s_E^2

偏差平方和 S_E，データ総数 $N\,(=k \times l)$，自由度 df_E とすると，

$$S_E = \sum_{i=1}^{k} \sum_{j=1}^{l} (x_{ij} - \bar{x}_T)^2 - S_A - S_B$$

$$df_E = (k - 1)(l - 1)$$

$$s_E^2 = \frac{S_E}{df_E} = \frac{\sum_{i=1}^{k} \sum_{j=1}^{l} (x_{ij} - \bar{x}_T)^2 - S_A - S_B}{(k - 1)(l - 1)}$$

(4) 分散分析表のまとめ

変動要因	偏差平方和	自由度	分散	分散比
要因 A 水準間変動	S_{A}	$df_{\mathrm{A}}=k-1$	$s_{\mathrm{A}}^2=\dfrac{S_{\mathrm{A}}}{df_{\mathrm{A}}}$	$F_{\mathrm{A}}=\dfrac{s_{\mathrm{A}}^2}{s_{\mathrm{E}}^2}$
要因 B 水準間変動	S_{B}	$df_{\mathrm{B}}=l-1$	$s_{\mathrm{B}}^2=\dfrac{S_{\mathrm{B}}}{df_{\mathrm{B}}}$	$F_{\mathrm{B}}=\dfrac{s_{\mathrm{B}}^2}{s_{\mathrm{E}}^2}$
水準内変動	S_{E}	$df_{\mathrm{E}}=(k-1)(l-1)$	$s_{\mathrm{E}}^2=\dfrac{S_{\mathrm{E}}}{df_{\mathrm{E}}}$	
合計	$S_{\mathrm{A}}+S_{\mathrm{B}}+S_{\mathrm{E}}$	$kl-1$		

検定の仮説

要因 A について

- 帰無仮説 $H_{\mathrm{A},0}$：$\bar{x}_{\mathrm{A},1} = \bar{x}_{\mathrm{A},2} = \bar{x}_{\mathrm{A},3}$
- 対立仮説 $H_{\mathrm{A},1}$：$H_{\mathrm{A},0}$ が成立しない

要因 B について

- 帰無仮説 $H_{\mathrm{B},0}$：$\bar{x}_{\mathrm{B},1} = \bar{x}_{\mathrm{B},2} = \bar{x}_{\mathrm{B},3} = \bar{x}_{\mathrm{B},4}$
- 対立仮説 $H_{\mathrm{B},1}$：$H_{\mathrm{B},0}$ が成立しない

12.1.1 手計算による繰り返しのない 2 元配置分散分析

①実際に計算すると，以下のようになります．

	A	B	C	D	E	F	G
1			土地				
2			B_1	B_2	B_3	B_4	平均値
3	品種	A_1	12	15	24	18	17.250
4		A_2	11	14	18	16	14.750
5		A_3	14	15	22	17	17.000
6		平均値	12.333	14.667	21.333	17.000	
7							
8		全データの平均値			x_T	16.333	
9							
10		要因Aの水準数			k	3	
11		要因Bの水準数			l	4	
12							
13		総データ数			N	12	
14							
15		要因Aの自由度			df_A	2	
16		要因Bの自由度			df_B	3	
17		水準内変動の自由度			df_E	6	
18							
19							
20		水準間A			S_A	15.167	
21		水準間B			S_B	132.667	
22		水準内			S_E	10.833	

	I	J	K	L	M
1	全データの平均値				
2		B_1	B_2	B_3	B_4
3	A_1	16.333	16.333	16.333	16.333
4	A_2	16.333	16.333	16.333	16.333
5	A_3	16.333	16.333	16.333	16.333
8	要因Aの水準間偏差（各水準の平均値－全体平均値）				
9		B_1	B_2	B_3	B_4
10	A_1	0.917	0.917	0.917	0.917
11	A_2	−1.583	−1.583	−1.583	−1.583
12	A_3	0.667	0.667	0.667	0.667
15	要因Bの水準間偏差（各水準の平均値－全体平均値）				
16		B_1	B_2	B_3	B_4
17	A_1	−4.000	−1.667	5.000	0.667
18	A_2	−4.000	−1.667	5.000	0.667
19	A_3	−4.000	−1.667	5.000	0.667
22	水準内偏差（各水準－全体平均－A水準間偏差－B水準間偏差）				
23		B_1	B_2	B_3	B_4
24	A_1	−1.250	−0.583	1.750	0.083
25	A_2	0.250	0.917	−1.750	0.583
26	A_3	1.000	−0.333	0.000	−0.667

	O	P	Q	R	S
8	要因Aの水準間偏差の平方				
9		B_1	B_2	B_3	B_4
10	A_1	0.840	0.840	0.840	0.840
11	A_2	2.507	2.507	2.507	2.507
12	A_3	0.444	0.444	0.444	0.444
13	偏差平方和 S_A		15.167		
15	要因Bの水準間偏差の平方				
16		B_1	B_2	B_3	B_4
17	A_1	16.000	2.778	25.000	0.444
18	A_2	16.000	2.778	25.000	0.444
19	A_3	16.000	2.778	25.000	0.444
20	偏差平方和 S_B		132.667		
22	水準内偏差の平方				
23		B_1	B_2	B_3	B_4
24	A_1	1.563	0.340	3.063	0.007
25	A_2	0.062	0.840	3.063	0.340
26	A_3	1.000	0.111	0.000	0.444
27	偏差平方和 S_E		10.833		

②セル内の数式を示します．数式は各表の左角セル内の式を作成し，残りはコピー＆ペーストで完成させます．

		土地				
		B_1	B_2	B_3	B_4	平均値
品種	A_1	12	15	24	18	=AVERAGE(C3:F3)
	A_2	11	14	18	16	=AVERAGE(C4:F4)
	A_3	14	15	22	17	=AVERAGE(C5:F5)
	平均値	=AVERAGE(	=AVERAGE(	=AVERAGE(	=AVERAGE(F3:F5)	

全データの平均値	x_T	=AVERAGE(C3:F5)
要因Aの水準数	k	3
要因Bの水準数	l	4
総データ数	N	=3*4
要因Aの自由度	df_A	=3-1
要因Bの自由度	df_B	=4-1
水準内変動の自由度	df_E	=F15*F16
水準間A	S_A	=SUM(P10:S12)
水準間B	S_B	=SUM(P17:S19)
水準内	S_E	=SUM(P24:S26)

全データの平均値

	B_1	B_2	B_3	B_4
A_1	=$F$8	=$F$8	=$F$8	=$F$8
A_2	=$F$8	=$F$8	=$F$8	=$F$8
A_3	=$F$8	=$F$8	=$F$8	=$F$8

要因Aの水準間偏差（各水準の平均値－全体平均値）

	B_1	B_2	B_3	B_4
A_1	=$G3-J3	=$G3-K3	=$G3-L3	=$G3-M3
A_2	=$G4-J4	=$G4-K4	=$G4-L4	=$G4-M4
A_3	=$G5-J5	=$G5-K5	=$G5-L5	=$G5-M5

要因Bの水準間偏差（各水準の平均値－全体平均値）

	B_1	B_2	B_3	B_4
A_1	=C$6-J3	=D$6-K3	=E$6-L3	=F$6-M3
A_2	=C$6-J4	=D$6-K4	=E$6-L4	=F$6-M4
A_3	=C$6-J5	=D$6-K5	=E$6-L5	=F$6-M5

水準内偏差（各水準－全体平均－A水準間偏差－B水準間偏差）

	B_1	B_2	B_3	B_4
A_1	=C3-J3-J10-J17	=D3-K3-K10-K17	=E3-L3-L10-L17	=F3-M3-M10-M17
A_2	=C4-J4-J11-J18	=D4-K4-K11-K18	=E4-L4-L11-L18	=F4-M4-M11-M18
A_3	=C5-J5-J12-J19	=D5-K5-K12-K19	=E5-L5-L12-L19	=F5-M5-M12-M19

要因Aの水準間偏差の平方

	B_1	B_2	B_3	B_4
A_1	=J10^2	=K10^2	=L10^2	=M10^2
A_2	=J11^2	=K11^2	=L11^2	=M11^2
A_3	=J12^2	=K12^2	=L12^2	=M12^2
偏差平方和 S_A	=SUM(P10:S12)			

要因Bの水準間偏差の平方

	B_1	B_2	B_3	B_4
A_1	=J17^2	=K17^2	=L17^2	=M17^2
A_2	=J18^2	=K18^2	=L18^2	=M18^2
A_3	=J19^2	=K19^2	=L19^2	=M19^2
偏差平方和 S_B	=SUM(P17:S19)			

水準内偏差の平方

	B_1	B_2	B_3	B_4
A_1	=J24^2	=K24^2	=L24^2	=M24^2
A_2	=J25^2	=K25^2	=L25^2	=M25^2
A_3	=J26^2	=K26^2	=L26^2	=M26^2
偏差平方和 S_E	=SUM(P24:S26)			

③ 29 行目から下段は，分散分析の結果を示します．

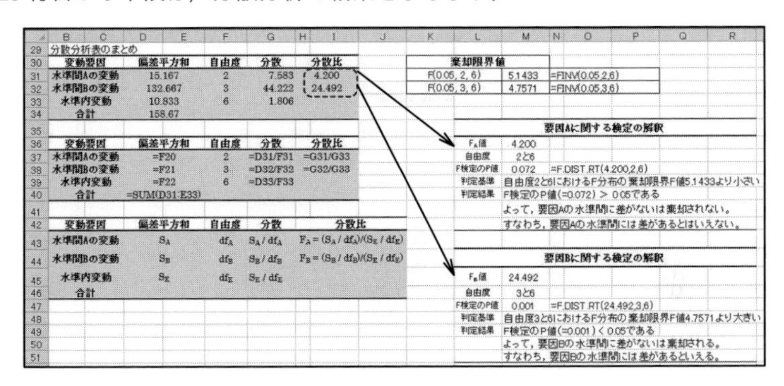

分散分析表のまとめ

変動要因	偏差平方和	自由度	分散	分散比
水準間Aの変動	15.167	2	7.583	4.200
水準間Bの変動	132.667	3	44.222	24.492
水準内変動	10.833	6	1.806	
合計	158.67			

変動要因	偏差平方和	自由度	分散	分散比
水準間Aの変動	=F20	2	=D31/F31	=G31/G33
水準間Bの変動	=F21	3	=D32/F32	=G32/G33
水準内変動	=F22	6	=D33/F33	
合計	=SUM(D31:E33)			

変動要因	偏差平方和	自由度	分散	分散比
水準間Aの変動	S_A	df_A	S_A / df_A	$F_A = (S_A / df_A)/(S_E / df_E)$
水準間Bの変動	S_B	df_B	S_B / df_B	$F_B = (S_B / df_B)/(S_E / df_E)$
水準内変動	S_E	df_E	S_E / df_E	
合計				

棄却限界値		
F(0.05, 2, 6)	5.1433	=FINV(0.05,2,6)
F(0.05, 3, 6)	4.7571	=FINV(0.05,3,6)

要因Aに関する検定の解釈		
F_A値	4.200	
自由度	2と6	
F検定のP値	0.072	=F.DIST.RT(4.200,2,6)
判定基準	自由度2と6におけるF分布の棄却限界F値5.1433より小さい	
判定結果	F検定のP値(=0.072) > 0.05である	
	よって，要因Aの水準間に差がないは棄却されない。	
	すなわち，要因Aの水準間には差があるとはいえない。	

要因Bに関する検定の解釈		
F_B値	24.492	
自由度	3と6	
F検定のP値	0.001	=F.DIST.RT(24.492,3,6)
判定基準	自由度3と6におけるF分布の棄却限界F値4.7571より大きい	
判定結果	F検定のP値(=0.001) < 0.05である	
	よって，要因Bの水準間に差がないは棄却される。	
	すなわち，要因Bの水準間には差があるといえる。	

F 検定の結果，要因 A の水準間の差は有意ではありません．すなわち，3 種類の品種については，収穫量に統計的に有意な差は認められません（$P = 0.072$）．また，要因 B の水準間の差は有意といえます．すなわち，4 か所の土地については，収穫量に統計的に有意な差が認められます（$P = 0.001$）．

12.1.2　分析ツールを使った 2 元配置分散分析

次に，エクセルの分析ツールで確認しましょう．

①メニュー［データ］⇒［データ分析］⇒［分散分析：繰り返しのない二元配置］を選択します.

②分散分析の結果です.

	H	I	J	K	L	M	N
1	分散分析: 繰り返しのない二元配置						
2							
3	概要	標本数	合計	平均	分散		
4	A1	4	69	17.25	26.25		
5	A2	4	59	14.75	8.916666667		
6	A3	4	68	17	12.66666667		
7							
8	B1	3	37	12.33333	2.333333333		
9	B2	3	44	14.66667	0.333333333		
10	B3	3	64	21.33333	9.333333333		
11	B4	3	51	17	1		
12							
13							
14	分散分析表						
15	変動要因	変動	自由度	分散	観測された分散比	P-値	F 境界値
16	行	15.16667	2	7.583333	4.2	0.072338	5.143253
17	列	132.6667	3	44.22222	24.49230769	0.000914	4.757063
18	誤差	10.83333	6	1.805556			
19							
20	合計	158.6667	11				

先に示した手計算の結果とエクセル分析ツールの結果に多少の差異があります．これは，計算する際の小数点以下の桁数の違いによります．P 値については，小数点以下 3 桁まで十分です．小数点以下 3 桁で表現した場合には，手計算と分析ツールの結果は同じになります．

12.2　繰り返しのある2元配置分散分析（パラメトリック法）

次のデータは，2品種のイチゴA_1，A_2を3種類の日照時間B_1，B_2，B_3で栽培して得られた収穫量を示しています．品種（要因A）ごと，日照時間（要因B）ごとに，収穫量に差があるといえるでしょうか．また，品種と日照時間の間に何らかの関係（交互作用）があるでしょうか．

要因Aと要因Bの各水準の組み合わせにデータが複数ありますので，この検定を**繰り返しのある2元配置分散分析**といいます．

	A	B	C	D	E
1			日照時間		
2			B_1	B_2	B_3
3	品種	A_1	12	18	24
4			11	17	18
5			14	16	22
6			13	15	20
7		A_2	12	11	12
8			13	17	10
9			10	16	8
10			13	11	6

次に，別な例を紹介します．実験の内容は全く違いますが，データの形式が同じであれば同じ2元配置分散分析になります．

次のデータは，濃度の違う同一の抗炎症薬A_1，A_2と濃度の違う同一の免疫抑制薬B_1，B_2，B_3を臓器移植後のレシピエントに投与した後に記録された拒絶反応の抑制効果の数値です（数値が大きいほど効果があります）．抗炎症薬（要因A）の水準間，免疫抑制薬（要因B）の水準間で，組織の拒絶反応の抑制効果に差があるといえるでしょうか．また，抗炎症薬の濃度と免疫抑制薬の濃度の間に何らかの関係（交互作用）があるでしょうか．

	A	B	C	D	E
1			免疫抑制薬		
2			B_1	B_2	B_3
3	抗炎症薬	A_1	12	18	24
4			11	17	18
5			14	16	22
6			13	15	20
7		A_2	12	11	12
8			13	17	10
9			10	16	8
10			13	11	6

まず初めに繰り返しのある2元配置分散分析の統計量を確認しましょう．繰り返しのある2元配置分散分析では，データの総変動を，要因Aの水準間の変動と要因Bの水準間の変動，2要因の交互作用の変動，そして水準内の（誤差）変動に分けます．要因Aの水準間変動を分散s_A^2，要因Bの水準間変動を分散s_B^2，交互作用変動を分散$s_{A \times B}^2$，水準内（誤差）変動を分散s_E^2と表すとき，分散比$F_A\,(= s_A^2/s_E^2)$，$F_B\,(= s_B^2/s_E^2)$，$F_{A \times B}\,(= s_{A \times B}^2/s_E^2)$について，F検定を用いて2要因の効果と交互作用の効果を調べます．

分散分析表に必要な統計量は以下のようになります．

(1) 要因Aの水準間変動，分散s_A^2

偏差平方和S_A，各水準の平均値$\bar{x}_{A,i}$，全データの平均値$\bar{x}_T$，要因Aの水準数k，要因Bの水準数l，繰り返し数n，自由度df_Aとすると，

$$S_A = nl \sum_{i=1}^{k} (\bar{x}_{A,i} - \bar{x}_T)^2$$

$$df_A = k - 1$$

$$s_A^2 = \frac{S_A}{df_A} = \frac{nl \sum_{i=1}^{k} (\bar{x}_{A,i} - \bar{x}_T)^2}{k-1}$$

(2) 要因Bの水準間変動，分散s_B^2

偏差平方和S_B，各水準の平均値$\bar{x}_{B,j}$，全データの平均値$\bar{x}_T$，要因Aの水準数k，要因Bの水準数l，繰り返し数n，自由度df_Bとすると，

$$S_B = nk \sum_{j=1}^{l} (\bar{x}_{B,j} - \bar{x}_T)^2$$

$$df_B = l - 1$$

$$s_B^2 = \frac{S_B}{df_B} = \frac{nk \sum_{j=1}^{l} (\bar{x}_{B,j} - \bar{x}_T)^2}{l-1}$$

(3) 交互作用の変動，分散$s_{A \times B}^2$

偏差平方和$S_{A \times B}$，総変動S_T，全データの平均値$\bar{x}_T$，要因Aの水準数k，要因Bの水準数l，自由度$df_{A \times B}$とすると，

$$S_{A \times B} = S_T - S_A - S_B - S_E$$

$$df_{A\times B} = (k-1)(l-1)$$

$$s^2_{A\times B} = \frac{S_{A\times B}}{df_{A\times B}} = \frac{S_T - S_A - S_B - S_E}{(k-1)(l-1)}$$

(4) 水準内変動（誤差変動），分散 s^2_E

偏差平方和 S_E，データ総数 $N\,(= k\times l\times n)$，自由度 df_E とすると，

$$S_E = \sum_{i=1}^{k}\sum_{j=1}^{l}\sum_{m=1}^{n}(x_{ijm} - \bar{x}_{Ai,Bj})^2$$

$$df_E = kl(n-1)$$

$$s^2_E = \frac{S_E}{df_E} = \frac{\sum_{i=1}^{k}\sum_{j=1}^{l}\sum_{m=1}^{n}(x_{ijm} - \bar{x}_{Ai,Bj})^2}{kl(n-1)}$$

(5) 分散分析表のまとめ

変動要因	偏差平方和	自由度	分散	分散比
要因 A 水準間変動	S_A	$df_A = k-1$	$s^2_A = \frac{S_A}{df_A}$	$F_A = \frac{s^2_A}{s^2_E}$
要因 B 水準間変動	S_B	$df_B = l-1$	$s^2_B = \frac{S_B}{df_B}$	$F_B = \frac{s^2_B}{s^2_E}$
交互作用変動	$S_{A\times B}$	$df_{A\times B} = (k-1)(l-1)$	$s^2_{A\times B} = \frac{S_{A\times B}}{df_{A\times B}}$	$F_{A\times B} = \frac{s^2_{A\times B}}{s^2_E}$
水準内変動	S_E	$df_E = kl(n-1)$	$s^2_E = \frac{S_E}{df_E}$	
合計	S_T	$kln-1$		

検定の仮説

要因 A について

- ➢ 帰無仮説 $H_{A,0}$：$\bar{x}_{A,1} = \bar{x}_{A,2}$
- ➢ 対立仮説 $H_{A,1}$：$H_{A,0}$ が成立しない

要因 B について

- ➢ 帰無仮説 $H_{B,0}$：$\bar{x}_{B,1} = \bar{x}_{B,2} = \bar{x}_{B,3}$
- ➢ 対立仮説 $H_{B,1}$：$H_{B,0}$ が成立しない

要因 A，B の交互作用について

- 帰無仮説 $H_{A \times B,0}$：$ab_{1,1} = ab_{1,2} = ab_{1,3} = ab_{2,1} = ab_{2,2} = ab_{2,3}$
- 対立仮説 $H_{A \times B,1}$：$H_{A \times B,0}$ が成立しない

12.2.1 分析ツールを使った繰り返しのある 2 元配置分散分析

エクセルの分析ツールで確認しましょう．データの入力は以下のようになります．

	A	B	C	D	E
1			日照時間		
2			B_1	B_2	B_3
3	品種	A_1	12	18	24
4			11	17	18
5			14	16	22
6			13	15	20
7		A_2	12	11	12
8			13	17	10
9			10	16	8
10			13	11	6

ラベルの欄については「セルの結合」が許されます．しかし，データについてはセルの結合を使うと分析ツールが使えません．データのセル結合については，日頃から使わない習慣にしておくことをお勧めします．ただし，プレゼン用や印刷資料などのように表計算を行わない時には，レイアウトを優先した使い方としてセル結合は便利です．

①メニュー［データ］⇒［データ分析］⇒［分散分析：繰り返しのある二元配置］を選択します．

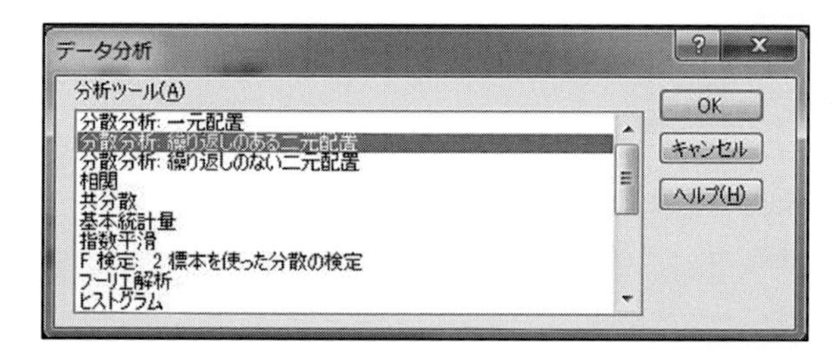

②データの［入力範囲］は，「B2〜E10 セル」を選択します．［1 標本あたりの行数］は，繰り返し数「4」と入力し，［α(A)］は「0.05」とします（有意水準 5% の意味です）．

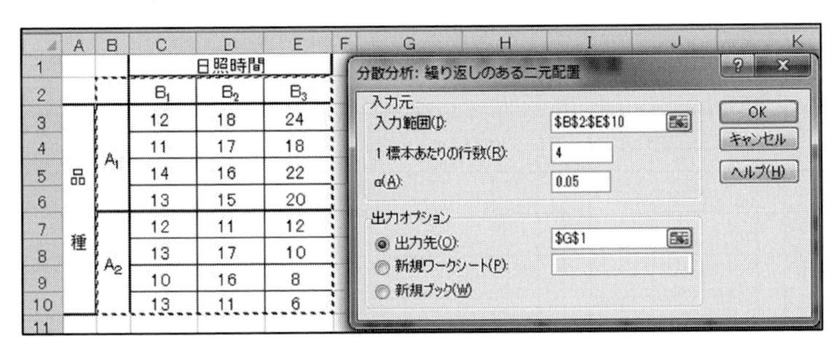

		日照時間		
		B_1	B_2	B_3
品種	A_1	12	18	24
		11	17	18
		14	16	22
		13	15	20
	A_2	12	11	12
		13	17	10
		10	16	8
		13	11	6

③結果です．

	G	H	I	J	K	L	M
1	分散分析: 繰り返しのある二元配置						
2	概要	B1	B2	B3	合計		
3	A1						
4	標本数	4	4	4	12		
5	合計	50	66	84	200		
6	平均	12.5	16.5	21	16.66666667		
7	分散	1.666667	1.666667	6.666667	15.87878788		
8							
9	A2						
10	標本数	4	4	4	12		
11	合計	48	55	36	139		
12	平均	12	13.75	9	11.58333333		
13	分散	2	10.25	6.666667	9.356060606		
14							
15	合計						
16	標本数	8	8	8			
17	合計	98	121	120			
18	平均	12.25	15.125	15			
19	分散	1.642857	7.267857	46.85714			
20							
21	分散分析表						
22	変動要因	変動	自由度	分散	観測された分散比	P-値	F 境界値
23	標本 要因A	155.0417	1	155.0417	32.17002882	0.00002	4.413873
24	列 要因B	42.25	2	21.125	4.383285303	0.02813	3.554557
25	交互作用	148.5833	2	74.29167	15.41498559	0.00013	3.554557
26	繰り返し誤差	86.75	18	4.819444			
27							
28	合計	432.625	23				

結果は，要因 A，要因 B，AB の交互作用について $P < 0.05$ となり，いずれにも有意な差が認められます．

12.2.2　手計算による繰り返しのある2元配置分散分析

次は，分散分析表について数値計算を行います．初めに数値計算の結果を示し，次にセル内の数式を示します．

①数値計算の結果です．

日照時間

		B_1	B_2	B_3
品種	A_1	12	18	24
		11	17	18
		14	16	22
		13	15	20
	A_2	12	11	12
		13	17	10
		10	16	8
		13	11	6

水準ごとの平均値

A_1	x_{A1}	16.667
A_2	x_{A2}	11.583
B_1	x_{B1}	12.250
B_2	x_{B2}	15.125
B_3	x_{B3}	15.000

全データの平均値	x_T	14.125
総データ数	N	24
繰り返し数	n	4
要因Aの水準数	k	2
要因Bの水準数	l	3
要因Aの自由度	df_A	1
要因Bの自由度	df_B	2
交互作用の自由度	$df_{A×B}$	2
水準内変動の自由度	df_E	18
要因Aの偏差平方和	S_A	155.042
要因Bの偏差平方和	S_B	42.250
交互作用の偏差平方和	$S_{A×B}$	148.583
水準内の偏差平方和	S_E	86.750
要因Aの分散	S_A/df_A	155.042
要因Bの分散	S_B/df_B	21.125
交互作用の分散	$S_{A×B}/df_{A×B}$	74.292
水準内変動の分散	S_E/df_E	4.819
要因Aの分散比	F_A	32.170
要因Bの分散比	F_B	4.383
交互作用の分散比	$F_{A×B}$	15.415
要因AのP値	0.00002	P < 0.05
要因BのP値	0.02813	P < 0.05
交互作用のP値	0.00013	P < 0.05

要因Aの水準間偏差（各水準の平均値－全体平均値）

	B_1	B_2	B_3
A_1	2.542	2.542	2.542
	2.542	2.542	2.542
	2.542	2.542	2.542
	2.542	2.542	2.542
A_2	−2.542	−2.542	−2.542
	−2.542	−2.542	−2.542
	−2.542	−2.542	−2.542
	−2.542	−2.542	−2.542

要因Aの水準間偏差の平方

	B_1	B_2	B_3
A_1	6.460	6.460	6.460
	6.460	6.460	6.460
	6.460	6.460	6.460
	6.460	6.460	6.460
A_2	6.460	6.460	6.460
	6.460	6.460	6.460
	6.460	6.460	6.460
	6.460	6.460	6.460

要因Bの水準間偏差（各水準の平均値－全体平均値）

	B_1	B_2	B_3
A_1	−1.875	1.000	0.875
	−1.875	1.000	0.875
	−1.875	1.000	0.875
	−1.875	1.000	0.875
A_2	−1.875	1.000	0.875
	−1.875	1.000	0.875
	−1.875	1.000	0.875
	−1.875	1.000	0.875

要因Bの水準間偏差の平方

	B_1	B_2	B_3
A_1	3.516	1.000	0.766
	3.516	1.000	0.766
	3.516	1.000	0.766
	3.516	1.000	0.766
A_2	3.516	1.000	0.766
	3.516	1.000	0.766
	3.516	1.000	0.766
	3.516	1.000	0.766

交互作用の偏差（各データ－各要因の偏差－水準内偏差－全データ平均値）

	B_1	B_2	B_3
A_1	−2.292	−1.167	3.458
	−2.292	−1.167	3.458
	−2.292	−1.167	3.458
	−2.292	−1.167	3.458
A_2	2.292	1.167	−3.458
	2.292	1.167	−3.458
	2.292	1.167	−3.458
	2.292	1.167	−3.458

交互作用の偏差平方

	B_1	B_2	B_3
A_1	5.252	1.361	11.960
	5.252	1.361	11.960
	5.252	1.361	11.960
	5.252	1.361	11.960
A_2	5.252	1.361	11.960
	5.252	1.361	11.960
	5.252	1.361	11.960
	5.252	1.361	11.960

水準内ごとの平均値

	B_1	B_2	B_3
A_1	12.500	16.500	21.000
	12.500	16.500	21.000
	12.500	16.500	21.000
	12.500	16.500	21.000
A_2	12.000	13.750	9.000
	12.000	13.750	9.000
	12.000	13.750	9.000
	12.000	13.750	9.000

水準内偏差（各データ－水準内平均値）

	B_1	B_2	B_3
A_1	−0.500	1.500	3.000
	−1.500	0.500	−3.000
	1.500	−0.500	1.000
	0.500	−1.500	−1.000
A_2	0.000	−2.750	3.000
	1.000	3.250	1.000
	−2.000	2.250	−1.000
	1.000	−2.750	−3.000

水準内偏差の平方

	B_1	B_2	B_3
A_1	0.250	2.250	9.000
	2.250	0.250	9.000
	2.250	0.250	1.000
	0.250	2.250	1.000
A_2	0.000	7.563	9.000
	1.000	10.563	1.000
	4.000	5.063	1.000
	1.000	7.563	9.000

② セル内の数式です．

	A	B	C	D	E	F
1			日照時間			
2			B_1	B_2	B_3	
3			12	18	24	
4		A_1	11	17	18	
5	品		14	16	22	
6			13	15	20	
7	種		12	11	12	
8		A_2	13	17	10	
9			10	16	8	
10			13	11	6	
11						
12	水準ごとの平均値					
13			A_1	x_{A1}	=AVERAGE(C3:E6)	
14			A_2	x_{A2}	=AVERAGE(C7:E10)	
15			B_1	x_{B1}	=AVERAGE(C3:C10)	
16			B_2	x_{B2}	=AVERAGE(D3:D10)	
17			B_3	x_{B3}	=AVERAGE(E3:E10)	
18–24						
25	全データの平均値			x_T	=AVERAGE(C3:E10)	
26						
27	総データ数			N	=E28*E29*E30	
28	繰り返し数			n	4	
29	要因Aの水準数			k	2	
30	要因Bの水準数			l	3	
31						
32	要因Aの自由度			df_A	=2-1	
33	要因Bの自由度			df_B	=3-1	
34	交互作用の自由度			$df_{A\times B}$	=E32*E33	
35	水準内変動の自由度			df_E	=E29*E30*(E28-1)	
36–37						
38	要因Aの偏差平方和			S_A	=SUM(N3:P10)	
39	要因Bの偏差平方和			S_B	=SUM(N14:P21)	
40	交互作用の偏差平方和			$S_{A\times B}$	=SUM(N25:P32)	
41	水準内の偏差平方和			S_E	=SUM(N47:P54)	
42						
43	要因Aの分散			S_A/df_A	=E38/E32	
44	要因Bの分散			S_B/df_B	=E39/E33	
45	交互作用の分散			$S_{A\times B}/df_{A\times B}$	=E40/E34	
46	水準内変動の分散			S_E/df_E	=E41/E35	
47						
48	要因Aの分散比			F_A	=E43/E46	
49	要因Bの分散比			F_B	=E44/E46	
50	交互作用の分散比			$F_{A\times B}$	=E45/E46	
51						
52	要因AのP値			=F.DIST.RT(E48,E32,E35)		
53	要因BのP値			=F.DIST.RT(E49,E33,E35)		
54	交互作用のP値			=F.DIST.RT(E50,E34,E35)		

	G	H	I	J
1	要因Aの水準間偏差（各水準の平均値－全体平均値）			
2		B_1	B_2	B_3
3	A_1	=$E$13-$E$25	=$E$13-$E$25	=$E$13-$E$25
4		=$E$13-$E$25	=$E$13-$E$25	=$E$13-$E$25
5		=$E$13-$E$25	=$E$13-$E$25	=$E$13-$E$25
6		=$E$13-$E$25	=$E$13-$E$25	=$E$13-$E$25
7	A_2	=$E$14-$E$25	=$E$14-$E$25	=$E$14-$E$25
8		=$E$14-$E$25	=$E$14-$E$25	=$E$14-$E$25
9		=$E$14-$E$25	=$E$14-$E$25	=$E$14-$E$25
10		=$E$14-$E$25	=$E$14-$E$25	=$E$14-$E$25
12	要因Bの水準間偏差（各水準の平均値－全体平均値）			
13		B_1	B_2	B_3
14	A_1	=$E$15-$E$25	=$E$16-$E$25	=$E$17-$E$25
15		=$E$15-$E$25	=$E$16-$E$25	=$E$17-$E$25
16		=$E$15-$E$25	=$E$16-$E$25	=$E$17-$E$25
17		=$E$15-$E$25	=$E$16-$E$25	=$E$17-$E$25
18	A_2	=$E$15-$E$25	=$E$16-$E$25	=$E$17-$E$25
19		=$E$15-$E$25	=$E$16-$E$25	=$E$17-$E$25
20		=$E$15-$E$25	=$E$16-$E$25	=$E$17-$E$25
21		=$E$15-$E$25	=$E$16-$E$25	=$E$17-$E$25
23	交互作用の偏差（各データ－各要因の偏差－水準内偏差－全データ平均値）			
24		B_1	B_2	B_3
25	A_1	=C3-H3-H14-H47-$E$25	=D3-I3-I14-I47-$E$25	=E3-J3-J14-J47-$E$25
26		=C4-H4-H15-H48-$E$25	=D4-I4-I15-I48-$E$25	=E4-J4-J15-J48-$E$25
27		=C5-H5-H16-H49-$E$25	=D5-I5-I16-I49-$E$25	=E5-J5-J16-J49-$E$25
28		=C6-H6-H17-H50-$E$25	=D6-I6-I17-I50-$E$25	=E6-J6-J17-J50-$E$25
29	A_2	=C7-H7-H18-H51-$E$25	=D7-I7-I18-I51-$E$25	=E7-J7-J18-J51-$E$25
30		=C8-H8-H19-H52-$E$25	=D8-I8-I19-I52-$E$25	=E8-J8-J19-J52-$E$25
31		=C9-H9-H20-H53-$E$25	=D9-I9-I20-I53-$E$25	=E9-J9-J20-J53-$E$25
32		=C10-H10-H21-H54-$E$25	=D10-I10-I21-I54-$E$25	=E10-J10-J21-J54-$E$25
34	水準内ごとの平均値			
35		B_1	B_2	B_3
36	A_1	=AVERAGE(C$3:C$6)	=AVERAGE(D$3:D$6)	=AVERAGE(E$3:E$6)
37		=AVERAGE(C$3:C$6)	=AVERAGE(D$3:D$6)	=AVERAGE(E$3:E$6)
38		=AVERAGE(C$3:C$6)	=AVERAGE(D$3:D$6)	=AVERAGE(E$3:E$6)
39		=AVERAGE(C$3:C$6)	=AVERAGE(D$3:D$6)	=AVERAGE(E$3:E$6)
40	A_2	=AVERAGE(C$7:C$10)	=AVERAGE(D$7:D$10)	=AVERAGE(E$7:E$10)
41		=AVERAGE(C$7:C$10)	=AVERAGE(D$7:D$10)	=AVERAGE(E$7:E$10)
42		=AVERAGE(C$7:C$10)	=AVERAGE(D$7:D$10)	=AVERAGE(E$7:E$10)
43		=AVERAGE(C$7:C$10)	=AVERAGE(D$7:D$10)	=AVERAGE(E$7:E$10)
45	水準内偏差（各データ－水準内平均値）			
46		B_1	B_2	B_3
47	A_1	=C3-H36	=D3-I36	=E3-J36
48		=C4-H37	=D4-I37	=E4-J37
49		=C5-H38	=D5-I38	=E5-J38
50		=C6-H39	=D6-I39	=E6-J39
51	A_2	=C7-H40	=D7-I40	=E7-J40
52		=C8-H41	=D8-I41	=E8-J41
53		=C9-H42	=D9-I42	=E9-J42
54		=C10-H43	=D10-I43	=E10-J43

	M	N	O	P
1		要因Aの水準間偏差の平方		
2		B_1	B_2	B_3
3	A_1	=H3^2	=I3^2	=J3^2
4		=H4^2	=I4^2	=J4^2
5		=H5^2	=I5^2	=J5^2
6		=H6^2	=I6^2	=J6^2
7	A_2	=H7^2	=I7^2	=J7^2
8		=H8^2	=I8^2	=J8^2
9		=H9^2	=I9^2	=J9^2
10		=H10^2	=I10^2	=J10^2
12		要因Bの水準間偏差の平方		
13		B_1	B_2	B_3
14	A_1	=H14^2	=I14^2	=J14^2
15		=H15^2	=I15^2	=J15^2
16		=H16^2	=I16^2	=J16^2
17		=H17^2	=I17^2	=J17^2
18	A_2	=H18^2	=I18^2	=J18^2
19		=H19^2	=I19^2	=J19^2
20		=H20^2	=I20^2	=J20^2
21		=H21^2	=I21^2	=J21^2
23		交互作用の偏差平方		
24		B_1	B_2	B_3
25	A_1	=H25^2	=I25^2	=J25^2
26		=H26^2	=I26^2	=J26^2
27		=H27^2	=I27^2	=J27^2
28		=H28^2	=I28^2	=J28^2
29	A_2	=H29^2	=I29^2	=J29^2
30		=H30^2	=I30^2	=J30^2
31		=H31^2	=I31^2	=J31^2
32		=H32^2	=I32^2	=J32^2
45		水準内偏差の平方		
46		B_1	B_2	B_3
47	A_1	=H47^2	=I47^2	=J47^2
48		=H48^2	=I48^2	=J48^2
49		=H49^2	=I49^2	=J49^2
50		=H50^2	=I50^2	=J50^2
51	A_2	=H51^2	=I51^2	=J51^2
52		=H52^2	=I52^2	=J52^2
53		=H53^2	=I53^2	=J53^2
54		=H54^2	=I54^2	=J54^2

交互作用の偏差平方和は，

$$S_{A\times B} = S_T - S_A - S_B - S_E$$

に基づいています．ここでは，S_T =（各データ）－（全データの平均値）です．

③交互作用の算出について別解法による数値計算を行います．要因Aと要因Bは同様ですので省略します．⬚で囲んだ箇所の計算式が違います．

行	項目	記号	値
25	全データの平均値	x_T	14.125
27	総データ数	N	24
28	繰り返し数	n	4
29	要因Aの水準数	k	2
30	要因Bの水準数	l	3
32	要因Aの自由度	df_A	1
33	要因Bの自由度	df_B	2
34	交互作用の自由度	$df_{A\times B}$	2
35	水準内変動の自由度	df_E	18
38	要因Aの偏差平方和	S_A	155.042
39	要因Bの偏差平方和	S_B	42.250
40	交互作用の偏差平方和	$S_{A\times B}$	148.583
41	水準内の偏差平方和	S_E	86.750
43	要因Aの分散		155.0417
44	要因Bの分散		21.125
45	交互作用の分散		74.29167
46	水準内変動の分散		4.819444
48	要因Aの分散比	F_A	32.170
49	要因Bの分散比	F_B	4.383
50	交互作用の分散比	$F_{A\times B}$	15.415
52	要因AのP値	0.00002	P < 0.05
53	要因BのP値	0.02813	P < 0.05
54	交互作用のP値	0.00013	P < 0.05

要因ABの水準間偏差（xij-xT）

	B_1	B_2	B_3
A_1	−1.625	2.375	6.875
	−1.625	2.375	6.875
	−1.625	2.375	6.875
	−1.625	2.375	6.875
A_2	−2.125	−0.375	−5.125
	−2.125	−0.375	−5.125
	−2.125	−0.375	−5.125
	−2.125	−0.375	−5.125

xij-xTの偏差平方

	B_1	B_2	B_3
A_1	2.641	5.641	47.266
	2.641	5.641	47.266
	2.641	5.641	47.266
	2.641	5.641	47.266
A_2	4.516	0.141	26.266
	4.516	0.141	26.266
	4.516	0.141	26.266
	4.516	0.141	26.266

水準内ごとの平均値

	B_1	B_2	B_3
A_1	12.500	16.500	21.000
	12.500	16.500	21.000
	12.500	16.500	21.000
	12.500	16.500	21.000
A_2	12.000	13.750	9.000
	12.000	13.750	9.000
	12.000	13.750	9.000
	12.000	13.750	9.000

交互作用の偏差平方

	B_1	B_2	B_3
A_1	−7.335	−1.819	40.040
	−7.335	−1.819	40.040
	−7.335	−1.819	40.040
	−7.335	−1.819	40.040
A_2	−5.460	−7.319	19.040
	−5.460	−7.319	19.040
	−5.460	−7.319	19.040
	−5.460	−7.319	19.040

水準内偏差（各データ－水準内平均値）

	B_1	B_2	B_3
A_1	−0.500	1.500	3.000
	−1.500	0.500	−3.000
	1.500	−0.500	1.000
	0.500	−1.500	−1.000
A_2	0.000	−2.750	3.000
	1.000	3.250	1.000
	−2.000	2.250	−1.000
	1.000	−2.750	−3.000

水準内偏差の平方

	B_1	B_2	B_3
A_1	0.250	2.250	9.000
	2.250	0.250	9.000
	2.250	0.250	1.000
	0.250	2.250	1.000
A_2	0.000	7.563	9.000
	1.000	10.563	1.000
	4.000	5.063	1.000
	1.000	7.563	9.000

④ セル内の数式です．

行	項目	記号	値
25	全データの平均値	x_T	14.125
27	総データ数	N	24
28	繰り返し数	n	4
29	要因Aの水準数	k	2
30	要因Bの水準数	l	3
32	要因Aの自由度	df_A	1
33	要因Bの自由度	df_B	2
34	交互作用の自由度	$df_{A\times B}$	2
35	水準内変動の自由度	df_E	18
38	要因Aの偏差平方和	S_A	155.042
39	要因Bの偏差平方和	S_B	42.250
40	交互作用の偏差平方和	$S_{A\times B}$	=SUM(N36:P43)
41	水準内の偏差平方和	S_E	86.750
43	要因Aの分散		155.042
44	要因Bの分散		21.125
45	交互作用の分散		74.292
46	水準内変動の分散		4.819
48	要因Aの分散比	F_A	=E43/E46
49	要因Bの分散比	F_B	=E44/E46
50	交互作用の分散比	$F_{A\times B}$	=E45/E46
52	要因AのP値	=F.DIST.RT(E48,E32,E35)	
53	要因BのP値	=F.DIST.RT(E49,E33,E35)	
54	交互作用のP値	=F.DIST.RT(E50,E34,E35)	

要因ABの水準間偏差（xij-xT）

	B_1	B_2	B_3
A_1	=H36-$E$25	=I36-$E$25	=J36-$E$25
	=H37-$E$25	=I37-$E$25	=J37-$E$25
	=H38-$E$25	=I38-$E$25	=J38-$E$25
	=H39-$E$25	=I39-$E$25	=J39-$E$25
A_2	=H40-$E$25	=I40-$E$25	=J40-$E$25
	=H41-$E$25	=I41-$E$25	=J41-$E$25
	=H42-$E$25	=I42-$E$25	=J42-$E$25
	=H43-$E$25	=I43-$E$25	=J43-$E$25

xij-xTの偏差平方

	B_1	B_2	B_3
A_1	=H25^2	=I25^2	=J25^2
	=H26^2	=I26^2	=J26^2
	=H27^2	=I27^2	=J27^2
	=H28^2	=I28^2	=J28^2
A_2	=H29^2	=I29^2	=J29^2
	=H30^2	=I30^2	=J30^2
	=H31^2	=I31^2	=J31^2
	=H32^2	=I32^2	=J32^2

水準内ごとの平均値

	B_1	B_2	B_3
A_1	=AVERAGE(C$3:C$6)	=AVERAGE(D$3:D$6)	=AVERAGE(E$3:E$6)
	=AVERAGE(C$3:C$6)	=AVERAGE(D$3:D$6)	=AVERAGE(E$3:E$6)
	=AVERAGE(C$3:C$6)	=AVERAGE(D$3:D$6)	=AVERAGE(E$3:E$6)
	=AVERAGE(C$3:C$6)	=AVERAGE(D$3:D$6)	=AVERAGE(E$3:E$6)
A_2	=AVERAGE(C$7:C$10)	=AVERAGE(D$7:D$10)	=AVERAGE(E$7:E$10)
	=AVERAGE(C$7:C$10)	=AVERAGE(D$7:D$10)	=AVERAGE(E$7:E$10)
	=AVERAGE(C$7:C$10)	=AVERAGE(D$7:D$10)	=AVERAGE(E$7:E$10)
	=AVERAGE(C$7:C$10)	=AVERAGE(D$7:D$10)	=AVERAGE(E$7:E$10)

交互作用の偏差平方

	B_1	B_2	B_3
A_1	=N25-N3-N14	=O25-O3-O14	=P25-P3-P14
	=N26-N4-N15	=O26-O4-O15	=P26-P4-P15
	=N27-N5-N16	=O27-O5-O16	=P27-P5-P16
	=N28-N6-N17	=O28-O6-O17	=P28-P6-P17
A_2	=N29-N7-N18	=O29-O7-O18	=P29-P7-P18
	=N30-N8-N19	=O30-O8-O19	=P30-P8-P19
	=N31-N9-N20	=O31-O9-O20	=P31-P9-P20
	=N32-N10-N21	=O32-O10-O21	=P32-P10-P21

水準内偏差（各データ－水準内平均値）

	B_1	B_2	B_3
A_1	=C3-H36	=D3-I36	=E3-J36
	=C4-H37	=D4-I37	=E4-J37
	=C5-H38	=D5-I38	=E5-J38
	=C6-H39	=D6-I39	=E6-J39
A_2	=C7-H40	=D7-I40	=E7-J40
	=C8-H41	=D8-I41	=E8-J41
	=C9-H42	=D9-I42	=E9-J42
	=C10-H43	=D10-I43	=E10-J43

水準内偏差の平方

	B_1	B_2	B_3
A_1	=H47^2	=I47^2	=J47^2
	=H48^2	=I48^2	=J48^2
	=H49^2	=I49^2	=J49^2
	=H50^2	=I50^2	=J50^2
A_2	=H51^2	=I51^2	=J51^2
	=H52^2	=I52^2	=J52^2
	=H53^2	=I53^2	=J53^2
	=H54^2	=I54^2	=J54^2

別解法の交互作用の偏差平方和は，

$$S_{AB} = S_T - S_E,\quad S_{A\times B} = S_{AB} - S_A - S_B$$

に基づいています．

繰り返しのある 2 元配置分散分析の結果について整理します．
(1) 要因 A について水準間に差があります（$P = 0.00002$）．
(2) 要因 B について水準間に差があります（$P = 0.02813$）．
(3) 要因 A と B の交互作用には差があります（$P = 0.00013$）．

具体的には，
(1) A_1 と A_2 の平均値に有意な差があります（$P < 0.05$）．
(2) B_1 と B_2 と B_3 の平均値のいずれか，または，すべてに有意な差があります（$P < 0.05$）．

交互作用の説明を以下に示します．

ここで，交互作用の意味を理解するために，幾つかの例を見てみましょう．

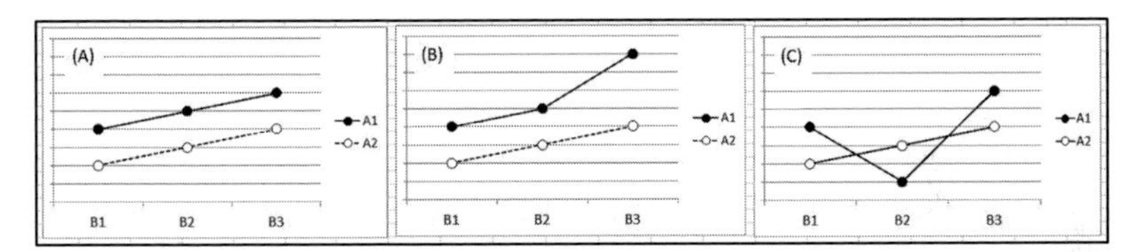

グラフ（A）は交互作用がありません．データの並びが平行の状態です．グラフ（B）は交互作用があります．右肩上がりの傾向に類似性はありますが，増加率に違いがあります．グラフ（C）は交互作用があります．変化のパターンに違いがあります．交互作用（B）には「相乗効果」，交互作用（C）には「相殺効果」が考えられます．

以上の交互作用の性質を踏まえ，分散分析の交互作用の結果は，
(3) 交互作用では，変化のパターンに違い（差）があります（$P < 0.05$）．

12.2.3 分散分析の結果を確認する

グラフ（▶図 12.1 参照）で繰り返しのある 2 元配置分散分析の結果を確認しましょう．

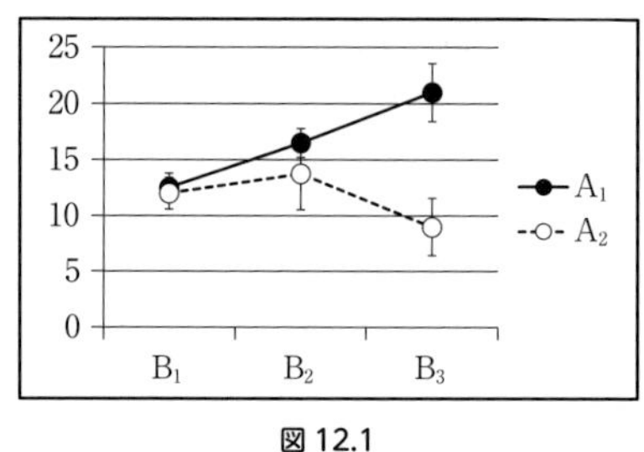

図 12.1

(1) 要因 A に着目すると A_2 に比べ A_1 の平均値が有意に大きいといえます.

(2) 要因 B では，B_1，B_2，B_3 の平均値に有意な差があります．その差は大きくありませんが確かに有意といえます．それを示すのが，$P = 0.02813$ です.

(3) 要因 A は水準が 2 です．分散分析後の多重比較は 2 群の t 検定となります．実は，2 群の分散分析の結果は，2 群の t 検定と同じ結果になるので，2 水準の要因 A については分散分析後の多重比較は必要ありません.

(4) 要因 B は水準が 3 です．分散分析は 3 水準の平均値に差があるか否かを調べています．したがって，どの水準間で有意な差があるかを調べるためには，分散分析後の多重比較が必要になります（▶ 詳細は，11.3 節「多重比較検定」参照）.

(5) 要因 A と B の相互作用とは，ここでは，要因 A の要因 B に対する影響と見ることができます．A_1 では，B_1，B_2，B_3 と増加傾向にありますが，A_2 はその増加傾向に対して B_3 を強く減少させています.

違う例になりますが，2 種類の薬を飲んだ際の「飲み合わせの影響」を，交互作用の差によって確認することができます.

12.3 反復測定分散分析（パラメトリック法）

次のデータは，最大酸素摂取量の 80% の運動強度で 5 分間運動を行い，運動後の回復期に得られた心拍数〔拍/分〕の測定値です．被験者はボランティアの男子大学生 7 名です．HR0 は運動終了直前 1 分間のデータです．また HR1 は運動終了後の 1 分間，以下同様に運動後 4 分（HR4）までの各個人の 1 分ごとの平均値です.

B 列は空欄です

	A	B	C	D	E	F	G
1			Heart rate recovery				
2	No.		HR0	HR1	HR2	HR3	HR4
3	1		144	120	106	101	98
4	2		148	118	102	98	96
5	3		136	113	100	95	92
6	4		152	122	105	100	99
7	5		150	120	104	99	98
8	6		156	130	114	109	106
9	7		150	125	110	105	102
10							
11	Mean		148.0	121.2	105.7	101.0	98.7
12	SD		6.4	5.2	4.9	4.6	4.3

※ HR（heart rate）：心拍数
※ Heart rate recovery：心拍数の回復.

このデータの特徴は，同じ被験者について継続的に複数回測定がなされている点です．一般的には，複数ある実験サンプルについて 3 水準以上ある要因に関する計測データを分析する方法が，**反復測定分散分析**（repeated-measures analysis of variance）です．

1 要因の反復測定分散分析のデータ形式は，一見すると繰り返しのない 2 元配置分散分析のデータ形式に似ていますが，行と列について 2 要因と考えるのではなく，目的の要因は一つ（列方向のみ）と考えます．なぜなら見本データのように，行方向の要素はデータに影響を及ぼす要因とはならないからです．

1 要因の反復測定分散分析の計算手順は，扱うデータの形式（配列）が同形なので，2 元配置分散分析の計算手順と同じになります．そのため，エクセルの分析ツールでは，繰り返しのない 2 元配置分散分析を 1 要因の反復測定分散分析に代用します．ただし，分散分析の結果では，行の要因に関する分析結果は採用せず，要因として意味のある列方向の分析結果に注目します．

12.3.1　手計算による反復測定分散分析

データの形式が同じなので，反復測定分散分析の統計量は，繰り返しのない 2 元配置分散分析の統計量と同じになります．ここでは，検定のための統計量は割愛します（▶詳細は，12.1 節「繰り返しのない 2 元配置分散分析（パラメトリック法）」参照）．

①分散分析表を実際に計算すると，下図のようになります．

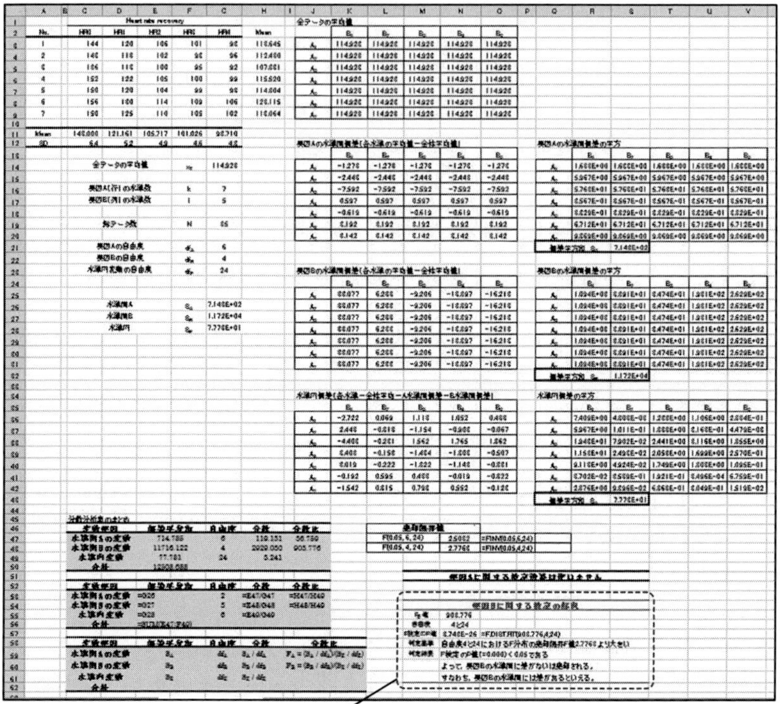

No.	HR0	HR1	HR2	HR3	HR4	Mean
	Heart rate recovery					
1	144	120	106	101	98	115.645
2	148	118	102	98	96	112.400
3	136	113	100	95	92	107.881
4	152	122	105	100	99	115.520
5	150	120	104	99	98	114.804
6	156	130	114	109	106	123.115
7	150	125	110	105	102	118.064
Mean	148.000	121.161	105.717	101.026	98.710	
SD	64	52	49	46	42	

全データの平均値	x_T	114.928
要因A(行)の水準数	k	7
要因B(列)の水準数	l	5
総データ数	N	35
要因Aの自由度	df_A	6
要因Bの自由度	df_B	4
水準内変動の自由度	df_E	24
水準間A	S_A	7.148E+02
水準間B	S_B	1.172E+04
水準内	S_E	7.778E+01

全データの平均値

	B_1	B_2	B_3	B_4	B_5
A_1	114.928	114.928	114.928	114.928	114.928
A_2	114.928	114.928	114.928	114.928	114.928
A_3	114.928	114.928	114.928	114.928	114.928
A_4	114.928	114.928	114.928	114.928	114.928
A_5	114.928	114.928	114.928	114.928	114.928
A_6	114.928	114.928	114.928	114.928	114.928
A_7	114.928	114.928	114.928	114.928	114.928

要因Aの水準間偏差（各水準の平均値－全体平均値）

	B_1	B_2	B_3	B_4	B_5
A_1	-1.278	-1.278	-1.278	-1.278	-1.278
A_2	-2.448	-2.448	-2.448	-2.448	-2.448
A_3	-7.592	-7.592	-7.592	-7.592	-7.592
A_4	0.597	0.597	0.597	0.597	0.597
A_5	-0.619	-0.619	-0.619	-0.619	-0.619
A_6	8.192	8.192	8.192	8.192	8.192
A_7	3.142	3.142	3.142	3.142	3.142

要因Aの水準間偏差の平方

	B_1	B_2	B_3	B_4	B_5
A_1	1.633E+00	1.633E+00	1.633E+00	1.633E+00	1.633E+00
A_2	5.967E+00	5.967E+00	5.967E+00	5.967E+00	5.967E+00
A_3	5.763E+01	5.763E+01	5.763E+01	5.763E+01	5.763E+01
A_4	3.567E-01	3.567E-01	3.567E-01	3.567E-01	3.567E-01
A_5	3.829E-01	3.829E-01	3.829E-01	3.829E-01	3.829E-01
A_6	6.712E+01	6.712E+01	6.712E+01	6.712E+01	6.712E+01
A_7	9.869E+00	9.869E+00	9.869E+00	9.869E+00	9.869E+00
偏差平方和 S_A	7.148E+02				

要因Bの水準間偏差（各水準の平均値－全体平均値）

	B_1	B_2	B_3	B_4	B_5
A_1	33.077	6.233	-9.206	-13.897	-16.218
A_2	33.077	6.233	-9.206	-13.897	-16.218
A_3	33.077	6.233	-9.206	-13.897	-16.218
A_4	33.077	6.233	-9.206	-13.897	-16.218
A_5	33.077	6.233	-9.206	-13.897	-16.218
A_6	33.077	6.233	-9.206	-13.897	-16.218
A_7	33.077	6.233	-9.206	-13.897	-16.218

要因Bの水準間偏差の平方

	B_1	B_2	B_3	B_4	B_5
A_1	1.094E+03	3.891E+01	8.474E+01	1.931E+02	2.629E+02
A_2	1.094E+03	3.891E+01	8.474E+01	1.931E+02	2.629E+02
A_3	1.094E+03	3.891E+01	8.474E+01	1.931E+02	2.629E+02
A_4	1.094E+03	3.891E+01	8.474E+01	1.931E+02	2.629E+02
A_5	1.094E+03	3.891E+01	8.474E+01	1.931E+02	2.629E+02
A_6	1.094E+03	3.891E+01	8.474E+01	1.931E+02	2.629E+02
A_7	1.094E+03	3.891E+01	8.474E+01	1.931E+02	2.629E+02
偏差平方和 S_B	1.172E+04				

水準内偏差（各水準－全体平均－A水準間偏差－B水準間偏差）

	B_1	B_2	B_3	B_4	B_5
A_1	-2.722	0.069	1.118	1.052	0.488
A_2	2.448	-0.318	-1.134	-0.465	-0.067
A_3	-4.408	-0.281	1.562	1.765	1.362
A_4	3.403	-0.158	-1.434	-1.303	-0.507
A_5	3.019	-0.222	-1.322	-1.143	-0.331
A_6	-0.192	0.595	0.438	-0.019	-0.822
A_7	-1.542	0.315	0.793	0.552	-0.123

水準内偏差の平方

	B_1	B_2	B_3	B_4	B_5
A_1	7.409E+00	4.808E-03	1.250E+00	1.106E+00	2.384E-01
A_2	5.967E+00	1.011E-01	1.286E+00	2.163E-01	4.479E-03
A_3	1.943E+01	7.902E-02	2.441E+00	3.116E+00	1.855E+00
A_4	1.158E+01	2.496E-02	2.058E+00	1.699E+00	2.570E-01
A_5	9.115E+00	4.924E-02	1.749E+00	1.308E+00	1.095E-01
A_6	3.702E-02	3.539E-01	1.921E-01	3.496E-04	6.759E-01
A_7	2.376E+00	9.926E-02	6.288E-01	3.049E-01	1.519E-02
偏差平方和 S_E	7.778E+01				

分散分析表のまとめ

変動要因	偏差平方和	自由度	分散	分散比
水準間Aの変動	714.785	6	119.131	36.759
水準間Bの変動	11716.122	4	2929.030	903.776
水準内変動	77.783	24	3.241	
合計	12508.688			

変動要因	偏差平方和	自由度	分散	分散比
水準間Aの変動	=G26	2	=E47/G47	=H47/H49
水準間Bの変動	=G27	3	=E48/G48	=H48/H49
水準内変動	=G28	3	=E49/G49	
合計	=SUM(E47:E49)			

変動要因	偏差平方和	自由度	分散	分散比
水準間Aの変動	S_A	df_A	S_A / df_A	$F_A = (S_A / df_A)/(S_E / df_E)$
水準間Bの変動	S_B	df_B	S_B / df_B	$F_B = (S_B / df_B)/(S_E / df_E)$
水準内変動	S_E	df_E	S_E / df_E	
合計				

棄却限界値		
F(0.05, 6, 24)	2.5082	=FINV(0.05,6,24)
F(0.05, 4, 24)	2.7763	=FINV(0.05,4,24)

要因Aに関する検定結果は使いません。

要因Bに関する検定の解釈	
F_B値	903.776
自由度	4と24
F検定のP値	8.748E-26　=F.DIST.RT(903.776,4,24)
判定基準	自由度4と24におけるF分布の棄却限界F値2.7763より大きい
判定結果	F検定のP値(= 0.000) < 0.05である
	よって，要因Bの水準間に差がないは棄却される。
	すなわち，要因Bの水準間には差があるといえる。

要因Bに関する検定の解釈	
F_B値	903.776
自由度	4と24
F検定のP値	8.748E-26　=F.DIST.RT(903.776,4,24)
判定基準	自由度4と24におけるF分布の棄却限界F値2.7763より大きい
判定結果	F検定のP値(= 0.000) < 0.05である
	よって，要因Bの水準間に差がないは棄却される。
	すなわち，要因Bの水準間には差があるといえる。

※結果は，要因Ｂ（列）について確認します．Ｆ検定の結果，要因Ｂの水準間に差があります．具体的には，運動後の心拍数の回復については，７名の１分ごとの平均値には統計的に有意（$P < 0.05$）な差があります（統計的に有意に減少しています）．

②反復測定分散分析法のセル内の計算式を示します.

	A	B	C	D	E	F	G	H
1			Heart rate recovery					
2	No.		HR0	HR1	HR2	HR3	HR4	Mean
3	1		144	120	106	101	98	=AVERAGE(C3:G3)
4	2		148	118	102	98	96	=AVERAGE(C4:G4)
5	3		136	113	100	95	92	=AVERAGE(C5:G5)
6	4		152	122	105	100	99	=AVERAGE(C6:G6)
7	5		150	120	104	99	98	=AVERAGE(C7:G7)
8	6		156	130	114	109	106	=AVERAGE(C8:G8)
9	7		150	125	110	105	102	=AVERAGE(C9:G9)
10								
11	Mean		148.000	121.161	105.717	101.026	=AVERAGE(G3:G9)	
12	SD		6.4	5.2	4.9	4.6	=STDEV(G3:G9)	
13								
14			全データの平均値			x_T	=AVERAGE(C3:G9)	
15								
16			要因A(行)の水準数			k	7	
17			要因B(列)の水準数			l	5	
18								
19			総データ数			N	=7*5	
20								
21			要因Aの自由度			df_A	=7-1	
22			要因Bの自由度			df_B	=5-1	
23			水準内変動の自由度			df_E	=G21*G22	
24								
25								
26			水準間A			S_A	=S21	
27			水準間B			S_B	=S32	
28			水準内			S_E	=S43	

全データの平均値

	B_1	B_2	B_3	B_4	B_5
A_1	=$G$14	=$G$14	=$G$14	=$G$14	=$G$14
A_2	=$G$14	=$G$14	=$G$14	=$G$14	=$G$14
A_3	=$G$14	=$G$14	=$G$14	=$G$14	=$G$14
A_4	=$G$14	=$G$14	=$G$14	=$G$14	=$G$14
A_5	=$G$14	=$G$14	=$G$14	=$G$14	=$G$14
A_6	=$G$14	=$G$14	=$G$14	=$G$14	=$G$14
A_7	=$G$14	=$G$14	=$G$14	=$G$14	=$G$14

要因Aの水準間偏差(各水準の平均値－全体平均値)

	B_1	B_2	B_3	B_4	B_5
A_1	=$H3-K3	=$H3-L3	=$H3-M3	=$H3-N3	=$H3-O3
A_2	=$H4-K4	=$H4-L4	=$H4-M4	=$H4-N4	=$H4-O4
A_3	=$H5-K5	=$H5-L5	=$H5-M5	=$H5-N5	=$H5-O5
A_4	=$H6-K6	=$H6-L6	=$H6-M6	=$H6-N6	=$H6-O6
A_5	=$H7-K7	=$H7-L7	=$H7-M7	=$H7-N7	=$H7-O7
A_6	=$H8-K8	=$H8-L8	=$H8-M8	=$H8-N8	=$H8-O8
A_7	=$H9-K9	=$H9-L9	=$H9-M9	=$H9-N9	=$H9-O9

要因Aの水準間偏差の平方

	B_1	B_2	B_3	B_4	B_5
A_1	=K14^2	=L14^2	=M14^2	=N14^2	=O14^2
A_2	=K15^2	=L15^2	=M15^2	=N15^2	=O15^2
A_3	=K16^2	=L16^2	=M16^2	=N16^2	=O16^2
A_4	=K17^2	=L17^2	=M17^2	=N17^2	=O17^2
A_5	=K18^2	=L18^2	=M18^2	=N18^2	=O18^2
A_6	=K19^2	=L19^2	=M19^2	=N19^2	=O19^2
A_7	=K20^2	=L20^2	=M20^2	=N20^2	=O20^2
偏差平方和 S_A	=SUM(R14:V20)				

要因Bの水準間偏差(各水準の平均値－全体平均値)

	B_1	B_2	B_3	B_4	B_5
A_1	=C$11-K3	=D$11-L3	=E$11-M3	=F$11-N3	=G$11-O3
A_2	=C$11-K4	=D$11-L4	=E$11-M4	=F$11-N4	=G$11-O4
A_3	=C$11-K5	=D$11-L5	=E$11-M5	=F$11-N5	=G$11-O5
A_4	=C$11-K6	=D$11-L6	=E$11-M6	=F$11-N6	=G$11-O6
A_5	=C$11-K7	=D$11-L7	=E$11-M7	=F$11-N7	=G$11-O7
A_6	=C$11-K8	=D$11-L8	=E$11-M8	=F$11-N8	=G$11-O8
A_7	=C$11-K9	=D$11-L9	=E$11-M9	=F$11-N9	=G$11-O9

要因Bの水準間偏差の平方

	B_1	B_2	B_3	B_4	B_5
A_1	=K25^2	=L25^2	=M25^2	=N25^2	=O25^2
A_2	=K26^2	=L26^2	=M26^2	=N26^2	=O26^2
A_3	=K27^2	=L27^2	=M27^2	=N27^2	=O27^2
A_4	=K28^2	=L28^2	=M28^2	=N28^2	=O28^2
A_5	=K29^2	=L29^2	=M29^2	=N29^2	=O29^2
A_6	=K30^2	=L30^2	=M30^2	=N30^2	=O30^2
A_7	=K31^2	=L31^2	=M31^2	=N31^2	=O31^2
偏差平方和 S_B	=SUM(R25:V31)				

水準内偏差(各水準－全体平均－A水準間偏差－B水準間偏差)

	B_1	B_2	B_3	B_4	B_5
A_1	=C3-K3-K14-K25	=D3-L3-L14-L25	=E3-M3-M14-M25	=F3-N3-N14-N25	=G3-O3-O14-O25
A_2	=C4-K4-K15-K26	=D4-L4-L15-L26	=E4-M4-M15-M26	=F4-N4-N15-N26	=G4-O4-O15-O26
A_3	=C5-K5-K16-K27	=D5-L5-L16-L27	=E5-M5-M16-M27	=F5-N5-N16-N27	=G5-O5-O16-O27
A_4	=C6-K6-K17-K28	=D6-L6-L17-L28	=E6-M6-M17-M28	=F6-N6-N17-N28	=G6-O6-O17-O28
A_5	=C7-K7-K18-K29	=D7-L7-L18-L29	=E7-M7-M18-M29	=F7-N7-N18-N29	=G7-O7-O18-O29
A_6	=C8-K8-K19-K30	=D8-L8-L19-L30	=E8-M8-M19-M30	=F8-N8-N19-N30	=G8-O8-O19-O30
A_7	=C9-K9-K20-K31	=D9-L9-L20-L31	=E9-M9-M20-M31	=F9-N9-N20-N31	=G9-O9-O20-O31

水準内偏差の平方

	B_1	B_2	B_3	B_4	B_5
A_1	=K36^2	=L36^2	=M36^2	=N36^2	=O36^2
A_2	=K37^2	=L37^2	=M37^2	=N37^2	=O37^2
A_3	=K38^2	=L38^2	=M38^2	=N38^2	=O38^2
A_4	=K39^2	=L39^2	=M39^2	=N39^2	=O39^2
A_5	=K40^2	=L40^2	=M40^2	=N40^2	=O40^2
A_6	=K41^2	=L41^2	=M41^2	=N41^2	=O41^2
A_7	=K42^2	=L42^2	=M42^2	=N42^2	=O42^2
偏差平方和 S_A	=SUM(R36:V42)				

12.3.2 分析ツールを使った反復測定分散分析

次にエクセルの分析ツールの結果を示します．エクセルの分析ツールを使う場合には，データの配列に空欄があるとエラーになります．また，反復測定による分散分析は，分析ツールの［**分散分析：繰り返しのない二元配置**］を使います．このとき，ラベルを指定する場合には，行と列のラベルが必要になります．そのため，データの配列は以下のように修正します．修正した箇所は，［No.］列と［HR0］列の間にあった空欄の B 列を削除しました．

	A	B	C	D	E	F
1		Heart rate recovery				
2	No.	HR0	HR1	HR2	HR3	HR4
3	1	144	120	106	101	98
4	2	148	118	102	98	96
5	3	136	113	100	95	92
6	4	152	122	105	100	99
7	5	150	120	104	99	98
8	6	156	130	114	109	106
9	7	150	125	110	105	102
10						
11	Mean	148.0	121.2	105.7	101.0	98.7
12	SD	6.4	5.2	4.9	4.6	4.3

①メニュー［データ］⇒［データ分析］⇒［分散分析：繰り返しのない二元配置］. 入力範囲は,「A2〜F9 セル」です.

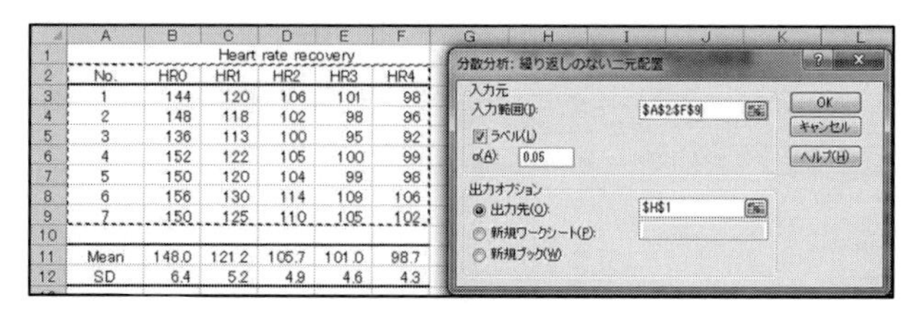

	A	B	C	D	E	F
1		Heart rate recovery				
2	No.	HR0	HR1	HR2	HR3	HR4
3	1	144	120	106	101	98
4	2	148	118	102	98	96
5	3	136	113	100	95	92
6	4	152	122	105	100	99
7	5	150	120	104	99	98
8	6	156	130	114	109	106
9	7	150	125	110	105	102
10						
11	Mean	148.0	121.2	105.7	101.0	98.7
12	SD	6.4	5.2	4.9	4.6	4.3

②分析結果です.

	H	I	J	K	L	M	N
1	分散分析: 繰り返しのない二元配置(反復測定分散分析)						
2	概要	標本数	合計	平均	分散		
3	1	5	568.224	113.6448	359.7426		
4	2	5	562.4	112.48	472.0312		
5	3	5	536.656	107.3312	320.8816		
6	4	5	577.6	115.52	497.8912		
7	5	5	571.52	114.304	487.4644		
8	6	5	615.576	123.1152	422.198		
9	7	5	590.3216	118.0643	388.2667		
10							
11	HR0	7	1036	148	41.38667		
12	HR1	7	848.1248	121.1607	26.85381		
13	HR2	7	740.0208	105.7173	23.96645		
14	HR3	7	707.184	101.0263	21.54201		
15	HR4	7	690.968	98.70971	18.34549		
16							
17	分散分析表						
18	変動要因	変動	自由度	分散	測された分散	P-値	F 境界値
19	行	714.7854	6	119.1309	36.75878	6.01E-11	2.508189
20	列	11716.12	4	2929.03	903.7756	8.75E-26	2.776289
21	誤差	77.78118	24	3.240883			
22							
23	合計	12508.69	34				

※解析結果で確認するのは, 列の要因に関する P 値です. $P = 8.75 \times 10^{-26}$ は明らかに $P < 0.05$ なので, 有意な差があるといえます.

③グラフを示します.

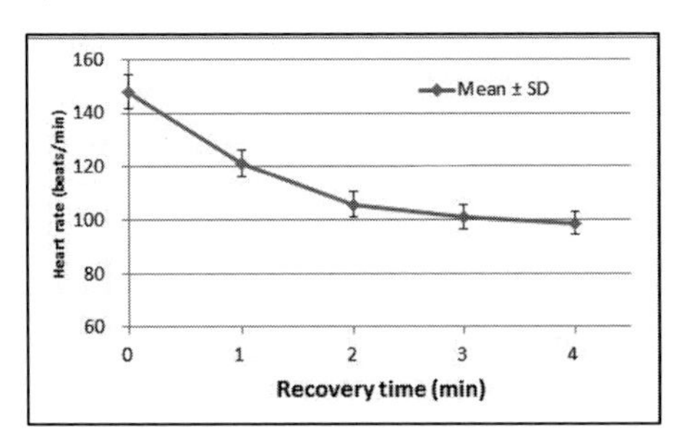

●多重比較について

例えば，時間 0 の心拍数と他の回復時間における心拍数との差については，多重比較検定になります．多重比較検定では，その後の検定（Post-hoc test）としてシェッフェ（Scheffé）の方法やダンネ（Dunnett）の方法などを使います（▶詳細は，11.3 節「多重比較検定」参照）.

反復測定分散分析では，変化の様子が統計的に有意であるかを示すことが目的となります．特に，特定の水準間に有意差があることを目的としない場合には，多重比較を行う必要はありません．ただし，最近の生命科学の論文では，反復測定分散分析後に多重比較検定を行い，水準間の有意差も示すことが半ば習慣化しているようです.

12.4 フリードマンの検定（ノンパラメトリック法）

フリードマンの検定（Friedman's test）は，繰り返しのない 2 元配置分散分析と反復測定分散分析に相当するノンパラメトリック法です．適用の条件は，正規分布に従わない様々な分布のデータです．もちろん正規分布のデータを検定することができますし，正規分布でありながら説明のできない外れ値を含む場合など，正規分布を仮定しないデータを検定することができます．ただし，この検定は交互作用の検定はできません.

次のデータは，最大酸素摂取量の 80% の運動強度で 5 分間運動を行い，運動後の回復期に得られた心拍数〔拍/分〕の測定値です．被験者はボランティアの男子大学生 7 名です．B1 は運動終了直前 1 分間のデータです．また B2 は運動終了後の 1 分間，以下同様に運動後 4 分（B5）までの各個人の 1 分ごとの平均値です．ここでは，被験者を要因 A，運動とその後回復期を要因 B と考えます．この実験では，被験者の個体差の影響には興味はなく，心拍数の回復の変化に興味があるので要因 B だけにフリードマンの検定を適用します．もちろん実験の種類によっては，要因 A についてもその影響を調べたい場合には，要因 A についてもフリードマンの検定を行います．

	A	B	C	D	E	F
1	No.	B_1	B_2	B_3	B_4	B_5
2	1	144	120	106	95	98
3	2	148	118	102	98	96
4	3	136	113	100	96	95
5	4	152	122	105	97	99
6	5	150	119	104	99	97
7	6	160	130	114	94	100
8	7	155	125	110	93	101

フリードマンの検定は，データの分布に仮定を設けませんので，バートレットの検定（等分散の検定）などは必要ありません．ここでは，練習を兼ねてバートレットの検定を行って，等分散ではないことを確認した後，フリードマンの検定を行うことにします．等分散とみなせないデータは，このノンパラメトリック検定を行います（▶ バートレットの検定の詳細は，11.1 節「バートレットの検定」参照）．

12.4.1　バートレットの検定

バートレットの検定の結果です．要因 B の水準間の分散に統計的に有意な差があります．すなわち，「等分散ではない」です．

	A	B	C	D	E	F	G	H	I	J	K	L
1	Bartlett test							水準内の偏差平方				
2	No.	B_1	B_2	B_3	B_4	B_5		B_1	B_2	B_3	B_4	B_5
3	1	144	120	106	95	98		27.9388	1.0000	0.0204	1.0000	0.0000
4	2	148	118	102	98	96		1.6531	9.0000	14.8776	4.0000	4.0000
5	3	136	113	100	96	95		176.5102	64.0000	34.3061	0.0000	9.0000
6	4	152	122	105	97	99		7.3673	1.0000	0.7347	1.0000	1.0000
7	5	150	119	104	99	97		0.5102	4.0000	3.4490	9.0000	1.0000
8	6	160	130	114	94	100		114.7959	81.0000	66.3061	4.0000	4.0000
9	7	155	125	110	93	101		32.6531	16.0000	17.1633	9.0000	9.0000
10												
11	データ数	7	7	7	7	7		5水準内偏差平方和				
12	平均値	149.286	121.000	105.857	96.000	98.000		730.2857	=SUM(H3:L9)			
13												
14	分散	s_1^2	s_2^2	s_3^2	s_4^2	s_5^2		5水準内偏差平方和の自由度				
15		60.238	29.333	22.810	4.667	4.667		N − I				
16		=VAR(B3:B9)	=VAR(C3:C9)	=VAR(D3:D9)	=VAR(E3:E9)	=VAR(F3:F))		30	=C18−C20 = データ総数 − 水準数			
17												
18	データ総数	N	35					水準内変動を表す分散				
19	要因Aの水準	k	7					s_E^2				
20	要因Bの水準	l	5					24.3429	=H12/H16			
21												
22	M	13.6566	=(35−5)*LN(s_E^2)−((7−1)*LN(1.367)+(7−1)*LN(s_1^2)+(7−1)*LN(s_2^2)+(7−1)*LN(s_3^2)+(7−1)*LN(s_4^2)+(7−1)*LN(s_5^2))									
23	C	1.0667	=1+1/(3*(5−1))*(1/(7−1)+1/(7−1)+1/(7−1)+1/(7−1)+1/(7−1)−1/(35−5))									
24	χ^2	12.8030	=B21/B22									
25	自由度	4	=C20−1									
26												
27	5%棄却限界値	9.4877										
28	P値	0.0123										
29	判定基準	自由度4における有意水準5%の χ^2 値は9.4877										
30	判定結果	有意差あり	(∵ χ^2=12.8030 > 9.4877)									
31		よって，分散が水準間で有意(P = 0.012 < 0.05)に異なるといえる。										
32		したがって，等分散とはみなせないので要因Bの変化の有意性の検定にはノンパラメトリック法を使う。										
33		ノンパラメトリック法とはフリードマンの検定である。										

水準内の偏差平方について拡大図（数値と数式）を示します．

	H	I	J	K	L	M	N	O	P	Q	R
1	水準内の偏差平方						水準内の偏差平方の式				
2	B_1	B_2	B_3	B_4	B_5		B_1	B_2	B_3	B_4	B_5
3	27.9388	1.0000	0.0204	1.0000	0.0000		=(B3−B$12)^2	=(C3−C$12)^2	=(D3−D$12)^2	=(E3−E$12)^2	=(F3−F$12)^2
4	1.6531	9.0000	14.8776	4.0000	4.0000		=(B4−B$12)^2	=(C4−C$12)^2	=(D4−D$12)^2	=(E4−E$12)^2	=(F4−F$12)^2
5	176.5102	64.0000	34.3061	0.0000	9.0000		=(B5−B$12)^2	=(C5−C$12)^2	=(D5−D$12)^2	=(E5−E$12)^2	=(F5−F$12)^2
6	7.3673	1.0000	0.7347	1.0000	1.0000		=(B6−B$12)^2	=(C6−C$12)^2	=(D6−D$12)^2	=(E6−E$12)^2	=(F6−F$12)^2
7	0.5102	4.0000	3.4490	9.0000	1.0000		=(B7−B$12)^2	=(C7−C$12)^2	=(D7−D$12)^2	=(E7−E$12)^2	=(F7−F$12)^2
8	114.7959	81.0000	66.3061	4.0000	4.0000		=(B8−B$12)^2	=(C8−C$12)^2	=(D8−D$12)^2	=(E8−E$12)^2	=(F8−F$12)^2
9	32.6531	16.0000	17.1633	9.0000	9.0000		=(B9−B$12)^2	=(C9−C$12)^2	=(D9−D$12)^2	=(E9−E$12)^2	=(F9−F$12)^2

実際に等分散ではないことをグラフで確認してみましょう．

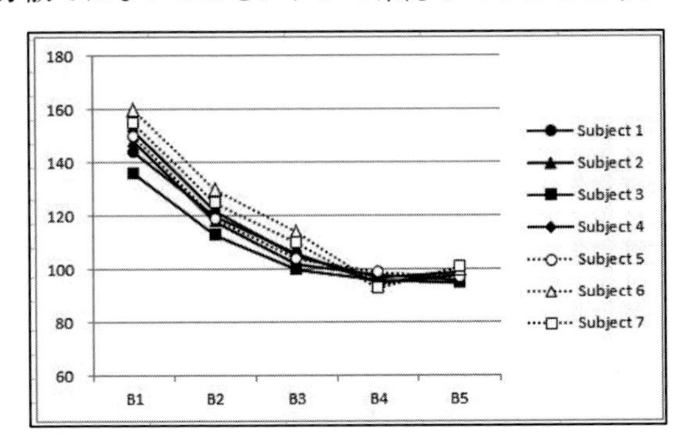

被験者ごとのデータをプロットしています．分散は，各データと平均値の差の平方和を自由度（データ数－1）で割った値です（ばらつきの指標）．B1とB2に比べB4とB5の分散（ばらつき）が小さいことがわかります．このように分散の違いから，各水準のデータが同一母集団からの標本ではないと考えます．

12.4.2 フリードマンの検定の統計量

等分散性が仮定できないことを確認したので，要因B――すなわち心拍数の回復に変化がみられるか――について，水準間の違いをフリードマンの検定で調べます．

フリードマンの検定は，データを数値の大きさから順位データに変換します．扱うデータの構造は，要因Aの水準 k（＝7）と要因Bの水準 l（＝5）からなります．今，要因Bについて水準間に数値の変化がみられるか，あるいは水準間に差がみられるかを調べようとしています．したがって，これから説明する統計量の求め方は，要因Bの効果を調べるものであることを念頭に置いて下さい．

統計量の求め方

(1) 要因Aの各水準（行）1～k のデータに対して1～l 番の順位を付けます（▶図12.2参照）．同順位がある場合には平均順位ではなく同順位とします．

(2) 要因Bの各水準（列）について順位の合計（$R_{B1}, R_{B2}, \cdots, R_{B5}$）とその2乗（$R_{B1}^2, R_{B2}^2, \cdots, R_{B5}^2$）を求めます．

(3) フリードマンの検定の統計量 χ^2 は以下のようになります．

$$\chi^2 = \frac{12}{kl(l+1)} \sum_{i=1}^{l} R_{Bi}^2 - 3k(l+1)$$

(4) 棄却判定と有意確率は，

- ➢ $l \leq 4$ のとき，フリードマンの検定表（▶付録8参照）を使います．
- ➢ $l > 4$ のとき，自由度 $l-1$ の χ^2 検定表（▶付録7参照）を使います．

エクセルでの計算を確認しましょう．

	A	B	C	D	E	F	G	H	I	J	K	L	M
1	No.	B_1	B_2	B_3	B_4	B_5		No.	B_1	B_2	B_3	B_4	B_5
2	1	144	120	106	95	98		1	5	4	3	1	2
3	2	148	118	102	98	96		2	5	4	3	2	1
4	3	136	113	100	96	95		3	5	4	3	2	1
5	4	152	122	105	97	99		4	5	4	3	1	2
6	5	150	119	104	99	97		5	5	4	3	2	1
7	6	160	130	114	94	100		6	5	4	3	1	2
8	7	155	125	110	93	101		7	5	4	3	1	2
9								R_i	35	28	21	10	11
10								R_i^2	1225	784	441	100	121
11								ΣR_i^2	2671				
12	要因A	水準 k	7										
13	要因B	水準 l	5		フリードマン検定の統計量 χ^2								
14	自由度	l－1	4		χ^2 =	26.629							
15	χ^2の5%棄却限界値				P =	2E-05							
16	χ^2 =	9.4877			P＜0.05であるので水準間に有意差が認められる。								

図 12.2

図 12.2 中の右側の表は，データ数値を順位で表しています．2 行目の被験者 1 について説明します．5 水準のデータは，144，120，106，95，98 と並んでいます．この中で一番小さい数値は 95 なので順位を 1 とします．2 番目に小さい数値は 98 なので順位を 2 とします．残りのデータも同様に順位を付けていきます．図 12.2 中の右側の表は，そのように付けた順位です．

次に，［R_i］の行には要因 B の列ごとに順位の合計を求めます．［R_i^2］の行には各列の R_i の 2 乗を求めます．［ΣR_i^2］は，各 R_i^2 の合計を求めます．

以上の計算式をセル内表示で示したのが下図です．

	A	B	C	D	E	F	G	H	I	J	K	L	M
1	No.	B_1	B_2	B_3	B_4	B_5		No.	B_1	B_2	B_3	B_4	B_5
2	1	144	120	106	95	98		1	=RANK.AVG(B2,$B2:$F2,1)	=RANK.AVG(C2,$B2:$F2,1)	=RANK.AVG(D2,$B2:$F2,1)	=RANK.AVG(E2,$B2:$F2,1)	=RANK.AVG(F2,$B2:$F2,1)
3	2	148	118	102	98	96		2	=RANK.AVG(B3,$B3:$F3,1)	=RANK.AVG(C3,$B3:$F3,1)	=RANK.AVG(D3,$B3:$F3,1)	=RANK.AVG(E3,$B3:$F3,1)	=RANK.AVG(F3,$B3:$F3,1)
4	3	136	113	100	96	95		3	=RANK.AVG(B4,$B4:$F4,1)	=RANK.AVG(C4,$B4:$F4,1)	=RANK.AVG(D4,$B4:$F4,1)	=RANK.AVG(E4,$B4:$F4,1)	=RANK.AVG(F4,$B4:$F4,1)
5	4	152	122	105	97	99		4	=RANK.AVG(B5,$B5:$F5,1)	=RANK.AVG(C5,$B5:$F5,1)	=RANK.AVG(D5,$B5:$F5,1)	=RANK.AVG(E5,$B5:$F5,1)	=RANK.AVG(F5,$B5:$F5,1)
6	5	150	119	104	99	97		5	=RANK.AVG(B6,$B6:$F6,1)	=RANK.AVG(C6,$B6:$F6,1)	=RANK.AVG(D6,$B6:$F6,1)	=RANK.AVG(E6,$B6:$F6,1)	=RANK.AVG(F6,$B6:$F6,1)
7	6	160	130	114	94	100		6	=RANK.AVG(B7,$B7:$F7,1)	=RANK.AVG(C7,$B7:$F7,1)	=RANK.AVG(D7,$B7:$F7,1)	=RANK.AVG(E7,$B7:$F7,1)	=RANK.AVG(F7,$B7:$F7,1)
8	7	155	125	110	93	101		7	=RANK.AVG(B8,$B8:$F8,1)	=RANK.AVG(C8,$B8:$F8,1)	=RANK.AVG(D8,$B8:$F8,1)	=RANK.AVG(E8,$B8:$F8,1)	=RANK.AVG(F8,$B8:$F8,1)
9								R_i	=SUM(I2:I8)	=SUM(J2:J8)	=SUM(K2:K8)	=SUM(L2:L8)	=SUM(M2:M8)
10								R_i^2	=I9^2	=J9^2	=K9^2	=L9^2	=M9^2
11								ΣR_i^2	=SUM(I10:M10)				
12	要因A	水準 k	7										
13	要因B	水準 l	5		フリードマン検定の統計量 χ^2								
14	自由度	l－1	=C13-1		χ^2 =	=12/(C12*C13*(C13+1))*I11-3*C12*(C13+1)							
15	χ^2の5%棄却限界値				P =	=CHIDIST(F14,C14)							
16	χ^2	=CHIINV(0.05,4)			P＜0.05であるので水準間に有意差が認められる。								

※データ数値を順位化する方法

I2 セル内の式は，［=RANK.AVG(B2, $B2 : $F2,1)］と入力しています．この関数は，B2 セルの数値に対して範囲（$B2 : $F2）の数値配列内での順位を示します．カッコ内最後尾の「1」は，昇順を指定しています．この「1」の代わり「0」とすると，降順の指定になります．I2 セル内の式［=RANK.AVG(B2, $B2 : $F2, 1)］のように，効率よく $ マークを使うと，I2 セルの式を入力し，残りのセルはコピー&ペーストで瞬時に完成します．

また，関数［=RANK.AVG(指定セル, データ範囲, 1)］は，データ範囲内に同じ数値があるときは，同順位を与えます．同順位の次は，「同順位の人数」だけ順位を送ります．例えば，1，2，2，4 のようになります．

統計量の解釈は次のようになります．

自由度は $l-1$（$=5-1$）より 4 となります．このときフリードマンの検定の統計量 χ^2 は，26.629 となります．これは自由度 4 の χ^2 検定表から $P<0.05$ となり，水準間に有意な差があるといえます．

グラフ（箱ひげ図）は以下のようになります．

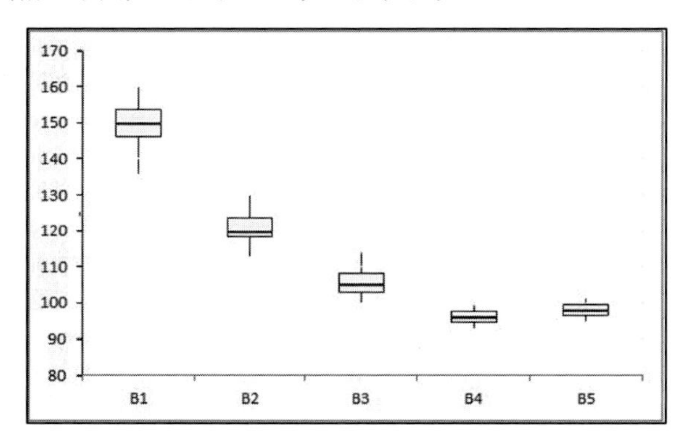

この**箱ひげ図**（box and whisker plot）は，ひげの両端が最大値と最小値，ボックスの上辺が **75 パーセンタイル値**（第 3 四分位点，75th percentile or 3rd quartile,［=PERCENTILE(データ範囲, 0.75)］）と下辺が **25 パーセンタイル値**（第 1 四分位点，25th percentile or 1st quartile,［=PERCENTILE(データ範囲, 0.25)］）を示しています．ボックス内の横線は中央値を示しています．各水準のデータは正規分布を仮定していないので，平均値（± 標準偏差）で

表現することは適切ではありません．グラフのように**中央値**（median, 50% 点，50th percentile）と**四分位偏差**（25% 点と 75% 点の差，interquartile range : IQR）で表現すると，データ分布の広がりの様子がよくわかります．

このグラフを示しながら，

運動後の中央値の変化は統計的に有意である

あるいは，

運動後の中央値の減少は統計的に有意である

などの表現が可能です．

第13章　分割表の検定

アンケートの結果などを整理する際，エクセルではピボットテーブル（**クロス集計表**，cross table）を使うことがあります．分割された表内のデータは，行方向と列方向に配置された要因の組み合わせによって分類されます．このように行と列に配置された要因が互いに独立かどうかをみるのが，**χ^2 独立性の検定**です．

クロス集計表は，**分割表**（contingency table）とも呼ばれています．一般に，l 行・m 列の分割表は $l \times m$ 分割表と表記します．具体的には，2×2 分割表，3×4 分割表などがあります．

分割表の検定には，χ^2 独立性の検定と同形式の **χ^2 適合度検定**があります．χ^2 適合度検定は，分割表の観察度数（1 行目）に対する理論値（2 行目）が同程度の度数であるか，言い換えると観測度数と理論度数が適合しているかを調べます．したがって χ^2 適合度検定の扱うデータは，アンケートデータを集計した場合とは異なり理論値も使いますので，集計表とは呼びません．2×2 分割表，2×4 分割表などのように分割表と呼び，集計表とは区別します．

この章では，まず初めに $l \times m$ 分割表の χ^2 独立性の検定について説明します．以下順に 2×2 分割表，3×4 分割表，フィッシャー（Fisher）の正確確率検定について実際に計算方法を学びます．そして最後に，χ^2 適合度検定について学びます．

13.1　$l \times m$ 分割表の χ^2 独立性の検定

次のデータは，要因 A と B，l 行・m 列の分割表です．各セルの観測度数は o_{ij} で示されます．各行の合計を最右列に示し，各列の合計を最下段行に示します．データの合計を N で表しています．

ここで，各セルの観測度数 o_{ij} と独立を仮定した期待度数 e_{ij} の差の程度は次のように表せます．

表 13.1　$l \times m$ 分割表における観察度数 o_{ij}

	B_1	B_2	$\cdots$	B_m	合計
A_1	o_{11}	o_{12}	$\cdots$	o_{1m}	N_{A1}
A_2	o_{21}	o_{22}	$\cdots$	o_{2m}	N_{A2}
$\vdots$	$\vdots$	$\vdots$	$\ddots$	$\vdots$	$\vdots$
A_l	o_{l1}	o_{l2}	$\cdots$	o_{lm}	N_{Al}
合計	N_{B1}	N_{B2}	$\cdots$	N_{Bm}	N

表 13.2　$l \times m$ 分割表における期待度数 e_{ij}

	B_1	B_2	$\cdots$	B_m	合計
A_1	$e_{11} = \dfrac{N_{A1} \times N_{B1}}{N}$	$e_{12} = \dfrac{N_{A1} \times N_{B2}}{N}$	$\cdots$	$e_{1m} = \dfrac{N_{A1} \times N_{Bm}}{N}$	N_{A1}
A_2	$e_{21} = \dfrac{N_{A2} \times N_{B1}}{N}$	$e_{22} = \dfrac{N_{A2} \times N_{B2}}{N}$	$\cdots$	$e_{2m} = \dfrac{N_{A2} \times N_{Bm}}{N}$	N_{A2}
$\vdots$	$\vdots$	$\vdots$	$\ddots$	$\vdots$	$\vdots$
A_l	$e_{l1} = \dfrac{N_{Al} \times N_{B1}}{N}$	$e_{l2} = \dfrac{N_{Al} \times N_{B2}}{N}$	$\cdots$	$e_{lm} = \dfrac{N_{Al} \times N_{Bm}}{N}$	N_{Al}
合計	N_{B1}	N_{B2}	$\cdots$	N_{Bm}	N

$$\frac{(o_{ij} - e_{ij})^2}{e_{ij}} \tag{13.1}$$

この差の程度の各セルの総計が，検定統計量 χ^2 になります．

$$\chi^2 = \sum_{i}^{l}\sum_{j}^{m} \frac{(o_{ij} - e_{ij})^2}{e_{ij}} \tag{13.2}$$

統計量 χ^2 を求めるには式(13.2)を使いますが，エクセルでは表を作成すると簡単に求めることができます．なお，このときの自由度を求める一般式は，$df = (l - 1) \times (m - 1)$ となります．

13.2　2 × 2 分割表の χ^2 独立性の検定

次のデータは，200 名の患者をランダムに 2 群に分け，A1（薬 X）と A2（薬 Y）の 2 種類の薬を投与した結果です．一定期間後に両群を比較したところ，B1（効果あり）と B2（効果なし）について次の結果を得ました．

	A	B	C
1	調査結果	B1	B2
2	A1	18	82
3	A2	30	70

2 × 2 分割表の統計量 χ^2 は,

$$\chi^2 = \frac{(o_{11} - e_{11})^2}{e_{11}} + \frac{(o_{12} - e_{12})^2}{e_{12}} + \frac{(o_{21} - e_{21})^2}{e_{21}} + \frac{(o_{22} - e_{22})^2}{e_{22}}$$

$$= \frac{(18 - 24)^2}{24} + \frac{(82 - 76)^2}{76} + \frac{(30 - 24)^2}{24} + \frac{(70 - 76)^2}{76}$$

$$= 1.5000 + 0.4737 + 1.500 + 0.4737 = 3.9474$$

エクセルでの結果を**図 13.1**(a) に示します. 図 13.1(b) は計算式です.

	A	B	C	D
1	調査結果	B1	B2	合計
2	A1	18	82	100
3	A2	30	70	100
4	合計	48	152	200
5				
6	期待度数	B1	B2	合計
7	A1	24	76	100
8	A2	24	76	100
9	合計	48	152	200
10				
11	統計量	B1	B2	
12	A1	1.5000	0.4737	
13	A2	1.5000	0.4737	
14				
15				
16	l 行	2		
17	m 列	2		
18	自由度	1		
19	χ^2	3.9474		
20	P値	0.0469	P <0.05	
21	χ_α^2	3.8415		
22	φ 係数	0.140		

(a)

	A	B	C	D
1	調査結果	B1	B2	合計
2	A1	18	82	=B2+C2
3	A2	30	70	=B3+C3
4	合計	=B2+B3	=C2+C3	=D2+D3
5				
6	期待度数	B1	B2	合計
7	A1	=$D2*B$4/$D$4	=$D2*C$4/$D$4	=B7+C7
8	A2	=$D3*B$4/$D$4	=$D3*C$4/$D$4	=B8+C8
9	合計	=B7+B8	=C7+C8	=D7+D8
10				
11	統計量	B1	B2	
12	A1	=(B2-B7)^2/B7	=(C2-C7)^2/C7	
13	A2	=(B3-B8)^2/B8	=(C3-C8)^2/C8	
14				
15				
16	l 行	2		
17	m 列	2		
18	自由度	=(B16-1)*(B17-1)		
19	χ^2	=SUM(B12:C13)		
20	P値	=CHIDIST(B19,B18)		
21	χ_α^2	=CHIINV(0.05,B18)		
22	φ 係数	=SQRT(B19/D4)		

(b)

図 13.1

数式の入力は極力労力をかけないようにするため, 初めに A1～D4 セルをコピーし A6 セルに貼り付けます. 次に, B7 セルの式を作りそれをコピーし, 他の並んでいる 3 セルに貼り付けます. こうすることで, 周辺度数（行の合計, 列の合計）の入力を省略することができます. また, 罫線の作成作業も省略できます.

統計量の表は, A1～C3 セルをコピーし A11 セルに貼り付けた後, B12 セルの数式を作成し他のセルへ貼り付けます.

自由度は, $df = (2 - 1) \times (2 - 1) = 1$ となります（B18 セル).

自由度1のχ^2値は3.9474（B19セル）となり，その時のP値＝0.0469（＜0.05）より，統計的に有意となります．

検定の解釈は，次のようになります．

2種類の薬X，Yとその効果の関連についてχ^2独立性の検定を行ったところ，$P = 0.0469$で有意な関連があった．すなわち，薬によって効果の率に差がある（効果の数に差がある）．

$\chi_\alpha{}^2$値（＝3.8415）は，自由度1，5％有意水準のχ^2分布の棄却限界値を示しています（▶付録7「χ^2検定表（上側確率）」参照）．

※5％有意水準の$\chi_\alpha{}^2$は，$\chi^2{}_{0.05}$値と表記することもあります．

2×2分割表で用いられるϕ係数は**連関係数**といいます．行・列の変数間の相関係数になります．ϕ係数は，$0 \leq \phi \leq 1$の範囲で1に近いほど関連性が強いことを示します．ただし，ϕ係数はχ^2独立性の検定で有意差がある場合にのみ使います．ϕ係数の0.140は，連関が弱いことを示しています．ϕ係数の式は，$\phi = \sqrt{\chi^2/N}$となります．

※ϕ係数が1に近づく場合は，一つの対角線の数値が大きく他方の対角線の数値が小さい時です．

13.3　3×4分割表のχ^2独立性の検定

次のデータは，人口がほぼ等しい3都市で売られた新型車の色別販売台数を示しています．3都市の間で色別販売台数に何らかの関連があるといえるでしょうか．

	A	B	C	D	E	F
1	調査結果		B1	B2	B3	B4
2			黒	白	赤	青
3	A1	X 市	588	119	828	503
4	A2	Y 市	543	98	677	452
5	A3	Z 市	511	122	630	348

検定統計量の計算式は，13.1 節「$l \times m$ 分割表の χ^2 独立性の検定」より，式(13.2)を用います．3×4 分割表の統計量 χ^2 は，

$$\chi^2 = \frac{(o_{11} - e_{11})^2}{e_{11}} + \frac{(o_{12} - e_{12})^2}{e_{12}} + \cdots + \frac{(o_{34} - e_{34})^2}{e_{34}}$$

$$= \frac{(588 - 617.5302)^2}{617.5302} + \cdots + \frac{(348 - 387.3654)^2}{387.3654}$$

$$= 1.4121 + \cdots + 4.0004$$

$$= 16.4540$$

エクセルでの結果を示します．

	A	B	C	D	E	F	G
1	調査結果		B1	B2	B3	B4	
2			黒	白	赤	青	合計
3	A1	X 市	588	119	828	503	2038
4	A2	Y 市	543	98	677	452	1770
5	A3	Z 市	511	122	630	348	1611
6		合計	1642	339	2135	1303	5419
7							
8	期待度数		B1	B2	B3	B4	
9			黒	白	赤	青	合計
10	A1	X 市	617.5302	127.4925	802.9397	490.0376	2038
11	A2	Y 市	536.3240	110.7271	697.3519	425.5970	1770
12	A3	Z 市	488.1458	100.7804	634.7084	387.3654	1611
13		合計	1642	339	2135	1303	5419
14							
15	統計量		B1	B2	B3	B4	
16			黒	白	赤	青	
17	A1	X 市	1.4121	0.5657	0.7822	0.3429	
18	A2	Y 市	0.0831	1.4629	0.5940	1.6380	
19	A3	Z 市	1.0700	4.4678	0.0349	4.0004	
20							
21							
22		l 行	3				
23		m 列	4				
24		自由度	6				
25		χ^2	16.4540				
26		P値	0.0115	P <0.05			
27		χ_α^2	12.5916				
28		クラメールの連関係数V		0.039			

図 13.2

セル内の計算式を示します.

	A	B	C	D	E	F	G
1	調査結果		B1	B2	B3	B4	
2			黒	白	赤	青	合計
3	A1	X 市	588	119	828	503	=SUM(C3:F3)
4	A2	Y 市	543	98	677	452	=SUM(C4:F4)
5	A3	Z 市	511	122	630	348	=SUM(C5:F5)
6		合計	=SUM(C3:C5)	=SUM(D3:D5)	=SUM(E3:E5)	=SUM(F3:F5)	=SUM(G3:G5)
7							
8	期待度数		B1	B2	B3	B4	
9			黒	白	赤	青	合計
10	A1	X 市	=$G3*C$6/$G$6	=$G3*D$6/$G$6	=$G3*E$6/$G$6	=$G3*F$6/$G$6	=SUM(C10:F10)
11	A2	Y 市	=$G4*C$6/$G$6	=$G4*D$6/$G$6	=$G4*E$6/$G$6	=$G4*F$6/$G$6	=SUM(C11:F11)
12	A3	Z 市	=$G5*C$6/$G$6	=$G5*D$6/$G$6	=$G5*E$6/$G$6	=$G5*F$6/$G$6	=SUM(C12:F12)
13		合計	=SUM(C10:C12)	=SUM(D10:D12)	=SUM(E10:E12)	=SUM(F10:F12)	=SUM(G10:G12)
14							
15	統計量		B1	B2	B3	B4	
16			黒	白	赤	青	
17	A1	X 市	=(C3-C10)^2/C10	=(D3-D10)^2/D10	=(E3-E10)^2/E10	=(F3-F10)^2/F10	
18	A2	Y 市	=(C4-C11)^2/C11	=(D4-D11)^2/D11	=(E4-E11)^2/E11	=(F4-F11)^2/F11	
19	A3	Z 市	=(C5-C12)^2/C12	=(D5-D12)^2/D12	=(E5-E12)^2/E12	=(F5-F12)^2/F12	
20							
21							
22		l 行	3				
23		m 列	4				
24		自由度	=(C22-1)*(C23-1)				
25		χ^2	=SUM(C17:F19)				
26		P値	=CHIDIST(C25,C24)				
27		$\chi_\alpha{}^2$	=CHIINV(0.05,C24)				
28		クラメールの連関係数 V		=SQRT(C25/(G6*MIN((C22-1),(C23-1))))			

図 13.3

①数式の入力は極力労力をかけないようにするため，初めに A1～G6 セルをコピーし A8 セルに貼り付けます．次に，C10 セルの式を作りそれをコピーし，太線枠内に並んでいる C10～F12 セルに貼り付けます．こうすることで，周辺度数（行の合計，列の合計）の入力を省略することができます．また，罫線の作成作業も省略できます．

②統計量の表は，A1～F5 セルをコピーし A15 セルに貼り付けた後，C17 セルの式を作成し他のセルへ貼り付けます．

図 13.2 および**図 13.3** より，自由度は，$df = (3-1) \times (4-1) = 6$ となります（C24 セル参照）．

自由度 6 の χ^2 値は 16.4540（C25 セル参照）となり，その時の P 値 = 0.0115（< 0.05）より，統計的に有意となります．

$\chi_\alpha{}^2$ 値（= 12.5916）は，自由度 6，5% 有意水準の χ^2 分布の棄却限界値を示しています（▶付録 7「χ^2 検定表（上側確率）」参照）．

検定の解釈は，次のようになります．

3 都市で売られた新型車の黒，白，赤，青の色別販売台数には統計的に有意な関連があるといえる．

※「統計的に有意な関連がある」とは，分割表内の数値の並びに変化（差）があり，かつ変化の仕方に差がある場合です．たとえば，分割内の数値すべてが同じ時や，上下の行で列並びの数値が同じ時などは，有意差はありません．解釈で混乱するのが各行で同じ数値が並ぶ時です．その場合，同じ現象が起きていると考え，何らかの関係があるように感じますが，独立性の検定では関連がないと考えます．

クラメール（Cramer）の連関係数 V は，$l \times m$ 分割表に適用できる連関係数（行・列の変数間の相関係数）です．連関係数 V の値は，$0 \leq V \leq 1$ の範囲です．1 に近いほど関連性が強いことを示します．ただし，連関係数 V は χ^2 独立性の検定で有意差がある場合にのみ使います．連関係数 V の 0.039 は，連関は弱いことを示しています．

連関係数 V の式は，

$$V = \sqrt{\frac{\chi^2}{\{N \times \mathrm{MIN}[(l-1),(m-1)]\}}}$$

となります．$\mathrm{MIN}[(l-1),(m-1)]$ の意味は，$(l-1)$ と $(m-1)$ のうち小さい方の数を代入します．

表 13.3　クラメールの連関係数 V の目安

V	連関の目安
$0.50 \leq V \leq 1.00$	強い関係がある
$0.25 \leq V < 0.50$	関係がある
$0.10 \leq V < 0.25$	弱い関係がある
$V < 0.1$	非常に弱い関係がある
$V = 0$	関係がない

※連関係数 V が 1 に近づくのは，一方が増えていくときに他方が減っていくような場合です．

※連関とは，各数値の組み合わせによって構成される全体が，固有の特徴を有することです．

13.4 フィッシャーの正確確率検定

χ^2 独立性の検定や χ^2 適合度検定を行う際に，セル内の度数に5未満のものがある場合に**フィッシャーの正確確率検定**（Fisher's exact test）を行います．

確率計算の式は，

$$P = \frac{N_{A1}!\, N_{A2}!\, N_{B1}!\, N_{B2}!}{o_{11}!\, o_{12}!\, o_{21}!\, o_{22}!\, N!} \tag{13.3}$$

となります．

表 13.4　2×2 分割表における観察度数 o_{ij}

	B_1	B_2	合計
A_1	o_{11}	o_{12}	N_{A1}
A_2	o_{21}	o_{22}	N_{A2}
合計	N_{B1}	N_{B2}	N

次に，分割表の周辺度数を固定して得られる全ての組み合わせについて，式(13.3)の計算を行います．初めに求めた 2 × 2 分割表（観察度数）の確率と同じか，あるいは，それより小さい確率となる場合の確率を合計します．その合計された確率によって判定するのが，フィッシャーの正確確率検定です．

次の 2 × 2 分割表をフィッシャーの正確確率検定にかけてみましょう．

	A	B	C
1			
2		B1	B2
3	A1	2	23
4	A2	8	15

第13章　分割表の検定

エクセルでの計算結果です．A2～C4 が観測度数（観測データ）です．

	A	B	C	D	E	F	G	H	I	J	K	L	M	N
1							-1					-2		
2		B1	B2	合計			B1	B2	合計			B1	B2	合計
3	A1	2	23	25		A1	1	24	25		A1	0	25	25
4	A2	8	15	23		A2	9	14	23		A2	10	13	23
5	合計	10	38	48		合計	10	38	48		合計	10	38	48
6	P	0.02249				P	0.00312				P	0.00017		
7														
8		1					2					3		
9		B1	B2	合計			B1	B2	合計			B1	B2	合計
10	A1	3	22	25		A1	4	21	25		A1	5	20	25
11	A2	7	16	23		A2	6	17	23		A2	5	18	23
12	合計	10	38	48		合計	10	38	48		合計	10	38	48
13	P	0.08621				P	0.19524				P	0.27333		
14														
15		4					5					6		
16		B1	B2	合計			B1	B2	合計			B1	B2	合計
17	A1	6	19	25		A1	7	18	25		A1	8	17	25
18	A2	4	19	23		A2	3	20	23		A2	2	21	23
19	合計	10	38	48		合計	10	38	48		合計	10	38	48
20	P	0.23976				P	0.13016				P	0.04184		
21														
22		7					8				Pの合計			
23		B1	B2	合計			B1	B2	合計		P	0.03347	< 0.05	
24	A1	9	16	25		A1	10	15	25					
25	A2	1	22	23		A2	0	23	23					
26	合計	10	38	48		合計	10	38	48					
27	P	0.00718				P	0.00050							

図 13.4

セル内の数式を示します．

	A	B	C	D	E	F	G	H	I	J	K	L	M	N
1							-1					-2		
2		B1	B2	合計			B1	B2	合計			B1	B2	合計
3	A1	2	23	=B3+C3		A1	=$B$3+G1	=I3-G3	25		A1	=$B$3+L1	=N3-L3	25
4	A2	8	15	=B4+C4		A2	=G5-G3	=I4-G4	23		A2	=L5-L3	=N4-L4	23
5	合計	=B3+B4	=C3+C4	=D3+D4		合計	10	38	48		合計	10	38	48
6	P	=FACT(D3)*FACT(D4)*FACT(B5)*FACT(C5)/(FACT(B3)*FACT(C3)*FACT(B4)*FACT(C4)*FACT(D5))												
7														
8		1					2					3		
9		B1	B2	合計			B1	B2	合計			B1	B2	合計
10	A1	=$B$3+B8	=D10-B10	25		A1	=$B$3+G8	=I10-G10	25		A1	=$B$3+L8	=N10-L10	25
11	A2	=B12-B10	=D11-B11	23		A2	=G12-G10	=I11-G11	23		A2	=L12-L10	=N11-L11	23
12	合計	10	38	48		合計	10	38	48		合計	10	38	48
13	P	=FACT(D10)*FACT(D11)*FACT(B12)*FACT(C12)/(FACT(B10)*FACT(C10)*FACT(B11)*FACT(C11)*FACT(D12))												
14														
15		4					5					6		
16		B1	B2	合計			B1	B2	合計			B1	B2	合計
17	A1	=$B$3+B15	=D17-B17	25		A1	=$B$3+G15	=I17-G17	25		A1	=$B$3+L15	=N17-L17	25
18	A2	=B19-B17	=D18-B18	23		A2	=G19-G17	=I18-G18	23		A2	=L19-L17	=N18-L18	23
19	合計	10	38	48		合計	10	38	48		合計	10	38	48
20	P	=FACT(D17)*FACT(D18)*FACT(B19)*FACT(C19)/(FACT(B17)*FACT(C17)*FACT(B18)*FACT(C18)*FACT(D19))												
21														
22		7					8				Pの合計			
23		B1	B2	合計			B1	B2	合計		P	=B6+G6+L6+B27+G27		
24	A1	=$B$3+B22	=D24-B24	25		A1	=$B$3+G22	=I24-G24	25					
25	A2	=B26-B24	=D25-B25	23		A2	=G26-G24	=I25-G25	23					
26	合計	10	38	48		合計	10	38	48					
27	P	=FACT(D24)*FACT(D25)*FACT(B26)*FACT(C26)/(FACT(B24)*FACT(C24)*FACT(B25)*FACT(C25)*FACT(D26))												

図 13.5

計算手順

① A2～D5 セルの周辺度数（行・列の合計）を作る．P 値の式 (13.3) を B6 セルに入力する．関数名の［=FACT(数値)］は，階乗（！）を計算します．

※１行目は空けてあります．

② A2〜D6 セルをコピーして，F2 に貼り付けます．

③ G3〜H4 セルの式を入力します．$ 付きと $ なしに注意して下さい．G6 には式 (13.3) が入っていますが，**図 13.5** では B6 セルの式の陰に隠れています．

④ G1 セルには「−1」と入力します．G1 セルは，G3 セルの計算で参照されています．

※周辺度数（25 と 23，10 と 38）は，すべての分割表で同じになります．

⑤ F2〜 I6 セルをコピーして，K2 に貼り付けます．L1 セルに「− 2」と入力します．

⑥以下同様に F2〜 I6 セルをコピーして，A9 セル，F9 セル，K9 セル，A16 セル，F16 セル，K16 セル，A23 セル，F23 セルに貼り付けます．次に，各分割表の B1 ラベルの上に，「1」〜「8」の数値を入力します（＋であることに注意）．

⑦ B6 セルの P 値＝ 0.02249 より小さい P 値の分割表を確認・選択します．**図 13.4** では，P 値＝ 0.02249 より小さい P 値は太枠で囲んでいます．

⑧ L23 セルに選択した P 値の合計を求めます．これが，最終的な確率「フィッシャーの正確確率」になります．合計（両側確率）の P 値＝ 0.03347 は $P <$ 0.05 ですので，判定は有意となります．

手順①〜⑥は，極力入力の手間を省くためと入力ミスを防ぐ工夫です．分割表の周辺度数を固定して得られるすべての組み合わせについて，式(13.3) の計算を行うためには，図 13.4 のようにすべての組み合わせを示す必要があります．その組み合わせを順に作成する方法が，上記のエクセル入力になります．組み合わせの条件は，周辺の合計度数が固定されていますので，観察度数が 5 未満の列である o_{11} と o_{21} が，それぞれ「0」〜「その列の合計数」の範囲になることです．

13.5　χ^2 適合度検定

適合度検定は，観測度数と期待度数（あるいは理論度数）の有意差を判定するものです．計算手順は独立性の検定と同じになります．

13.5.1　理論値との関係

次の表は，サイコロを 60 回振ったときに現れた目の度数を示しています．サイコロを振って出る目の確率は，理論上各 1/6 です．したがって，サイコロを 60 回振った場合は，各目の出る理論度数はそれぞれ 10 となります．表には，実際の観察度数と理論度数が示されています．適合度検定は，観測度数と理論度数の有意差を判定します．

	A	B	C	D	E	F	G	H
1		1	2	3	4	5	6	合計
2	観察度数	11	8	15	7	12	7	60
3	理論度数	10	10	10	10	10	10	60

検定の統計量（χ^2）は，式(13.2)を用います．

$$
\begin{aligned}
\chi^2 &= \frac{(o_{11} - e_{11})^2}{e_{11}} + \frac{(o_{12} - e_{12})^2}{e_{12}} + \cdots + \frac{(o_{34} - e_{34})^2}{e_{34}} \\
&= \frac{(11 - 10)^2}{10} + \frac{(8 - 10)^2}{10} + \cdots \frac{(7 - 10)^2}{10} \\
&= 0.100 + 0.400 + \cdots + 0.900 \\
&= 5.200
\end{aligned}
$$

エクセルの計算結果です．

	A	B	C	D	E	F	G	H
1		1	2	3	4	5	6	合計
2	観察度数	11	8	15	7	12	7	60
3	理論度数	10	10	10	10	10	10	60
4	合計	21	18	25	17	22	17	120
5								
6		1	2	3	4	5	6	合計(χ^2)
7	差の程度	0.100	0.400	2.500	0.900	0.400	0.900	5.200
8								
9	2行	2						
10	6列	6						
11	自由度	5						
12	χ^2	5.200						
13	P	0.392	有意差なし					
14	$\chi_\alpha{}^2$	11.070						

セル内の数式です．

	A	B	C	D	E	F	G	H
1		1	2	3	4	5	6	合計
2	観察度数	11	8	15	7	12	7	60
3	理論度数	=$H$2/6	=$H$2/6	=$H$2/6	=$H$2/6	=$H$2/6	=$H$2/6	=SUM(B3:G3)
4	合計	=SUM(B2:B3)	=SUM(C2:C3)	=SUM(D2:D3)	=SUM(E2:E3)	=SUM(F2:F3)	=SUM(G2:G3)	=SUM(H2:H3)
5								
6		1	2	3	4	5	6	合計(χ²)
7	差の程度	=(B2-B3)^2/B3	=(C2-C3)^2/C3	=(D2-D3)^2/D3	=(E2-E3)^2/E3	=(F2-F3)^2/F3	=(G2-G3)^2/G3	=SUM(B7:G7)
8								
9	2行	2						
10	6列	6						
11	自由度	=(B9-1)*(B10-1)						
12	χ²	=H7						
13	P	=CHIDIST(B12,B11)						
14	χα²	=CHIINV(0.05,B11)						

χ^2 検定の結果，$P = 0.392 > 0.05$ なので，観察度数と理論度数の差は有意ではありません．すなわち，「サイコロの目の出方に統計的に偏りがあるとはいえない」となります．

13.5.2　母集団と一致するか

χ^2 適合度検定についてもう一例紹介します．

次の上段のデータは，ある県で調査したスポーツ選手の怪我の部位別件数を 10 年間の合計で示しています．下段のデータは，同県で新たに発生した 1 年間のスポーツ選手の怪我の部位別件数の結果です（6 行目）．この 1 年間のデータ（観察度数）は，過去 10 年間の怪我の部位別件数（期待度数）の傾向と同様であるといえるでしょうか？

	A	B	C	D	E	F
1	怪我の部位	B1	B2	B3	B4	合計
2	10年間データ	6081	1993	7851	4055	19980
3	率	0.30	0.10	0.39	0.20	1.00
4						
5	怪我の部位	B1	B2	B3	B4	合計
6	1年間データ	511	122	630	348	1611

(1) 検定の統計量 χ^2 は，式(13.2)を用います．

(2) 観察度数（1 年間のデータ）は 6 行目の数値になります．期待度数は，3 行目の 10 年間の部位別の怪我の率を使います．率は部位別の度数を合計度数で除しています．

(3) **図 13.6** がエクセルの計算結果です．適合度検定に必要な期待度数は，部位別の怪我の率に 1 年間の合計度数（1611）を掛けて算出します（10 行目）．セル内の計算式（**図 13.7**）を参照下さい．

(4) 検定の統計量 χ^2 は，13 行目の合計になります．

(5) 自由度 3 は，l 行・m 列より $(l-1)\times(m-1)=1\times3=3$ となります．ただし，適合度検定は，2 行と決まっていますので $(m-1)=3$，またはデータ数 n より，$(n-1)=3$ としているテキストもあります．

(6) 統計量 χ^2（= 11.560）は棄却限界値 7.8147 より大きいので「有意差あり」です．

	A	B	C	D	E	F
1	怪我の部位	B1	B2	B3	B4	合計
2	10年間データ	6081	1993	7851	4055	19980
3	率	0.30	0.10	0.39	0.20	1.00
4						
5	怪我の部位	B1	B2	B3	B4	合計
6	1年間データ	511	122	630	348	1611
7						
8	適合度検定	B1	B2	B3	B4	合計
9	観察度数	511	122	630	348	1611
10	期待度数	490	161	633	327	1611
11						
12		B1	B2	B3	B4	合計(χ^2)
13	差の程度	0.873	9.318	0.015	1.354	11.560
14						
15	l 行	2				
16	m 列	4				
17	自由度	3				
18	χ^2	11.560				
19	P値	0.0091	P <0.05			
20	χ_α^2	7.8147				

図 13.6　適合度検定の計算結果

(7) セル内の数式です．

	A	B	C	D	E	F
1	怪我の部位	B1	B2	B3	B4	合計
2	10年間データ	6081	1993	7851	4055	=SUM(B2:E2)
3	率	=B2/$F$2	=C2/$F$2	=D2/$F$2	=E2/$F$2	=SUM(B3:E3)
4						
5	怪我の部位	B1	B2	B3	B4	合計
6	1年間データ	511	122	630	348	1611
7						
8	適合度検定	B1	B2	B3	B4	合計
9	観察度数	511	122	630	348	=SUM(B9:E9)
10	期待度数	=B3*$F$9	=C3*$F$9	=D3*$F$9	=E3*$F$9	=SUM(B10:E10)
11						
12		B1	B2	B3	B4	合計(χ^2)
13	差の程度	=(B9-B10)^2/B10	=(C9-C10)^2/C10	=(D9-D10)^2/D10	=(E9-E10)^2/E10	=SUM(B13:E13)
14						
15	l 行	2				
16	m 列	4				
17	自由度	=(B15-1)*(B16-1)				
18	χ^2	=SUM(B13:E13)				
19	P値	=CHIDIST(B18,B17)				
20	χ_α^2	=CHIINV(0.05,B17)				

図 13.7　適合度検定の計算式

(8) χ^2 検定の結果，$P = 0.009 < 0.05$ なので，この 1 年間のデータ（観察度数）は，過去 10 年間の怪我の部位別件数（期待度数）に統計的に適合（一致）していません．すなわち同様の傾向にあるとはいえません．

部位別では，B2 で 24% の違いが見られます．研究では，10 年間とこの 1 年間で差がみられた B2 の原因について考察する必要があります．

検定の仮説

- 帰無仮説 H_0：観察度数と期待度数は一致している．
- 対立仮説 H_1：観察度数と期待度数は一致していない．

※ χ^2 適合度検定は，各観察度数とその期待（理論）度数の有意差を判定しています．検定結果は，適合度の有無についてだけを示しています．したがって，個々の数値の特徴や多項目間の関係などについては，観察者が正確に記述する必要があります．

第14章　生存時間解析

これまで学んできたデータ解析では時間情報そのものを扱ってきませんでした．例えば，高血圧患者が薬を服用する前後での血圧値を比較し統計的に有意な差があるかないかなど，でした．薬の服用後はある一定時間の経過を待ちますが，時間の長さそのものを解析の対象とはしていません．

しかし，ある事象（イベント）が生じる時間の長さが問題になるケースがあります．例えば，ある薬を飲んでからどのくらいの期間で正常値に回復したかや，逆に，病巣を取り除く外科的手術によってどのくらいの期間生きたかなど，ある処置を行ってから対象とするイベントが起こるまでの時間の長さを扱うのが生存時間解析です．調べるイベントは生存だけではありませんが，この章で扱うデータ解析のことを，総称として便宜的に「**生存時間解析**」と呼びます．他の分野では，例えば，商品の寿命時間（蛍光灯が何時間で壊れるか）などの解析も生存時間解析を用いることができます．

14.1　生存時間データの特徴

図 14.1(a) は手術後の生存期間を調査したものです．手術が行われた日が，その患者の生存期間の開始時になります．この例では，調査期間は 30 か月です．患者 1 は，24 か月目に亡くなりました．同じ日に患者 2 も手術を行いましたが，調査期間の 30 か月までは生存していました．患者 3 は 16 か月目に亡くなりました．患者 4 は手術後 21 か月で調査打ち切りです．打ち切りの理由は，転院によって患者の情報が途中で途絶えた場合です．この他には，交通事故で亡くなったり，調査期間中に別の手術を受けたりなど，調査目的である要因との関係が成立しなくなった場合も，そのデータは**打ち切り扱い**（censored data）になります．

一般に，打ち切りの情報は，白抜き丸（○）で表現します．手術後に経過観察の中で亡くなった場合は黒丸（●）で表現します．また，調査期間が終了した時点で生存している患者は矢印で示してあります．注意すべき点は，患者 5 のように調査期間中は生存していますが，生存時間は 22 か月となります．このように観察の始まり時期が遅いために生存していた場合でも，調査期間の 30 か月より短いものは，生存時間解析では打ち切りの扱いになります（図 14.1(b) 参照）．

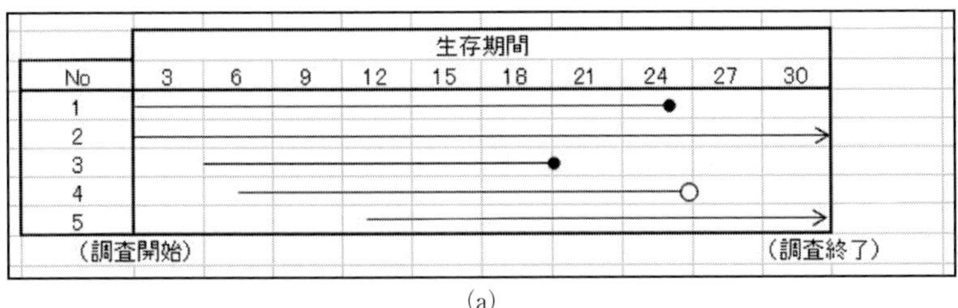

(a)

No	生存期間
3	16
4	21
5	22
1	24
2	30

● 死亡　○ 打ち切り　→ 生存・打ち切り

(b)

図 14.1

研究計画で決められた調査期間が終了した後には，図 14.1(b) のように生存期間の順にデータを並べ替えます．

次に学ぶカプラン・マイヤー法（Kaplan–Meier method）は，生存期間の順に並んだデータの形式から解析が始まります．

14.2 カプラン・マイヤー法

次のデータは，ある臓器の摘出後に薬 A（グループ A）と薬 B（グループ B）を投与した際の生存時間を調査したものです．

	A	B	C	D	E	F	G	H	I
1	患者番号	生存時間	死亡	打ち切り		患者番号	生存時間	死亡	打ち切り
2	A: No	Ti	D	L		B: No	Ti	D	L
3	1	6	1	0		1	1	1	0
4	2	6	1	0		2	1	1	0
5	3	6	1	0		3	2	1	0
6	4	6	0	1		4	2	1	0
7	5	7	1	0		5	3	1	0
8	6	9	0	1		6	4	1	0
9	7	10	1	0		7	4	1	0
10	8	10	0	1		8	5	1	0
11	9	11	0	1		9	5	1	0
12	10	13	1	0		10	8	1	0
13	11	16	1	0		11	8	1	0
14	12	17	0	1		12	8	1	0
15	13	19	0	1		13	8	1	0
16	14	20	0	1		14	11	1	0
17	15	22	1	0		15	11	1	0
18	16	23	1	0		16	12	1	0
19	17	25	0	1		17	12	1	0
20	18	32	0	1		18	15	1	0
21	19	32	0	1		19	17	1	0
22	20	34	0	1		20	22	1	0
23	21	35	0	1		21	23	1	0
24									
25	D = 死亡(Death); L = 打ち切り(Loss)								

グループ A のデータは左側に，グループ B のデータは右側に示されています．データで必要となるのが，生存時間，死亡，打ち切りの情報です．グループ A では，死亡と打ち切りの患者がいますが，グループ B では打ち切りの患者はいません．

グループ A について解析を始めます．新しいシートに以下のようにデータを準備します．

①初めに，同じ生存期間の患者がいる場合には，それらの人数をまとめます．

※例えば，生存期間が 6 の場合，死亡数が 3 と打ち切りが 1 となります．他の生存期間でも重複する場合には同様の処理を行います．これらの結果は，F〜H 列になります（▶**図 14.2** 参照）．

②次に J〜M 列を作成します．2 行目に J 列から各列にラベルを入力します．3 行目には，J 列から「0」，「21」，「0」，「0」と入力します．

※「21」はグループAの全患者数です．「21」以外は，定数であると考えて下さい．

③ J列の4行目以下には，生存時間（F3〜F18セル）のデータを貼り付けます．同様に，L列にはG3〜G18セル，M列にはH3〜H18セルのデータを貼り付けます．

	A	B	C	D	E	F	G	H	I	J	K	L	M
1	患者番号	生存時間	死亡	打ち切り									
2	A: No	Ti	D	L		Ti	D	L		Ti	Ni	D	L
3	1	6	1	0		6	3	1		0	21	0	0
4	2	6	1	0		7	1	0		6		3	1
5	3	6	1	0		9	0	1		7		1	0
6	4	6	0	1		10	1	1		9		0	1
7	5	7	1	0		11	0	1		10		1	1
8	6	9	0	1		13	1	0		11		0	1
9	7	10	1	0		16	1	0		13		1	0
10	8	10	0	1		17	0	1		16		1	0
11	9	11	0	1		19	0	1		17		0	1
12	10	13	1	0		20	0	1		19		0	1
13	11	16	1	0		22	1	0		20		0	1
14	12	17	0	1		23	1	0		22		1	0
15	13	19	0	1		25	0	1		23		1	0
16	14	20	0	1		32	0	2		25		0	1
17	15	22	1	0		34	0	1		32		0	2
18	16	23	1	0		35	0	1		34		0	1
19	17	25	0	1						35		0	1
20	18	32	0	1		人数	9	12					
21	19	32	0	1									
22	20	34	0	1									
23	21	35	0	1									

図 14.2

④次にN〜S列を作成します．2行目にN列から各列にラベルを入力します．N列には「区間生存割合」，O列には「累積生存割合」と入力します．3行目のN列には「1」，O列には「1」，S列には「0.000」と入力します．これらは定数です．次に，4行目のK列には「＝K3－L3－M3」，N列には「＝1－L4/K4」，O列には「＝O3＊N4」，P列には「＝L4/(K4＊(K4－L4))」，Q列には「＝Q3＋P4」，R列には「＝O4＊SQRT(Q4)」，S列には「＝1－O4」と入力します．

J	K	L	M	N	O	P	Q	R	S
Ti	Ni	D	L	間生存割	累積生存	Di/(Ni*(Ni-Di)	Σ Di/(Ni*(Ni-Di)	SE	累積死亡割合
0	21	0	0	1	1				0.000
6	=K3-L3-M3	3	1	=1-L4/K4	=O3*N4	=L4/(K4*(K4-L4))	=Q3+P4	=O4*SQRT(Q4)	=1-O4
7		1	0						

⑤ 4行目の式を入力後，コピー＆ペーストを実行しますと，**図 14.3** のような結果

第14章 生存時間解析

になります．なお，表中の SE は標準誤差を示しています．

J	K	L	M	N	O	P	Q	R	S
Ti	Ni	D	L	区間生存割合	累積生存割合	Di/(Ni*(Ni-Di))	ΣDi/(Ni*(Ni-Di))	SE	累積死亡割合
0	21	0	0	1	1				0.000
6	21	3	1	0.857	0.857	0.00794	0.00794	0.0764	0.143
7	17	1	0	0.941	0.807	0.00368	0.01161	0.0869	0.193
9	16	0	1	1.000	0.807	0.00000	0.01161	0.0869	0.193
10	15	1	1	0.933	0.753	0.00476	0.01637	0.0963	0.247
11	13	0	1	1.000	0.753	0.00000	0.01637	0.0963	0.247
13	12	1	0	0.917	0.690	0.00758	0.02395	0.1068	0.310
16	11	1	0	0.909	0.627	0.00909	0.03304	0.1141	0.373
17	10	0	1	1.000	0.627	0.00000	0.03304	0.1141	0.373
19	9	0	1	1.000	0.627	0.00000	0.03304	0.1141	0.373
20	8	0	1	1.000	0.627	0.00000	0.03304	0.1141	0.373
22	7	1	0	0.857	0.538	0.02381	0.05685	0.1282	0.462
23	6	1	0	0.833	0.448	0.03333	0.09018	0.1346	0.552
25	5	0	1	1.000	0.448	0.00000	0.09018	0.1346	0.552
32	4	0	2	1.000	0.448	0.00000	0.09018	0.1346	0.552
34	2	0	1	1.000	0.448	0.00000	0.09018	0.1346	0.552
35	1	0	1	1.000	0.448	0.00000	0.09018	0.1346	0.552

図 14.3

ここで求めた累積生存割合を縦軸に，横軸には生存時間（Ti）を示すグラフが**生存率曲線**（survival curve），または**カプラン・マイヤー曲線**（Kaplan-Meier curve）になります．

14.3　カプラン・マイヤー曲線

14.3.1　カプラン・マイヤー曲線のグラフ化

カプラン・マイヤー曲線のグラフ化では次のデータを用意します．

①作成方法は，J2〜O19 セルを選択＆コピー ⇒ U2 セルを選択 ⇒「Alt」＋「E」キー ⇒「S」キー ⇒「V」キー ⇒「Enter」または「Return」キー．最後に「区間生存割合」の列を削除します．

U	V	W	X	Y	Z
Ti	Ni	D	L	累積生存割合	打切りマーク
0	21	0	0	1	0
6	21	3	1	0.85714286	0.89714286
7	17	1	0	0.80672269	0.80672269
9	16	0	1	0.80672269	0.84672269
10	15	1	1	0.75294118	0.79294118
11	13	0	1	0.75294118	0.79294118
13	12	1	0	0.69019608	0.69019608
16	11	1	0	0.62745098	0.62745098
17	10	0	1	0.62745098	0.66745098
19	9	0	1	0.62745098	0.66745098
20	8	0	1	0.62745098	0.66745098
22	7	1	0	0.53781513	0.53781513
23	6	1	0	0.44817927	0.44817927
25	5	0	1	0.44817927	0.48817927
32	4	0	2	0.44817927	0.52817927
34	2	0	1	0.44817927	0.48817927
35	1	0	1	0.44817927	0.48817927

②打切りマークの列について，Z3 セルには「0」と入力します．Z4 セルには「＝Y4＋0.04*X4」と入力します．

入力後には，数値「0.89714286」と表示されます．Z5 セル以下は，Z4 セルのコピー＆ペーストとなります．「＝Y4＋0.04*X4」の定数「0.04」は打ち切りマークの長さを指定しています．長さを変更する場合は，定数を適宜変更します．

※数式内「＝Y4＋0.04＊X4」の Y4 は，累積生存割合の値です．X4 はそのときの打ち切り人数です．この式は，打ち切り人数がある場合に限り，累積生存割合より少し高い値になります．Ti＝32 では，打ち切り人数が 2 名です．そのため，打ち切りマークの値は 0.5281 となり，打ち切り人数が 1 名である前後の 0.4881 より大きくなります．

③打ち切りのグラフ化は，Z3～Z19 セル（データ）を選択 ⇒［挿入］⇒［縦棒］⇒［集合縦棒］を選択します．

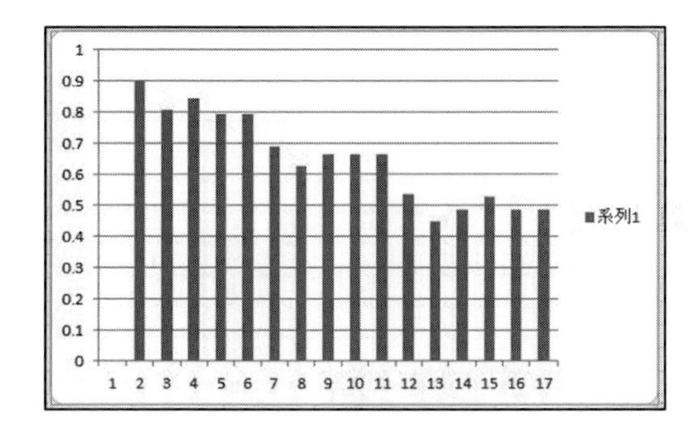

④棒グラフの上で右クリック ⇒［データの選択］⇒ 横軸（項目）ラベル［編集(T)］を選択します．

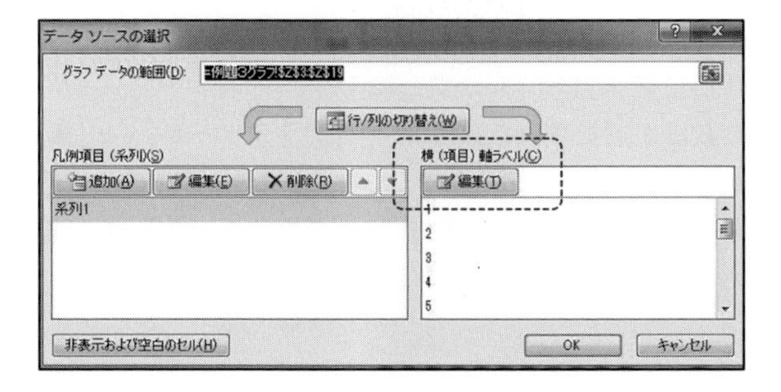

第14章 生存時間解析

⑤軸ラベルの範囲の指定は,「U3〜U19 セルを選択」⇒［OK］⇒ データソースの選択［OK］を押します.

Ti	Ni	D	L	累積生存割合	打切りマーク
0	21	0	0	1	0
6	21	3	1	0.85714286	0.89714286
7					
9					
10					
11					
13					
16					
17	10	0	1	0.62745098	0.66745098
19	9	0	1	0.62745098	0.66745098
20	8	0	1	0.62745098	0.66745098
22	7	1	0	0.53781513	0.53781513
23	6	1	0	0.44817927	0.44817927
25	5	0	1	0.44817927	0.48817927
32	4	0	2	0.44817927	0.52817927
34	2	0	1	0.44817927	0.48817927
35	1	0	1	0.44817927	0.48817927

軸ラベル
軸ラベルの範囲(A):
=例題3グラフ!$U$3:$U$19
= 0, 6, 7, 9, 10...
OK
キャンセル

⑥グラフの横軸に生存時間が表示されます.

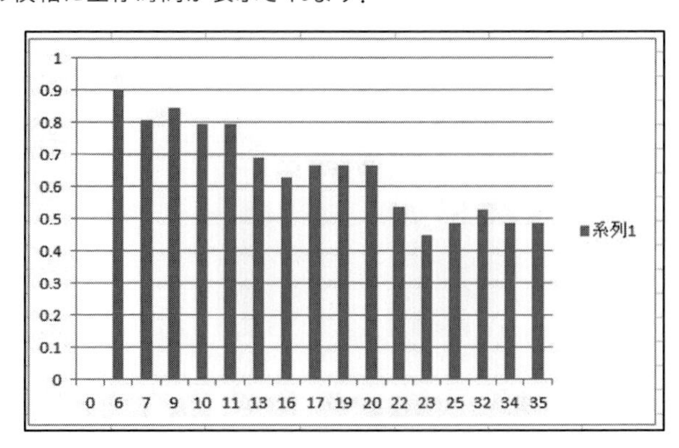

⑦「系列 1」を選択し削除します.

(ⅰ) 縦軸の数値上で右クリック ⇒［軸の書式設定］⇒［軸のオプション］：最大値「1.2」と入力.

(ⅱ) 縦軸の数値が選択された状態で ⇒［グラフツール］⇒［書式］⇒［文字の塗りつぶし］：［文字の塗りつぶしなし］を選択.

(ⅲ) 横軸の数値が選択された状態で ⇒［グラフツール］⇒［書式］⇒［文字の塗りつぶし］：［文字の塗りつぶしなし］を選択.

（iv）棒グラフ上で右クリック ⇒［データ系列の書式設定］⇒［系列のオプション］⇒［要素の間隔］：大「500%」とする（スライダーを右へ動かす）.

⑧以上の操作により次の図が得られます.

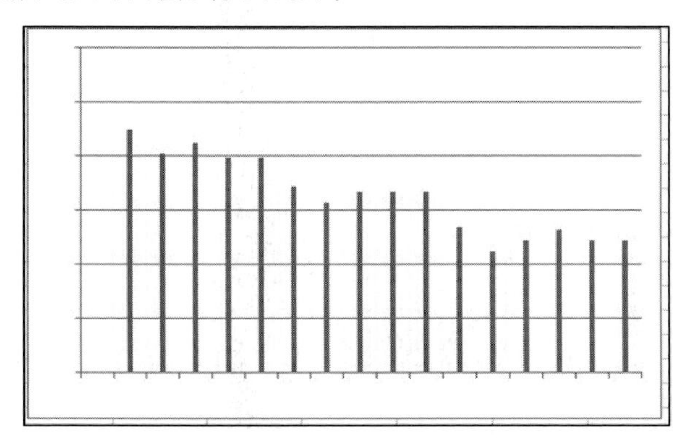

⑨次に，累積生存割合のグラフ化は基本的に打ち切りのグラフと同様です.

（i）Y3〜Y19 セル（データ）を選択 ⇒［挿入］⇒［縦棒］⇒［集合縦棒］.

（ii）棒グラフの上で右クリック ⇒［データの選択］⇒ 横軸ラベル［編集(T)］.

軸ラベルの範囲の指定は，「U3〜U19 セルを選択」⇒［OK］⇒データソースの選択［OK］. グラフの横軸に生存時間が表示される.

（iii）「系列 1」を選択し削除.

（iv）縦軸の数値上で右クリック ⇒［軸の書式設定］⇒［軸のオプション］：最大値「1.2」と入力.

（v）表示形式：小数点以下の桁数「1」と入力.

（vi）棒グラフ上で右クリック ⇒［データ系列の書式設定］⇒［系列のオプション］⇒［要素の間隔］：なし「0%」とする（スライダーを左へ動かす）.

（vii）塗りつぶし ⇒ 塗りつぶし（単色）(S)：塗りつぶしの色「白」を選択.

（viii）線の色 ⇒ 線（単色）(S)：「白」を選択.

（ix）光彩とぼかし ⇒［光彩・色］：「黒」を選択.［サイズ］：「4 pt」に変更.

⑩以上の操作により次の図が得られます.

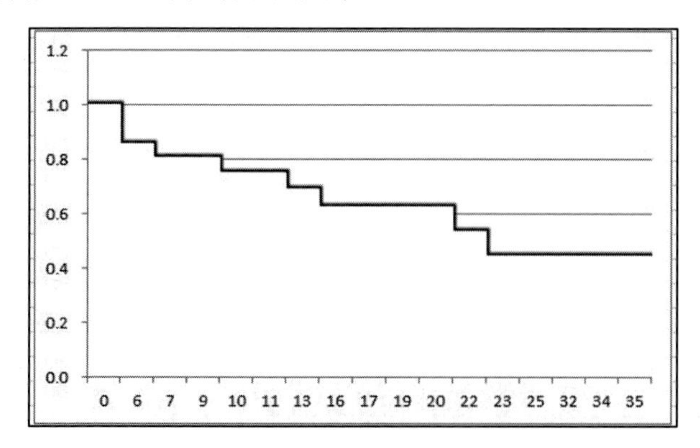

（ｉ）座標（0, 0）の外側で右クリック ⇒［グラフエリアの書式設定］⇒［塗りつぶし］⇒［塗りつぶしなし（N)］を選択 ⇒［閉じる］.

（ii）グラフエリア内で右クリック ⇒［プロットエリア内の書式設定］⇒［塗りつぶし］⇒［塗りつぶしなし（N)］を選択 ⇒［閉じる］. この指定によって, グラフの背景が透ける状態になります.

⑪上記の２図（⑧と⑩）を重ねると下図になります.

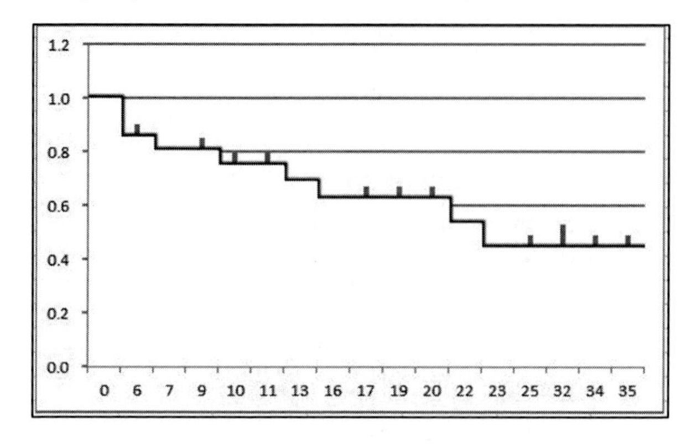

⑫最後に［挿入］⇒［図形］⇒［直線］を選択し，罫線を入れて完成です．

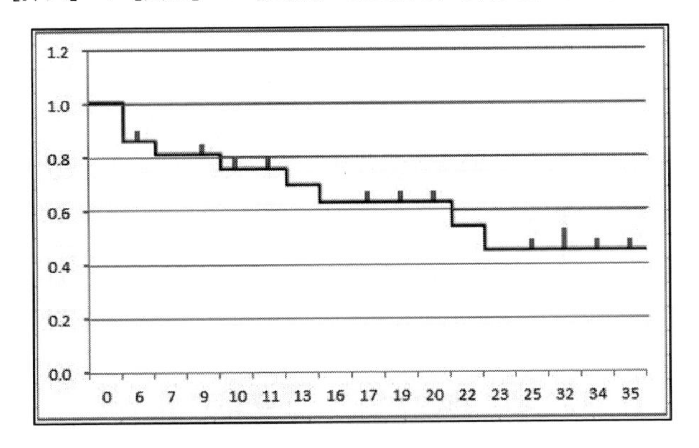

14.3.2　累積生存割合±標準誤差（SE）付きのグラフ作成

生存時間（Ti），累積生存割合，標準誤差（SE）のデータを，AB 列，AC 列，AD 列にそれぞれ貼り付けます．

①コピー後 ⇒ 貼り付け「Alt」＋「E」キー ⇒「S」キー ⇒「V」キー．

3 行目の AE 列と AF 列には，それぞれ「1」と入力します．AE4 セルには，数式バーに表記されている式を入力します．

fx =IF(AC4−1.96*AD4>=1,1,IF(AC4−1.96*AD4<=0,0,AC4−1.96*AD4))

AB	AC	AD	AE	AF
Ti	累積生存割合	SE	−1.96SE	+1.96SE
0	1		1	1
6	0.85714	0.07636	0.70748	1.00000
7	0.80672	0.08694	0.63633	0.97712
9	0.80672	0.08694	0.63633	0.97712
10	0.75294	0.09635	0.56410	0.94179
11	0.75294	0.09635	0.56410	0.94179
13	0.69020	0.10681	0.48084	0.89955
16	0.62745	0.11405	0.40391	0.85100
17	0.62745	0.11405	0.40391	0.85100
19	0.62745	0.11405	0.40391	0.85100
20	0.62745	0.11405	0.40391	0.85100
22	0.53782	0.12823	0.28648	0.78915
23	0.44818	0.13459	0.18438	0.71198
25	0.44818	0.13459	0.18438	0.71198
32	0.44818	0.13459	0.18438	0.71198
34	0.44818	0.13459	0.18438	0.71198
35	0.44818	0.13459	0.18438	0.71198

②同様に，AF4 セルには，次の数式バーに表記されている式を入力します．5 行目以下は，AE4 セルと AF4 セルの式をコピー＆ペーストします．

```
fx =IF(AC4+1.96*AD4>=1,1,IF(AC4+1.96*AD4<=0,0,AC4+1.96*AD4))
```

AB	AC	AD	AE	AF
Ti	累積生存割合	SE	−1.96SE	+1.96SE
0	1		1	1
6	0.85714	0.07636	0.70748	1.00000
7	0.80672	0.08694	0.63633	0.97712
9	0.80672	0.08694	0.63633	0.97712
10	0.75294	0.09635	0.56410	0.94179
11	0.75294	0.09635	0.56410	0.94179
13	0.69020	0.10681	0.48084	0.89955
16	0.62745	0.11405	0.40391	0.85100
17	0.62745	0.11405	0.40391	0.85100
19	0.62745	0.11405	0.40391	0.85100
20	0.62745	0.11405	0.40391	0.85100
22	0.53782	0.12823	0.28648	0.78915
23	0.44818	0.13459	0.18438	0.71198
25	0.44818	0.13459	0.18438	0.71198
32	0.44818	0.13459	0.18438	0.71198
34	0.44818	0.13459	0.18438	0.71198
35	0.44818	0.13459	0.18438	0.71198

③図の作成は，縦軸に AF3〜AF19 セルのデータ，横軸に AB3〜AB19 セルのデータとするグラフを作成します（▶ 14.3.1 項「カプラン・マイヤー曲線のグラフ化」参照）．次に，縦軸に AC3〜AC19 セルのデータ，横軸に AB3〜AB19 セルのデータとするグラフを作成し，最後に縦軸に AE3〜AE19 セルのデータ，横軸に AB3〜AB19 セルのデータとするグラフを作成します．

※以上の順でなければ 3 曲線を重ねて表示ができませんので注意して下さい．

④結果は以下の累積生存割合±標準誤差のグラフになります.

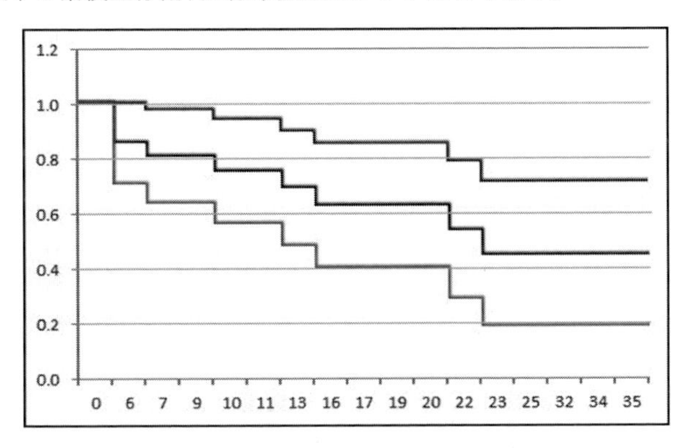

14.4 ログランク検定

次のデータは，ある臓器の摘出後に薬A（グループA）と薬B（グループB）を投与した際の生存時間を調査したものです．14.2節「カプラン・マイヤー法」のデータを再現しています．

	A	B	C	D	E	F	G	H	I
1	患者番号	生存時間	死亡	打ち切り		患者番号	生存時間	死亡	打ち切り
2	A: No	Ti	D	L		B: No	Ti	D	L
3	1	6	1	0		1	1	1	0
4	2	6	1	0		2	1	1	0
5	3	6	1	0		3	2	1	0
6	4	6	0	1		4	2	1	0
7	5	7	1	0		5	3	1	0
8	6	9	0	1		6	4	1	0
9	7	10	1	0		7	4	1	0
10	8	10	0	1		8	5	1	0
11	9	11	0	1		9	5	1	0
12	10	13	1	0		10	8	1	0
13	11	16	1	0		11	8	1	0
14	12	17	0	1		12	8	1	0
15	13	19	0	1		13	8	1	0
16	14	20	0	1		14	11	1	0
17	15	22	1	0		15	11	1	0
18	16	23	1	0		16	12	1	0
19	17	25	0	1		17	12	1	0
20	18	32	0	1		18	15	1	0
21	19	32	0	1		19	17	1	0
22	20	34	0	1		20	22	1	0
23	21	35	0	1		21	23	1	0
24									
25	D = 死亡(Death); L = 打ち切り(Loss)								

グループAのデータは左側に，グループBのデータは右側に示されています．データで必要なとなるのが，生存時間，死亡，打ち切りの情報です．グループAでは，死亡と打ち切りの患者がいますが，グループBでは打ち切りの患者はいません．

14.4.1　グループAについての解析

新しいシートには以下のようにデータを準備します．

①初めに，同じ生存期間の患者がいる場合には，それらの人数をまとめます．

※例えば，生存時間が6の場合，死亡数が3と打ち切りが1となります．他の生存時間でも重複する場合には同様の処理を行います．これらの結果は，F〜H列になります．

②次にJ〜M列を作成します．2行目にJ列から各列にラベルを入力します．3行目には，J列から「0」，「21」，「0」，「0」と入力します．

※「21」はグループAの全患者数です．「21」以外の「0」は，定数であると考えて下さい．

③ J 列の 4 行目以下には，生存時間（F3〜F18）のデータを貼り付けます．同様に，L 列には G3〜G18 セル，M 列には H3〜H18 セルのデータを貼り付けます．

	A	B	C	D	E	F	G	H	I	J	K	L	M
1	患者番号	生存時間	死亡	打ち切り									
2	A: No	Ti	D	L		Ti	D	L		Ti	Ni	D	L
3	1	6	1	0		6	3	1		0	21	0	0
4	2	6	1	0		7	1	0		6		3	1
5	3	6	1	0		9	0	1		7		1	0
6	4	6	0	1		10	1	1		9		0	1
7	5	7	1	0		11	0	1		10		1	1
8	6	9	0	1		13	1	0		11		0	1
9	7	10	1	0		16	1	0		13		1	0
10	8	10	0	1		17	0	1		16		1	0
11	9	11	0	1		19	0	1		17		0	1
12	10	13	1	0		20	0	1		19		0	1
13	11	16	1	0		22	1	0		20		0	1
14	12	17	0	1		23	1	0		22		1	0
15	13	19	0	1		25	0	1		23		1	0
16	14	20	0	1		32	0	2		25		0	1
17	15	22	1	0		34	0	1		32		0	2
18	16	23	1	0		35	0	1		34		0	1
19	17	25	0	1						35		0	1
20	18	32	0	1		人数	9	12					
21	19	32	0	1									
22	20	34	0	1									
23	21	35	0	1									

④次に N〜S 列を作成します．2 行目に N 列から各列にラベルを入力します．N 列には「区間生存割合」，O 列には「累積生存割合」と入力します．3 行目の N 列には「1」，O 列には「1」，S 列には「0.000」と入力します．これらは定数です．次に，4 行目の K 列には「＝K3－L3－M3」，N 列には「＝1－L4/K4」，O 列には「＝O3＊N4」，P 列には「＝L4/(K4＊(K4－L4))」，Q 列には「＝Q3＋P4」，R 列には「＝O4＊SQRT(Q4)」，S 列には「＝1－O4」と入力します．

J	K	L	M	N	O	P	Q	R	S
Ti	Ni	D	L	間生存割	累積生存	Di/(Ni*(Ni-Di)	Σ Di/(Ni*(Ni-Di)	SE	累積死亡割合
0	21	0	0	1	1				0.000
6	=K3-L3-M3	3	1	=1-L4/K4	=O3*N4	=L4/(K4*(K4-L4))	=Q3+P4	=O4*SQRT(Q4)	=1-O4
7		1	0						

第14章 生存時間解析

⑤ 4 行目の式を入力後，コピー＆ペーストを実行しますと，**図 14.4** のような結果になります．なお，表中の SE は標準誤差を示しています．

J	K	L	M	N	O	P	Q	R	S
Ti	Ni	D	L	区間生存割合	累積生存割合	Di/(Ni*(Ni-Di))	Σ Di/(Ni*(Ni-Di))	SE	累積死亡割合
0	21	0	0	1	1				0.000
6	21	3	1	0.857	0.857	0.00794	0.00794	0.0764	0.143
7	17	1	0	0.941	0.807	0.00368	0.01161	0.0869	0.193
9	16	0	1	1.000	0.807	0.00000	0.01161	0.0869	0.193
10	15	1	1	0.933	0.753	0.00476	0.01637	0.0963	0.247
11	13	0	1	1.000	0.753	0.00000	0.01637	0.0963	0.247
13	12	1	0	0.917	0.690	0.00758	0.02395	0.1068	0.310
16	11	1	0	0.909	0.627	0.00909	0.03304	0.1141	0.373
17	10	0	1	1.000	0.627	0.00000	0.03304	0.1141	0.373
19	9	0	1	1.000	0.627	0.00000	0.03304	0.1141	0.373
20	8	0	1	1.000	0.627	0.00000	0.03304	0.1141	0.373
22	7	1	0	0.857	0.538	0.02381	0.05685	0.1282	0.462
23	6	1	0	0.833	0.448	0.03333	0.09018	0.1346	0.552
25	5	0	1	1.000	0.448	0.00000	0.09018	0.1346	0.552
32	4	0	2	1.000	0.448	0.00000	0.09018	0.1346	0.552
34	2	0	1	1.000	0.448	0.00000	0.09018	0.1346	0.552
35	1	0	1	1.000	0.448	0.00000	0.09018	0.1346	0.552

図 14.4

生存時間［Ti］は，時間 0 から始まります．その時の全標本数または全患者数［Ni］はここでは 21 名です．観察のスタート時点では，全員生存していますので区間生存割合と累積生存割合は共に 1.000（100％ の意）です．小文字 i は，生存時間の順番，すなわちイベント順を示す数学表記「下付き記号」です．

6 か月目では，死亡者（Death：［D］）が 3 名，打ち切り（Loss：［L］）が 1 名います．この時の区間生存割合 0.857 は，「(21 − 3)/21」または「1 − 3/21」(＝1 − L4/K4) として求めます．累積生存割合 0.857 は，「1 × 0.857」(＝ O3*N4) として求めます．

7 か月目では，1 名亡くなります．6 か月目に 3 名の死亡と 1 名の打ち切りがあり合計 4 名が生存数から引かれます．したがって，7 か月目の生存数［Ni］は，「17 ＝ 21 − 3 − 1」(＝K4 − L4 − M4) となっています．そして 17 名いた生存者の内，1 名が亡くなりましたので区間生存割合は，「0.941 ＝ (17 − 1)/17」または「0.941 ＝ 1 − 1/17」(＝1 − L5/K5) となります．累積生存割合 0.807 は，「0.857 × 0.941」(＝O4*N5) となります．このときの 0.857 は累積生存割合のものを掛けています．また，累積死亡割合 0.193 は，「1 − 0.807」(＝1 − O5) として求めます．以下，同様の繰り返しになります．

14.4.2　生存時間解析の数式

(1) 区間毎の標本数

$$N_{i+1} = N_i - D_i - L_i \tag{14.1}$$

(2) 区間生存割合

$$S_i = 1 - \frac{D_i}{N_i} \tag{14.2}$$

(3) 累積生存割合

$$\widehat{S}_i = S_1 \times S_2 \cdots S_i = \prod \left(\frac{1 - D_k}{N_k} \right) \tag{14.3}$$

これが生存率曲線に対するカプラン・マイヤー推定法です.

(4) $\widehat{S}_i$ の標準誤差

$$SE_i = \widehat{S}_i \times \sqrt{\frac{\sum D_k}{(N_k (N_k - D_k))}} \tag{14.4}$$

これを Greenwood の公式といいます.

(5) 母生存率の 95% 信頼区間

$$\widetilde{S}_i = \widehat{S}_i \pm 1.96 \times SE_i \tag{14.5}$$

(6) 累積死亡割合

$$\Lambda_i = 1 - \widehat{S}_i \tag{14.6}$$

14.4.3　グループ B についての解析

新しいシートには以下のようにデータを準備します.

①初めに同じ生存時間の患者がいる場合には，それらの人数をまとめます.

※例えば，生存時間が 1 の場合，死亡数が 2 と打ち切りが 0 となります．他の生存時間でも重複する場合には同様の処理を行います．これらの結果は，F～H 列になります.

②次に J～M 列を作成します．2 行目に J 列から各列にラベルを入力し，3 行目には，J 列から「0」，「21」，「0」，「0」と入力します.

※「21」はグループ B の全患者数です．「21」以外の「0」は，定数であると考えて下さい．

③ J 列の 4 行目以下には，生存時間（F3〜F14 セル）のデータを貼り付けます．同様に，L 列には G3〜G14 セル，M 列には H3〜H14 セルのデータを貼り付けます．

	A	B	C	D	E	F	G	H	I	J	K	L	M
1	患者番号	生存時間	死亡	打ち切り									
2	B: No	Ti	D	L		Ti	D	L		Ti	Ni	D	L
3	1	1	1	0		1	2	0		0	21	0	0
4	2	1	1	0		2	2	0		1	21	2	0
5	3	2	1	0		3	1	0		2	19	2	0
6	4	2	1	0		4	2	0		3	17	1	0
7	5	3	1	0		5	2	0		4	16	2	0
8	6	4	1	0		8	4	0		5	14	2	0
9	7	4	1	0		11	2	0		8	12	4	0
10	8	5	1	0		12	2	0		11	8	2	0
11	9	5	1	0		15	1	0		12	6	2	0
12	10	8	1	0		17	1	0		15	4	1	0
13	11	8	1	0		22	1	0		17	3	1	0
14	12	8	1	0		23	1	0		22	2	1	0
15	13	8	1	0						23	1	1	0
16	14	11	1	0		人数	21	0					
17	15	11	1	0									
18	16	12	1	0									
19	17	12	1	0									
20	18	15	1	0									
21	19	17	1	0									
22	20	22	1	0									
23	21	23	1	0									
24													
25	D = 死亡(Death); L = 打ち切り(Loss)												

④次に N〜S 列を作成します．2 行目に N 列から各列にラベルを入力します．N 列には「区間生存割合」，O 列には「累積生存割合」と入力し（下図参照），3 行目の N 列には「1」，O 列には「1」，S 列には「0.000」と入力します．これらは定数です．次に，4 行目の K 列には「＝K3－L3－M3」，N 列には「＝1－L4/K4」，O 列には「＝O3＊N4」，P 列には「＝L4/(K4＊(K4－L4))」，Q 列には「＝Q3＋P4」，R 列には「＝O4＊SQRT(Q4)」，S 列には「＝1－O4」と入力します．

J	K	L	M	N	O	P	Q	R	S
Ti	Ni	D	L	区間生存割合	積生存割	Di/(Ni*(Ni-Di)	Σ Di/(Ni*(Ni-Di)	SE	累積死亡割合
0	21	0	0	1	1				0.000
1	=K3-L3-M3	2	0	=1-L4/K4	=O3*N4	=L4/(K4*(K4-L4))	=Q3+P4	=O4*SQRT(Q4)	=1-O4
2		2	0						

⑤ 4 行目の式を入力後，コピー＆ペーストを実行しますと，**図 14.5** のような結果になります．なお，表の中の SE は標準誤差を示しています．

J	K	L	M	N	O	P	Q	R	S
Ti	Ni	D	L	区間生存割合	累積生存割合	Di/(Ni*(Ni-Di))	Σ Di/(Ni*(Ni-Di))	SE	累積死亡割合
0	21	0	0	1	1				0.000
1	21	2	0	0.905	0.905	0.00501	0.00501	0.0641	0.095
2	19	2	0	0.895	0.810	0.00619	0.01120	0.0857	0.190
3	17	1	0	0.941	0.762	0.00368	0.01488	0.0929	0.238
4	16	2	0	0.875	0.667	0.00893	0.02381	0.1029	0.333
5	14	2	0	0.857	0.571	0.01190	0.03571	0.1080	0.429
8	12	4	0	0.667	0.381	0.04167	0.07738	0.1060	0.619
11	8	2	0	0.750	0.286	0.04167	0.11905	0.0986	0.714
12	6	2	0	0.667	0.190	0.08333	0.20238	0.0857	0.810
15	4	1	0	0.750	0.143	0.08333	0.28571	0.0764	0.857
17	3	1	0	0.667	0.095	0.16667	0.45238	0.0641	0.905
22	2	1	0	0.500	0.048	0.50000	0.95238	0.0465	0.952
23	1	1	0	0.000	0.000	#DIV/0!	#DIV/0!	#DIV/0!	1.000

図 14.5

14.4.4 グループ A とグループ B の生存率曲線を重ねて描く

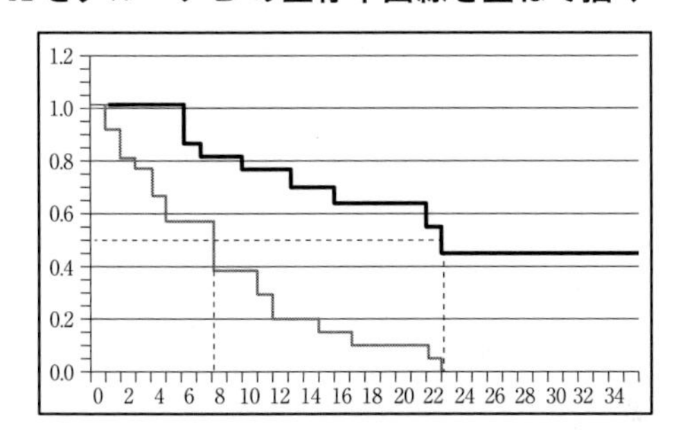

生存率曲線の特徴を表現する場合には，推定 50% 生存時間を用いることがあります．生存率 50%（このグラフでは縦軸 0.5）に対する生存時間（横軸の値または推定値）が「生存時間の中央値（median survival time）」になります．また，生存時間中央値は，標本の 50% が死亡するまでの時間でもあります．

生存時間中央値は，グループ A では 23 か月，グループ B では 7 か月となります．一つの客観的な指標として生存時間の中央値によってグループ A の方がグループ B よりも生存時間が長いといえます．

※生存率曲線の解釈では次の点に注意が必要です．生存時間の値が正規分布する保証がないこと，また，データに打ち切りがあるため生存時間の平均値が求められないことです．

生存率曲線のグラフは「集合縦棒」グラフを利用しています．集合縦棒グラフの横軸の条件は，順序配列のデータが表示されることです．横軸には0～35までのデータを与えないと，与えられないデータが抜け落ちてしまい，グラフがつまった状態で表現されます（14.3節「カプラン・マイヤー曲線」で作成したグラフは，横軸が等間隔ではありません）．その問題を解決するため，**図14.6**のように生存時間解析の表では抜け落ちている生存時間を補う操作を加えます．補った生存時間に対しての生存率は，単純に補う前の生存率をコピーするだけです．次にその様子を示します．

L	M	N
Ti	A	B
0	1	1
1	1	0.904762
2	1	0.809524
3	1	0.761905
4	1	0.666667
5	1	0.571429
6	0.857143	0.571429
7	0.806723	0.571429
8	0.806723	0.380952
9	0.806723	0.380952
10	0.752941	0.380952
11	0.752941	0.285714
12	0.752941	0.190476
13	0.690196	0.190476
14	0.690196	0.190476
15	0.690196	0.142857
16	0.627451	0.142857
17	0.627451	0.095238
18	0.627451	0.095238
19	0.627451	0.095238
20	0.627451	0.095238
21	0.627451	0.095238
22	0.537815	0.047619
23	0.448179	0
24	0.448179	0

＊生存時間25以下は，省略

図14.6

生存時間14，18，21，24は，A，Bグループ共にないので補われています．補う方法は，単に一つまえの生存時間の数値（生存率）をコピーするだけです．

14.4.5 ログランク検定の手順

ログランク検定は，生存率曲線全体について2群（グループ）間で比較し統計的に差があるかを調べます．一般にログランク検定には，Peto & Peto（ピトー & ピトー）の方法とMantel-Haenszel（マンテル・ヘンツェル）の方法の2種類があります．以下2種類について紹介します．

①新しいシートに次のようにラベルを作り，データを貼り付ける準備をします．

	A	B	C	D	E	F	G	H	I	J	K	L	M
1	No	Ti	Na	Da	L	Nb	Db	L	Dj	Nj	Eaj	Ebj	Vj
2													
3													
4													

②I～M列の2行目には以下の式を作ります．M2セルの式は，数式バーに示されています．

fx '=C2*F2*(D2+G2)*(C2+F2-D2-G2)/((C2+F2)^2*(C2+F2-1))

H	I	J	K	L	M	N
L	Dj	Nj	Eaj	Ebj	Vj	
	=D2+G2	=C2+F2	=I2*C2/J2	=I2*F2/J2	=C2*F2*(D2+G2)*(C2+F	

③生存時間解析の表（図14.4のJ～M列）からグループAのデータ（生存時間，生存数，死亡，打ち切り）をB列，C列，D列，E列に貼り付けます．ただし，生存時間0のデータ（図14.4の3行目）は含まれません．

	A	B	C	D	E	F	G	H
1	No	Ti	Na	Da	L	Nb	Db	L
2		6	21	3	1			
3		7	17	1	0			
4		9	16	0	1			
5		10	15	1	1			
6		11	13	0	1			
7		13	12	1	0			
8		16	11	1	0			
9		17	10	0	1			
10		19	9	0	1			
11		20	8	0	1			
12		22	7	1	0			
13		23	6	1	0			
14		25	5	0	1			
15		32	4	0	2			
16		34	2	0	1			
17		35	1	0	1			

④ A 列には順番（1，2，3，…）を，また F 列，G 列，H 列は，すべて「0」と入力します．

	A	B	C	D	E	F	G	H
1	No	Ti	Na	Da	L	Nb	Db	L
2	1	6	21	3	1	0	0	0
3	2	7	17	1	0	0	0	0
4	3	9	16	0	1	0	0	0
5	4	10	15	1	1	0	0	0
6	5	11	13	0	1	0	0	0
7	6	13	12	1	0	0	0	0
8	7	16	11	1	0	0	0	0
9	8	17	10	0	1	0	0	0
10	9	19	9	0	1	0	0	0
11	10	20	8	0	1	0	0	0
12	11	22	7	1	0	0	0	0
13	12	23	6	1	0	0	0	0
14	13	25	5	0	1	0	0	0
15	14	32	4	0	2	0	0	0
16	15	34	2	0	1	0	0	0
17	16	35	1	0	1	0	0	0

⑤生存時間解析の表（図 14.5 の J〜M 列）からグループ B のデータ（生存時間，生存数，死亡，打ち切り）を B 列，F 列，G 列，H 列の 18 行目に貼り付けます．ただし，生存時間 0 のデータ（図 14.5 の 3 行目）は含まれません．

	A	B	C	D	E	F	G	H
1	No	Ti	Na	Da	L	Nb	Db	L
2	1	6	21	3	1	0	0	0
3	2	7	17	1	0	0	0	0
4	3	9	16	0	1	0	0	0
5	4	10	15	1	1	0	0	0
6	5	11	13	0	1	0	0	0
7	6	13	12	1	0	0	0	0
8	7	16	11	1	0	0	0	0
9	8	17	10	0	1	0	0	0
10	9	19	9	0	1	0	0	0
11	10	20	8	0	1	0	0	0
12	11	22	7	1	0	0	0	0
13	12	23	6	1	0	0	0	0
14	13	25	5	0	1	0	0	0
15	14	32	4	0	2	0	0	0
16	15	34	2	0	1	0	0	0
17	16	35	1	0	1	0	0	0
18		1				21	2	0
19		2				19	2	0
20		3				17	1	0
21		4				16	2	0
22		5				14	2	0
23		8				12	4	0
24		11				8	2	0
25		12				6	2	0
26		15				4	1	0
27		17				3	1	0
28		22				2	1	0
29		23				1	1	0

⑥ A 列には順番（17，18，19，…）を，また C 列，D 列，E 列は，すべて「0」と入力します．

	A	B	C	D	E	F	G	H
1	No	Ti	Na	Da	L	Nb	Db	L
2	1	6	21	3	1	0	0	0
3	2	7	17	1	0	0	0	0
4	3	9	16	0	1	0	0	0
5	4	10	15	1	1	0	0	0
6	5	11	13	0	1	0	0	0
7	6	13	12	1	0	0	0	0
8	7	16	11	1	0	0	0	0
9	8	17	10	0	1	0	0	0
10	9	19	9	0	1	0	0	0
11	10	20	8	0	1	0	0	0
12	11	22	7	1	0	0	0	0
13	12	23	6	1	0	0	0	0
14	13	25	5	0	1	0	0	0
15	14	32	4	0	2	0	0	0
16	15	34	2	0	1	0	0	0
17	16	35	1	0	1	0	0	0
18	17	1	0	0	0	21	2	0
19	18	2	0	0	0	19	2	0
20	19	3	0	0	0	17	1	0
21	20	4	0	0	0	16	2	0
22	21	5	0	0	0	14	2	0
23	22	8	0	0	0	12	4	0
24	23	11	0	0	0	8	2	0
25	24	12	0	0	0	6	2	0
26	25	15	0	0	0	4	1	0
27	26	17	0	0	0	3	1	0
28	27	22	0	0	0	2	1	0
29	28	23	0	0	0	1	1	0

⑦ I〜M 列の 2 行目（各セルの数式）を選択 ⇒「Ctrl」＋「C」キーでコピー ⇒ 3〜29 行目までを貼り付けます．この段階では，セルの中にエラー（#DIV/0!）があっても構いません．

⑧次に，A1〜M29 セルを選択します．操作方法 ⇒ A1 セルを選択 ⇒「Ctrl」＋「Shift」＋「→」キー，そして「Ctrl」＋「Shift」＋「↓」キーを押します．

	A	B	C	D	E	F	G	H	I	J	K	L	M
1	No	Ti	Na	Da	L	Nb	Db	L	Dj	Nj	Eaj	Ebj	Vj
2	1	6	21	3	1	0	0	0	3	21	3.000	0.000	0.00000
3	2	7	17	1	0	0	0	0	1	17	1.000	0.000	0.00000
4	3	9	16	0	1	0	0	0	0	16	0.000	0.000	0.00000
5	4	10	15	1	1	0	0	0	1	15	1.000	0.000	0.00000
6	5	11	13	0	1	0	0	0	0	13	0.000	0.000	0.00000
7	6	13	12	1	0	0	0	0	1	12	1.000	0.000	0.00000
8	7	16	11	1	0	0	0	0	1	11	1.000	0.000	0.00000
9	8	17	10	0	1	0	0	0	0	10	0.000	0.000	0.00000
10	9	19	9	0	1	0	0	0	0	9	0.000	0.000	0.00000
11	10	20	8	0	1	0	0	0	0	8	0.000	0.000	0.00000
12	11	22	7	1	0	0	0	0	1	7	1.000	0.000	0.00000
13	12	23	6	1	0	0	0	0	1	6	1.000	0.000	0.00000
14	13	25	5	0	1	0	0	0	0	5	0.000	0.000	0.00000
15	14	32	4	0	2	0	0	0	0	4	0.000	0.000	0.00000
16	15	34	2	0	1	0	0	0	0	2	0.000	0.000	0.00000
17	16	35	1	0	1	0	0	0	0	1	0.000	0.000	#DIV/0!
18	17	1	0	0	0	21	2	0	2	21	0.000	2.000	0.00000
19	18	2	0	0	0	19	2	0	2	19	0.000	2.000	0.00000
20	19	3	0	0	0	17	1	0	1	17	0.000	1.000	0.00000
21	20	4	0	0	0	16	2	0	2	16	0.000	2.000	0.00000
22	21	5	0	0	0	14	2	0	2	14	0.000	2.000	0.00000
23	22	8	0	0	0	12	4	0	4	12	0.000	4.000	0.00000
24	23	11	0	0	0	8	2	0	2	8	0.000	2.000	0.00000
25	24	12	0	0	0	6	2	0	2	6	0.000	2.000	0.00000
26	25	15	0	0	0	4	1	0	1	4	0.000	1.000	0.00000
27	26	17	0	0	0	3	1	0	1	3	0.000	1.000	0.00000
28	27	22	0	0	0	2	1	0	1	2	0.000	1.000	0.00000
29	28	23	0	0	0	1	1	0	1	1	0.000	1.000	#DIV/0!

⑨メニュー［ホーム］⇒［並べ替えとフィルター］⇒［ユーザー設定の並べ替え］を選択し，［最優先されるキー］:「Ti」⇒［並べ替え］:「値」⇒［順序］:「昇順」⇒［OK］を押します．

⑩ C2 セルは，「0」を「21」と書き替えます．21 は，グループ A の全患者数です．12 行目と 13 行目は，［Ti］（生存時間）の数値が「11」で重複しています．これを 1 行で示すために，F13 セル，G13 セル，H13 セルの数値をコピーして，F12 セル，G12 セル，H12 セルに貼り付けます．

同様に Ti 数値が重複している「Ti＝17」18 行目と 19 行目について，F19 セル，G19 セル，H19 セルの数値をコピーして，F18 セル，G18 セル，H18 セルに貼り付けます．以下「Ti＝22」22 行目と 23 行目，「Ti＝23」24 行目と 25 行目についても同様です．

⑪重複する箇所の処理を終えたら，重複する行を削除します．ここでは，13 行目，19 行目，23 行目，25 行目が削除の対象になります．

	A	B	C	D	E	F	G	H	I	J	K	L	M
1	No	Ti	Na	Da	L	Nb	Db	L	Dj	Nj	Eaj	Ebj	Vj
2	17	1	0	0	0	21	2	0	2	21	0.000	2.000	0.00000
3	18	2	0	0	0	19	2	0	2	19	0.000	2.000	0.00000
4	19	3	0	0					1	17	0.000	1.000	0.00000
5	20	4	0	0					2	16	0.000	2.000	0.00000
6	21	5	0	0	0	14	2	0	2	14	0.000	2.000	0.00000
7	1	6	21	3	1	0	0	0	3	21	3.000	0.000	0.00000
8	2	7	17	1	0	0	0	0	1	17	1.000	0.000	0.00000
9	22	8	0	0	0	12	4	0	4	12	0.000	4.000	0.00000
10	3	9	16	0	1	0	0	0	0	16	0.000	0.000	0.00000
11	4	10	15	1	1	0	0	0	1	15	1.000	0.000	0.00000
12	5	11	13	0	1	0	0	0	0	13	0.000	0.000	0.00000
13	23	11	0	0	0	8	2	0	2	8	0.000	2.000	0.00000
14	24	12	0	0	0	6	2	0	2	6	0.000	2.000	0.00000
15	6	13	12	1	0	0	0	0	1	12	1.000	0.000	0.00000
16	25	15	0	0	0	4	1	0	1	4	0.000	1.000	0.00000
17	7	16	11	1	0	0	0	0	1	11	1.000	0.000	0.00000
18	8	17	10	0	1	0	0	0	0	10	0.000	0.000	0.00000
19	26	17	0	0	0	3	1	0	1	3	0.000	1.000	0.00000
20	9	19	9	0	1	0	0	0	0	9	0.000	0.000	0.00000
21	10	20	8	0	1	0	0	0	0	8	0.000	0.000	0.00000
22	11	22	7	1	0	0	0	0	1	7	1.000	0.000	0.00000
23	27	22	0	0	0	2	1	0	1	2	0.000	1.000	0.00000
24	12	23	6	1	0	0	0	0	1	6	1.000	0.000	0.00000
25	28	23	0	0	0	1	1	0	1	1	0.000	1.000	#DIV/0!
26	13	25	5	0	1	0	0	0	0	5	0.000	0.000	0.00000
27	14	32	4	0	2	0	0	0	0	4	0.000	0.000	0.00000
28	15	34	2	0	1	0	0	0	0	2	0.000	0.000	0.00000
29	16	35	1	0	1	0	0	0	0	1	0.000	0.000	#DIV/0!

「21」に書き替え

※並べ替え後，C2 セルをグループ A の全患者数「21」に書き替えました．逆に，F2 セルが「0」のときは，グループ B の全患者数に書き替えます．

⑫結果は次のようになります．

	A	B	C	D	E	F	G	H	I	J	K	L	M
1	No	Ti	Na	Da	L	Nb	Db	L	Dj	Nj	Eaj	Ebj	Vj
2	17	1	21	0	0	21	2	0	2	42	1.000	1.000	0.48780
3	18	2	0	0	0	19	2	0	2	19	0.000	2.000	0.00000
4	19	3	0	0	0	17	1	0	1	17	0.000	1.000	0.00000
5	20	4	0	0	0	16	2	0	2	16	0.000	2.000	0.00000
6	21	5	0	0	0	14	2	0	2	14	0.000	2.000	0.00000
7	1	6	21	3	1	0	0	0	3	21	3.000	0.000	0.00000
8	2	7	17	1	0	0	0	0	1	17	1.000	0.000	0.00000
9	22	8	0	0	0	12	4	0	4	12	0.000	4.000	0.00000
10	3	9	16	0	1	0	0	0	0	16	0.000	0.000	0.00000
11	4	10	15	1	1	0	0	0	1	15	1.000	0.000	0.00000
12	5	11	13	0	1	8	2	0	2	21	1.238	0.762	0.44807
13	24	12	0	0	0	6	2	0	2	6	0.000	2.000	0.00000
14	6	13	12	1	0	0	0	0	1	12	1.000	0.000	0.00000
15	25	15	0	0	0	4	1	0	1	4	0.000	1.000	0.00000
16	7	16	11	1	0	0	0	0	1	11	1.000	0.000	0.00000
17	8	17	10	0	1	3	1	0	1	13	0.769	0.231	0.17751
18	9	19	9	0	1	0	0	0	0	9	0.000	0.000	0.00000
19	10	20	8	0	1	0	0	0	0	8	0.000	0.000	0.00000
20	11	22	7	1	0	2	1	0	2	9	1.556	0.444	0.30247
21	12	23	6	1	0	1	1	0	2	7	1.714	0.286	0.20408
22	13	25	5	0	1	0	0	0	0	5	0.000	0.000	0.00000
23	14	32	4	0	2	0	0	0	0	4	0.000	0.000	0.00000
24	15	34	2	0	1	0	0	0	0	2	0.000	0.000	0.00000
25	16	35	1	0	1	0	0	0	0	1	0.000	0.000	#DIV/0!

⑬ C3 セルを「＝C2－D2－E2」と変更します．同様に F3 セルを「＝F2－G2－H2」と変更します．C3 セルと F3 セルをコピーして，同列の 25 行目まで貼り付けます．

⑭結果は次のようになります．

	A	B	C	D	E	F	G	H	I	J	K	L	M
1	No	Ti	Na	Da	L	Nb	Db	L	Dj	Nj	Eaj	Ebj	Vj
2	17	1	21	0	0	21	2	0	2	42	1.000	1.000	0.48780
3	18	2	21	0	0	19	2	0	2	40	1.050	0.950	0.48596
4	19	3	21	0	0	17	1	0	1	38	0.553	0.447	0.24723
5	20	4	21	0	0	16	2	0	2	37	1.135	0.865	0.47723
6	21	5	21	0	0	14	2	0	2	35	1.200	0.800	0.46588
7	1	6	21	3	1	12	0	0	3	33	1.909	1.091	0.65083
8	2	7	17	1	0	12	0	0	1	29	0.586	0.414	0.24257
9	22	8	16	0	0	12	4	0	4	28	2.286	1.714	0.87075
10	3	9	16	0	1	8	0	0	0	24	0.000	0.000	0.00000
11	4	10	15	1	1	8	0	0	1	23	0.652	0.348	0.22684
12	5	11	13	0	1	8	2	0	2	21	1.238	0.762	0.44807
13	24	12	12	0	0	6	2	0	2	18	1.333	0.667	0.41830
14	6	13	12	1	0	4	0	0	1	16	0.750	0.250	0.18750
15	25	15	11	0	0	4	1	0	1	15	0.733	0.267	0.19556
16	7	16	11	1	0	3	0	0	1	14	0.786	0.214	0.16837
17	8	17	10	0	1	3	1	0	1	13	0.769	0.231	0.17751
18	9	19	9	0	1	2	0	0	0	11	0.000	0.000	0.00000
19	10	20	8	0	1	2	0	0	0	10	0.000	0.000	0.00000
20	11	22	7	1	0	2	1	0	2	9	1.556	0.444	0.30247
21	12	23	6	1	0	1	1	0	2	7	1.714	0.286	0.20408
22	13	25	5	0	1	0	0	0	0	5	0.000	0.000	0.00000
23	14	32	4	0	2	0	0	0	0	4	0.000	0.000	0.00000
24	15	34	2	0	1	0	0	0	0	2	0.000	0.000	0.00000
25	16	35	1	0	1	0	0	0	0	1	0.000	0.000	#DIV/0!

⑮ログランク検定の結果は以下のようになります.

	A	B	C	D	E	F	G	H	I	J	K	L	M
1	No	Ti	Na	Da	L	Nb	Db	L	Dj	Nj	Eaj	Ebj	Vj
2	17	1	21	0	0	21	2	0	2	42	1.000	1.000	0.48780
3	18	2	21	0	0	19	2	0	2	40	1.050	0.950	0.48596
4	19	3	21	0	0	17	1	0	1	38	0.553	0.447	0.24723
5	20	4	21	0	0	16	2	0	2	37	1.135	0.865	0.47723
6	21	5	21	0	0	14	2	0	2	35	1.200	0.800	0.46588
7	1	6	21	3	1	12	0	0	3	33	1.909	1.091	0.65083
8	2	7	17	1	0	12	0	0	1	29	0.586	0.414	0.24257
9	22	8	16	0	0	12	4	0	4	28	2.286	1.714	0.87075
10	3	9	16	0	1	8	0	0	0	24	0.000	0.000	0.00000
11	4	10	15	1	1	8	0	0	1	23	0.652	0.348	0.22684
12	5	11	13	0	1	8	2	0	2	21	1.238	0.762	0.44807
13	24	12	12	0	0	6	2	0	2	18	1.333	0.667	0.41830
14	6	13	12	1	0	4	0	0	1	16	0.750	0.250	0.18750
15	25	15	11	0	0	4	1	0	1	15	0.733	0.267	0.19556
16	7	16	11	1	0	3	0	0	1	14	0.786	0.214	0.16837
17	8	17	10	0	1	3	1	0	1	13	0.769	0.231	0.17751
18	9	19	9	0	1	2	0	0	0	11	0.000	0.000	0.00000
19	10	20	8	0	1	2	0	0	0	10	0.000	0.000	0.00000
20	11	22	7	1	0	2	1	0	2	9	1.556	0.444	0.30247
21	12	23	6	1	0	1	1	0	2	7	1.714	0.286	0.20408
22	13	25	5	0	1	0	0	0	0	5	0.000	0.000	0.00000
23	14	32	4	0	2	0	0	0	0	4	0.000	0.000	0.00000
24	15	34	2	0	1	0	0	0	0	2	0.000	0.000	0.00000
25	16	35	1	0	1	0	0	0	0	1	0.000	0.000	#DIV/0!
26													
27				A群の死亡数			B群の死亡数				A群の期待	B群の期待	
28				9			21				死亡数	死亡数	分散
29					A群の打切り数			B群の打切り数			19.25050	10.74950	6.25696
30					12			0					
31				合計	21		合計	21					
32													
33				Peto & Petoの検定統計量					Mantel-Haenszeの検定統計量				
34				カイ2乗		15.23285			カイ2乗		16.79294		
35				P value		0.00010			P value		0.00004		
36				棄却限界		3.84146			棄却限界		3.84146		

⑯統計量の計算式は次のようになります.

0	1	0	0	0		0	2	0.000	0.000	0.00000
0	1	0	0	0		0	1	0.000	0.000	#DIV/0!
A群の死亡数		B群の死亡数						A群の期待死	B群の期待死	
=SUM(D2:D25)		=SUM(G2:G25)						亡数	亡数	分散
	A群の打切り数		B群の打切り数					=SUM(K2:K25)	=SUM(L2:L25)	=SUM(M2:M24)
	=SUM(E2:E25)		=SUM(H2:H25)							
合計	=D28+E30	合計	=G28+H30							
Peto & Petoの検定統計量				Mantel-Haenszeの検定統計量						
カイ2乗	=(D28-K29)^2/K29+(G28-L29)^2/L29			カイ2乗	=(D28-K29)^2/M29					
P value	=CHIDIST(F34,1)			P value	=CHIDIST(K34,1)					
棄却限界	=CHIINV(0.05,1)			棄却限界	=CHIINV(0.05,1)					

※分散の合計では，M25 セルの「#DIV/0!」は含めません.

第14章 生存時間解析

●統計結果の解釈

Peto & Peto の検定統計量は 15.23285 であり，5% 有意水準の棄却限界値 3.84146 より大きいので，2 群の生存率曲線には統計的に有意な差があります（$P = 0.0001$）.

Mantel-Haenszel の検定統計量は 16.79294 であり，5% 有意水準の棄却限界値 3.84146 より大きいので，2 群の生存率曲線には統計的に有意な差があります（$P = 0.00004$）.

したがって，

ある臓器の摘出後に薬 A（グループ A）と薬 B（グループ B）を投与した際の生存時間を調査した結果，2 群の生存率曲線には統計的に有意な差（$P < 0.001$）が確認された．よって，臓器摘出後に薬 A を投与する治療法は，患者の生存時間が長くなることから有効性が認められる．

といえます．

※一般に，生命科学の論文では，$P = 0.0001$ などのように 0.001 以下の P 値は $P <$ 0.001 と表記します．

14.4.6 ログランク検定における計算式

A 群の観察死亡数の総和：　$O_A = \sum D_{a,j}$

B 群の観察死亡数の総和：　$O_B = \sum D_{b,j}$

A 群の期待死亡数の総和：　$E_A = \sum E_{a,j}$

B 群の期待死亡数の総和：　$E_B = \sum E_{b,j}$

AB 群の分散：

$$V = \sum \frac{N_{a,j} \cdot N_{b,j} (D_{a,j} + D_{b,j})(N_{a,j} + N_{b,j} - D_{a,j} - D_{b,j})}{(N_{a,j} + N_{b,j})^2 (N_{a,j} + N_{b,j} - 1)}$$

Peto & Peto の検定統計量 χ^2

$$\chi^2 = \frac{(O_A - E_A)^2}{E_A} + \frac{(O_B - E_B)^2}{E_B}$$

Mantel-Haenszel の検定統計量 χ^2

$$\chi^2 = \frac{(O_{\mathrm{A}} - E_{\mathrm{A}})^2}{V}$$

両検定は共に自由度 1 の χ^2 分布に従います．有意水準が 5% のとき $\chi^2 = 3.84146$ であるので，検定統計量の結果が $\chi^2 > 3.84146$ であれば，帰無仮説（2 群間には差がない）が棄却され，対立仮説が採用されて「有意差あり」となります．

χ^2 値に示されるように Peto & Peto の検定統計量は，Mantel-Haenszel の検定統計量よりも小さくなるため，Peto & Peto の方法は有意差の検出では保守的な検定と考えられます．

第14章 生存時間解析

付録

付録 1　正規分布

1733 年，ド・モアブルによって発見された関数 $f(x) = e^{-x^2}$ がオリジナルになります．統計学では，正規分布が理論の出発点になります．この式を変換していくことで正規分布の関数になるプロセスを見ていきましょう．

$f(x) = e^{-x^2}$ をグラフに示すと

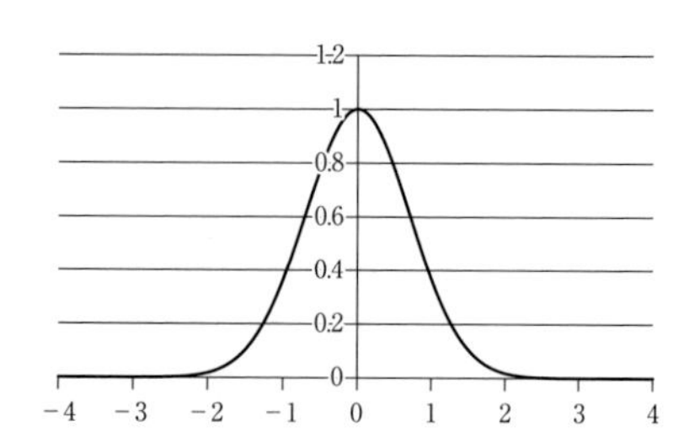

次に，関数 $f(x) = e^{-x^2}$ の積分（$-\infty \leq x \leq \infty$）を調べます．

$$I = \int_{-\infty}^{\infty} e^{-x^2}\, dx$$

とおきます．これを 2 乗すると，

$$I^2 = \int_{-\infty}^{\infty} e^{-x^2}\, dx \int_{-\infty}^{\infty} e^{-y^2}\, dy = \int_{-\infty}^{\infty}\int_{-\infty}^{\infty} e^{-(x^2+y^2)}\, dx\, dy$$

と表すことができます．

ここで，以下の変数変換を行います．

$$x = r\cos\theta$$

$$y = r\sin\theta$$

$$\frac{\partial x}{\partial r} = \cos\theta \qquad \frac{\partial x}{\partial \theta} = -r\sin\theta$$

$$\frac{\partial y}{\partial r} = \sin\theta \qquad \frac{\partial y}{\partial \theta} = r\cos\theta$$

$$J = \frac{\partial(x, y)}{\partial(r, \theta)} = \begin{vmatrix} \dfrac{\partial x}{\partial r} & \dfrac{\partial x}{\partial \theta} \\ \dfrac{\partial y}{\partial r} & \dfrac{\partial y}{\partial \theta} \end{vmatrix} = \begin{vmatrix} \cos\theta & -r\sin\theta \\ \sin\theta & r\cos\theta \end{vmatrix}$$

$$= r\cos^2\theta + r\sin^2\theta = r$$

また，積分範囲は，$-\infty \leq r \leq \infty$，$0 \leq \theta \leq 2\pi$ となります．

したがって，

$$I^2 = \int_{-\infty}^{\infty}\int_{-\infty}^{\infty} e^{-(x^2+y^2)}\,dx\,dy = \int_0^{2\pi}\int_{-\infty}^{\infty} e^{-r^2}|J|\,dr\,d\theta$$

$$= \int_0^{2\pi}\int_{-\infty}^{\infty} e^{-r^2} r\,dr\,d\theta$$

と表すことができます．

ここで，$r^2 = t$ とおき，両辺を r で微分すると，

$$\frac{d}{dr}(r^2) = 2r = \frac{dt}{dr}\text{，さらに，} r\,dr = \frac{1}{2}dt$$

となります．積分範囲は，$r: -\infty \to \infty$，なので，$t: 0 \to \infty$，

$$I^2 = \int_0^{2\pi}\int_{-\infty}^{\infty} e^{-r^2} r\,dr\,d\theta = \frac{1}{2}\int_0^{2\pi}\int_0^{\infty} e^{-t}\,dt\,d\theta = \frac{1}{2}\int_0^{2\pi}[-e^{-t}]_0^{\infty}\,d\theta$$

$$= \frac{1}{2}\int_0^{2\pi} d\theta = \frac{1}{2}[\theta]_0^{2\pi} = \pi$$

ゆえに，$I = \int_{-\infty}^{\infty} e^{-x^2}\,dx = \sqrt{\pi}$ となります．これより，$f(x) = e^{-x^2}$ と x 軸とで囲まれる面積は，$\sqrt{\pi}$ です．

この面積を 1 に規格化するために，関数 $f(x) = e^{-x^2}$ を $f(x) = \dfrac{1}{\sqrt{\pi}}e^{-x^2}$ と表すことにします．

$f(x) = \dfrac{1}{\sqrt{\pi}}e^{-x^2}$ のグラフは以下のようになります．正規化する前に比べると原点の高さが低くなっています．

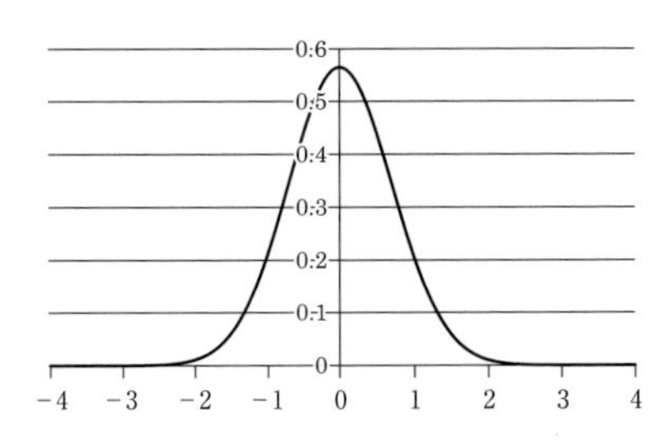

付録

次に，関数 $f(x) = \dfrac{1}{\sqrt{\pi}} e^{-x^2}$ の変曲点について調べます．

$$1\text{ 階微分は，}f'(x) = \frac{1}{\sqrt{\pi}}(-2x)\,e^{-x^2}$$

$$2\text{ 階微分は，}f''(x) = \frac{1}{\sqrt{\pi}}(-2+4x^2)\,e^{-x^2}$$

$e^{-x^2} \neq 0$ なので $f''(x) = 0$ となる x の値は，$(-2+4x^2) = 0$ を解いて，$x = \pm\dfrac{1}{\sqrt{2}}$ となります．

グラフで変曲点の位置を確認します．

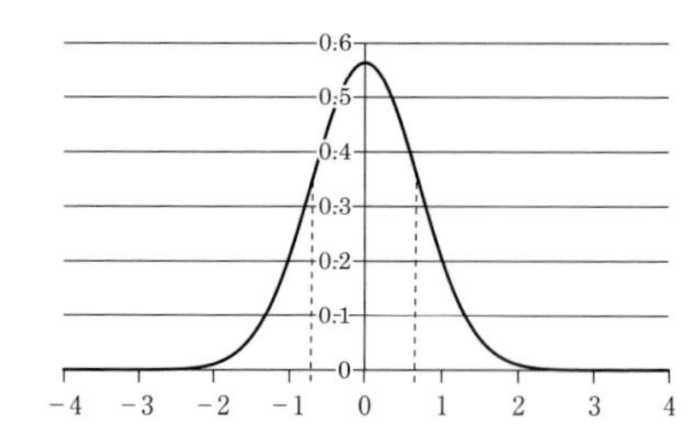

ここで，変曲点 $x = \pm\dfrac{1}{\sqrt{2}}$ をシンプルな $x = \pm 1$（標準偏差）に変換します．

$x : \dfrac{1}{\sqrt{2}} = \xi : 1$ とおくと，$x = \dfrac{1}{\sqrt{2}}\xi$ となり，$dx = \dfrac{1}{\sqrt{2}}d\xi$

これらを積分式 $I = \dfrac{1}{\sqrt{\pi}}\displaystyle\int_{-\infty}^{\infty} e^{-x^2}\,dx = 1$ に代入すると，

$$\begin{aligned} I &= \frac{1}{\sqrt{\pi}}\int_{-\infty}^{\infty} e^{-x^2}\,dx \\ &= \frac{1}{\sqrt{\pi}}\int_{-\infty}^{\infty} e^{-\left(\frac{\xi}{\sqrt{2}}\right)^2}\frac{1}{\sqrt{2}}\,d\xi \\ &= \int_{-\infty}^{\infty}\frac{1}{\sqrt{2\pi}}\,e^{-\frac{\xi^2}{2}}\,d\xi \\ &= 1 \end{aligned}$$

よって，$f(\xi) = \dfrac{1}{\sqrt{2\pi}}e^{-\frac{\xi^2}{2}}$ で表されるグラフは，面積が 1 で変曲点（標準

偏差）が1となります．

そのグラフは，平均値0，標準偏差1を表します．

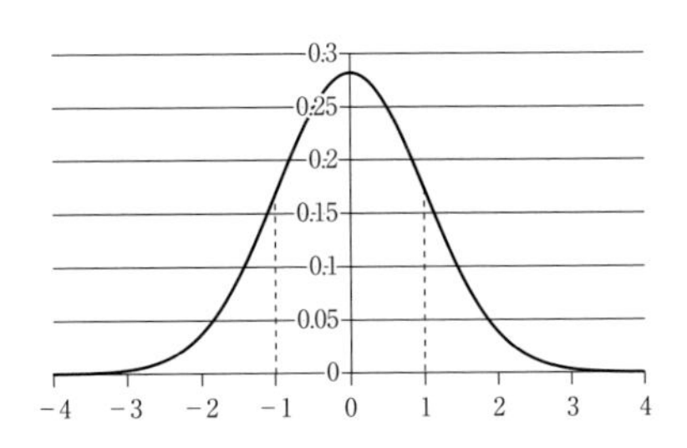

さらに，変曲点を任意のσ（標準偏差）とするには，先程と同様に，

$x:\dfrac{1}{\sqrt{2}}=\xi:\sigma$ とおき，$\sigma x=\dfrac{1}{\sqrt{2}}\xi$ となり，$dx=\dfrac{1}{\sqrt{2}\sigma}d\xi$

$$
\begin{aligned}
I &= \frac{1}{\sqrt{\pi}}\int_{-\infty}^{\infty} e^{-x^2}\,dx \\
&= \frac{1}{\sqrt{\pi}}\int_{-\infty}^{\infty} e^{-\left(\frac{\xi}{\sqrt{2}\sigma}\right)^2}\frac{1}{\sqrt{2}\sigma}\,d\xi \\
&= \int_{-\infty}^{\infty}\frac{1}{\sqrt{2\pi}\sigma}\,e^{-\frac{\xi^2}{2\sigma^2}}\,d\xi
\end{aligned}
$$

よって，$f(\xi)=\dfrac{1}{\sqrt{2\pi}\sigma}e^{-\frac{\xi^2}{2\sigma^2}}$ と表されます．

最後に，平均値（中央値）をμで表すと，これはx軸に沿ってμ移動することなので，

$$
f(\xi)=\frac{1}{\sqrt{2\pi}\sigma}\,e^{-\frac{(\xi-\mu)^2}{2\sigma^2}}
$$

と表されます．これが，平均値μ，標準偏差σの正規分布関数またはガウス分布関数です．

付録2　t検定表

付表1　t検定

自由度 df	両側確率			
	$P=0.05$	$P=0.01$	$P=0.005$	$P=0.001$
1	12.706	63.657	127.321	636.619
2	4.303	9.925	14.089	31.599
3	3.182	5.841	7.453	12.924
4	2.776	4.604	5.598	8.610
5	2.571	4.032	4.773	6.869
6	2.447	3.707	4.317	5.959
7	2.365	3.499	4.029	5.408
8	2.306	3.355	3.833	5.041
9	2.262	3.250	3.690	4.781
10	2.228	3.169	3.581	4.587
11	2.201	3.106	3.497	4.437
12	2.179	3.055	3.428	4.318
13	2.160	3.012	3.372	4.221
14	2.145	2.977	3.326	4.140
15	2.131	2.947	3.286	4.073
16	2.120	2.921	3.252	4.015
17	2.110	2.898	3.222	3.965
18	2.101	2.878	3.197	3.922
19	2.093	2.861	3.174	3.883
20	2.086	2.845	3.153	3.850
30	2.042	2.750	3.030	3.646
40	2.021	2.704	2.971	3.551
50	2.009	2.678	2.937	3.496
60	2.000	2.660	2.915	3.460
70	1.994	2.648	2.899	3.435
80	1.990	2.639	2.887	3.416
90	1.987	2.632	2.878	3.402
100	1.984	2.626	2.871	3.390

付録 3　ウィルコクスン T 検定表

付表 2　ウィルコクスン T 検定

T 値の有意点（両側検定）		
n	$P < 0.05$	$P < 0.01$
6	0	
7	2	
8	3	0
9	5	1
10	8	3
11	10	5
12	13	7
13	17	9
14	21	12
15	25	15
16	29	19
17	34	23
18	40	27
19	46	32
20	52	37
21	58	42
22	65	48
23	73	54
24	81	61
25	89	68
26	98	75
27	107	83
28	116	91
29	126	100
30	137	109

付録 4　F 検定表

付表 3　F 検定

自由度 df_2	自由度 df_1													
	1	2	3	4	5	6	7	8	9	10	11	12	13	14
1	161.448	199.500	215.707	224.583	230.162	233.986	236.768	238.883	240.543	241.882	242.983	243.906	244.690	245.364
2	18.513	19.000	19.164	19.247	19.296	19.330	19.353	19.371	19.385	19.396	19.405	19.413	19.419	19.424
3	10.128	9.552	9.277	9.117	9.013	8.941	8.887	8.845	8.812	8.786	8.763	8.745	8.729	8.715
4	7.709	6.944	6.591	6.388	6.256	6.163	6.094	6.041	5.999	5.964	5.936	5.912	5.891	5.873
5	6.608	5.786	5.409	5.192	5.050	4.950	4.876	4.818	4.772	4.735	4.704	4.678	4.655	4.636
6	5.987	5.143	4.757	4.534	4.387	4.284	4.207	4.147	4.099	4.060	4.027	4.000	3.976	3.956
7	5.591	4.737	4.347	4.120	3.972	3.866	3.787	3.726	3.677	3.637	3.603	3.575	3.550	3.529
8	5.318	4.459	4.066	3.838	3.687	3.581	3.500	3.438	3.388	3.347	3.313	3.284	3.259	3.237
9	5.117	4.256	3.863	3.633	3.482	3.374	3.293	3.230	3.179	3.137	3.102	3.073	3.048	3.025
10	4.965	4.103	3.708	3.478	3.326	3.217	3.135	3.072	3.020	2.978	2.943	2.913	2.887	2.865
11	4.844	3.982	3.587	3.357	3.204	3.095	3.012	2.948	2.896	2.854	2.818	2.788	2.761	2.739
12	4.747	3.885	3.490	3.259	3.106	2.996	2.913	2.849	2.796	2.753	2.717	2.687	2.660	2.637
13	4.667	3.806	3.411	3.179	3.025	2.915	2.832	2.767	2.714	2.671	2.635	2.604	2.577	2.554
14	4.600	3.739	3.344	3.112	2.958	2.848	2.764	2.699	2.646	2.602	2.565	2.534	2.507	2.484
15	4.543	3.682	3.287	3.056	2.901	2.790	2.707	2.641	2.588	2.544	2.507	2.475	2.448	2.424
16	4.494	3.634	3.239	3.007	2.852	2.741	2.657	2.591	2.538	2.494	2.456	2.425	2.397	2.373
17	4.451	3.592	3.197	2.965	2.810	2.699	2.614	2.548	2.494	2.450	2.413	2.381	2.353	2.329
18	4.414	3.555	3.160	2.928	2.773	2.661	2.577	2.510	2.456	2.412	2.374	2.342	2.314	2.290
19	4.381	3.522	3.127	2.895	2.740	2.628	2.544	2.477	2.423	2.378	2.340	2.308	2.280	2.256
20	4.351	3.493	3.098	2.866	2.711	2.599	2.514	2.447	2.393	2.348	2.310	2.278	2.250	2.225
30	4.171	3.316	2.922	2.690	2.534	2.421	2.334	2.266	2.211	2.165	2.126	2.092	2.063	2.037
40	4.085	3.232	2.839	2.606	2.449	2.336	2.249	2.180	2.124	2.077	2.038	2.003	1.974	1.948
50	4.034	3.183	2.790	2.557	2.400	2.286	2.199	2.130	2.073	2.026	1.986	1.952	1.921	1.895
60	4.001	3.150	2.758	2.525	2.368	2.254	2.167	2.097	2.040	1.993	1.952	1.917	1.887	1.860
70	3.978	3.128	2.736	2.503	2.346	2.231	2.143	2.074	2.017	1.969	1.928	1.893	1.863	1.836
80	3.960	3.111	2.719	2.486	2.329	2.214	2.126	2.056	1.999	1.951	1.910	1.875	1.845	1.817
90	3.947	3.098	2.706	2.473	2.316	2.201	2.113	2.043	1.986	1.938	1.897	1.861	1.830	1.803
100	3.936	3.087	2.696	2.463	2.305	2.191	2.103	2.032	1.975	1.927	1.886	1.850	1.819	1.792

付表3　F 検定（つづき）

自由度 df_2	自由度 df_1													
	15	16	17	18	19	20	30	40	50	60	70	80	90	100
1	245.950	246.464	246.918	247.323	247.686	248.013	250.095	251.143	251.774	252.196	252.497	252.724	252.900	253.041
2	19.429	19.433	19.437	19.440	19.443	19.446	19.462	19.471	19.476	19.479	19.481	19.483	19.485	19.486
3	8.703	8.692	8.683	8.675	8.667	8.660	8.617	8.594	8.581	8.572	8.566	8.561	8.557	8.554
4	5.858	5.844	5.832	5.821	5.811	5.803	5.746	5.717	5.699	5.688	5.679	5.673	5.668	5.664
5	4.619	4.604	4.590	4.579	4.568	4.558	4.496	4.464	4.444	4.431	4.422	4.415	4.409	4.405
6	3.938	3.922	3.908	3.896	3.884	3.874	3.808	3.774	3.754	3.740	3.730	3.722	3.716	3.712
7	3.511	3.494	3.480	3.467	3.455	3.445	3.376	3.340	3.319	3.304	3.294	3.286	3.280	3.275
8	3.218	3.202	3.187	3.173	3.161	3.150	3.079	3.043	3.020	3.005	2.994	2.986	2.980	2.975
9	3.006	2.989	2.974	2.960	2.948	2.936	2.864	2.826	2.803	2.787	2.776	2.768	2.761	2.756
10	2.845	2.828	2.812	2.798	2.785	2.774	2.700	2.661	2.637	2.621	2.610	2.601	2.594	2.588
11	2.719	2.701	2.685	2.671	2.658	2.646	2.570	2.531	2.507	2.490	2.478	2.469	2.462	2.457
12	2.617	2.599	2.583	2.568	2.555	2.544	2.466	2.426	2.401	2.384	2.372	2.363	2.356	2.350
13	2.533	2.515	2.499	2.484	2.471	2.459	2.380	2.339	2.314	2.297	2.284	2.275	2.267	2.261
14	2.463	2.445	2.428	2.413	2.400	2.388	2.308	2.266	2.241	2.223	2.210	2.201	2.193	2.187
15	2.403	2.385	2.368	2.353	2.340	2.328	2.247	2.204	2.178	2.160	2.147	2.137	2.130	2.123
16	2.352	2.333	2.317	2.302	2.288	2.276	2.194	2.151	2.124	2.106	2.093	2.083	2.075	2.068
17	2.308	2.289	2.272	2.257	2.243	2.230	2.148	2.104	2.077	2.058	2.045	2.035	2.027	2.020
18	2.269	2.250	2.233	2.217	2.203	2.191	2.107	2.063	2.035	2.017	2.003	1.993	1.985	1.978
19	2.234	2.215	2.198	2.182	2.168	2.155	2.071	2.026	1.999	1.980	1.966	1.955	1.947	1.940
20	2.203	2.184	2.167	2.151	2.137	2.124	2.039	1.994	1.966	1.946	1.932	1.922	1.913	1.907
30	2.015	1.995	1.976	1.960	1.945	1.932	1.841	1.792	1.761	1.740	1.724	1.712	1.703	1.695
40	1.924	1.904	1.885	1.868	1.853	1.839	1.744	1.693	1.660	1.637	1.621	1.608	1.597	1.589
50	1.871	1.850	1.831	1.814	1.798	1.784	1.687	1.634	1.599	1.576	1.558	1.544	1.534	1.525
60	1.836	1.815	1.796	1.778	1.763	1.748	1.649	1.594	1.559	1.534	1.516	1.502	1.491	1.481
70	1.812	1.790	1.771	1.753	1.737	1.722	1.622	1.566	1.530	1.505	1.486	1.471	1.459	1.450
80	1.793	1.772	1.752	1.734	1.718	1.703	1.602	1.545	1.508	1.482	1.463	1.448	1.436	1.426
90	1.779	1.757	1.737	1.720	1.703	1.688	1.586	1.528	1.491	1.465	1.445	1.429	1.417	1.407
100	1.768	1.746	1.726	1.708	1.691	1.676	1.573	1.515	1.477	1.450	1.430	1.415	1.402	1.392

付録 5　U 検定表

付表 4　U 検定

n_1 \ n_2	1	2	3	4	5	6	7	8	9	10	11	12	13	14	15	16	17	18	19	20	n_2 / n_1
1	—	—	—	—	—	—	—	—	—	—	—	—	—	—	—	—	—	—	—	—	1
2		—	—	—	—	—	—	0	0	0	0	1	1	1	1	1	2	2	2	2	2
3			—	—	0	1	1	2	2	3	3	4	4	5	5	6	6	7	7	8	3
4				0	1	2	3	4	4	5	6	7	8	9	10	11	11	12	13	13	4
5					2	3	5	6	7	8	9	11	12	13	14	15	17	18	19	20	5
6						5	6	8	10	11	13	14	16	17	19	21	22	24	25	27	6
7							8	10	12	14	16	18	20	22	24	26	28	30	32	34	7
8								13	15	17	19	22	24	26	29	31	34	36	38	41	8
9									17	20	23	26	28	31	34	37	39	42	45	48	9
10										23	26	29	33	36	39	42	45	48	52	55	10
11											30	33	37	40	44	47	51	55	58	62	11
12												37	41	45	49	53	57	61	65	69	12
13													45	50	54	59	63	67	72	76	13
14														55	59	64	67	74	78	83	14
15															64	70	75	80	85	90	15
16																75	81	86	92	98	16
17																	87	93	99	105	17
18																		99	106	112	18
19																			113	119	19
20																				127	20

付録 6　クラスカル・ウォリス検定表

付表 5　クラスカル・ウォリス検定

標本数			$P < 0.05$	標本数			$P < 0.05$
n_1	n_2	n_3	H	n_1	n_2	n_3	H
2	2	3	4.714	3	3	3	5.600
2	2	4	5.333	3	3	4	5.791
2	2	5	5.160	3	3	5	5.649
2	2	6	5.346	3	3	6	5.615
2	2	7	5.143	3	3	7	5.620
2	2	8	5.356	3	3	8	5.617
2	2	9	5.260	3	3	9	5.589
2	2	10	5.120	3	3	10	5.588
2	2	11	5.164	3	3	11	5.583
2	2	12	5.173	3	4	4	5.599
2	2	13	5.199	3	4	5	5.656
2	3	3	5.361	3	4	6	5.610
2	3	4	5.444	3	4	7	5.623
2	3	5	5.251	3	4	8	5.623
2	3	6	5.349	3	4	9	5.652
2	3	7	5.357	3	4	10	5.661
2	3	8	5.316	3	5	5	5.706
2	3	9	5.340	3	5	6	5.602
2	3	10	5.362	3	5	7	5.607
2	3	11	5.374	3	5	8	5.614
2	3	12	5.350	3	5	9	5.670
2	4	4	5.455	3	6	6	5.625
2	4	5	5.273	3	6	7	5.689
2	4	6	5.340	3	6	8	5.678
2	4	7	5.376	3	7	7	5.688
2	4	8	5.393	4	4	4	5.692
2	4	9	5.400	4	4	5	5.657
2	4	10	5.345	4	4	6	5.681
2	4	11	5.365	4	4	7	5.650
2	4	5	5.339	4	4	8	5.779
2	5	6	5.339	4	4	9	5.704
2	5	7	5.393	4	5	5	5.666
2	5	8	5.415	4	5	6	5.661
2	5	9	5.396	4	5	7	5.733
2	5	10	5.420	4	5	8	5.718
2	6	6	5.410	4	6	6	5.724
2	6	7	5.357	4	6	7	5.706
2	6	8	5.404	5	5	5	5.780
2	6	9	5.392	5	5	6	5.729
2	7	7	5.398	5	5	7	5.708
2	7	8	5.403	5	6	6	5.765

※水準数 $k \leq 3$ かつ $n_1+n_2+n_3 \leq 17$.

付録 7　χ^2 検定表（上側確率）

付表 6　χ^2 検定（上側確率）

自由度 df	$P = 0.05$	$P = 0.01$	$P = 0.005$	$P = 0.001$
1	3.841	6.635	7.879	10.828
2	5.991	9.210	10.597	13.816
3	7.815	11.345	12.838	16.266
4	9.488	13.277	14.860	18.467
5	11.070	15.086	16.750	20.515
6	12.592	16.812	18.548	22.458
7	14.067	18.475	20.278	24.322
8	15.507	20.090	21.955	26.124
9	16.919	21.666	23.589	27.877
10	18.307	23.209	25.188	29.588
11	19.675	24.725	26.757	31.264
12	21.026	26.217	28.300	32.909
13	22.362	27.688	29.819	34.528
14	23.685	29.141	31.319	36.123
15	24.996	30.578	32.801	37.697
16	26.296	32.000	34.267	39.252
17	27.587	33.409	35.718	40.790
18	28.869	34.805	37.156	42.312
19	30.144	36.191	38.582	43.820
20	31.410	37.566	39.997	45.315
21	32.671	38.932	41.401	46.797
22	33.924	40.289	42.796	48.268
23	35.172	41.638	44.181	49.728
24	36.415	42.980	45.559	51.179
25	37.652	44.314	46.928	52.620
26	38.885	45.642	48.290	54.052
27	40.113	46.963	49.645	55.476
28	41.337	48.278	50.993	56.892
29	42.557	49.588	52.336	58.301
30	43.773	50.892	53.672	59.703
40	55.758	63.691	66.766	73.402
50	67.505	76.154	79.490	86.661
60	79.082	88.379	91.952	99.607
70	90.531	100.425	104.215	112.317
80	101.879	112.329	116.321	124.839
90	113.145	124.116	128.299	137.208
100	124.342	135.807	140.169	149.449

付録 8　フリードマン検定表

付表 8　フリードマン検定

$k=3$

n	$P<0.05$	$P<0.01$
3	6.00	
4	6.50	8.00
5	6.40	8.40
6	7.00	9.00
7	7.14	8.86
8	6.25	9.00
9	6.22	9.56

$k=4$

n	$P<0.05$	$P<0.01$
3	7.40	9.00
4	7.80	9.60
5	7.80	9.96

索 引

〈著者略歴〉
高橋龍尚（たかはし　たつひさ）
1990年　北海道大学大学院工学研究科生体工学専攻　修士課程修了
1992年　東京大学医学部大学院医学系研究科　特別研究学生
1993年　北海道大学大学院工学研究科生体工学専攻　博士課程修了
1993年　工学博士（北海道大学）
現　在　旭川医科大学准教授

専　門：微小循環学，運動時呼吸循環生理学，視覚認知科学
教　育：情報リテラシー，統計学
著　書：『Microcirculation in Fractal Branching Networks』Springer（2014年）
『Easy to understand data analysis and statistics—Let's start analysis statistics of medical and life science with Excel』Ohmsha, Ltd.（2018年）
『The world of cognitive science—Why can people read fragmented letters?』Ohmsha, Ltd.（2019年）
『リンパ—形態・機能・発生』西村書店（1997年）［分担］
『運動と呼吸』真興交易（2004年）［分担］

わかりやすいデータ解析と統計学
—医療系の解析統計を Excel で始めてみよう—

2017年11月25日　第1版第1刷発行
2021年11月30日　第1版第5刷発行

著　者　高橋龍尚
発行者　村上和夫
発行所　株式会社オーム社
郵便番号　101-8460
東京都千代田区神田錦町3-1
電話　03(3233)0641(代表)
URL　https://www.ohmsha.co.jp/

印刷・製本　三美印刷
ISBN978-4-274-22111-8　Printed in Japan

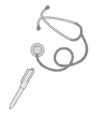